UNTER RÄUBERN
IN TIBET

ERNST SCHÄFER

UNTER RÄUBERN IN TIBET

GEFAHREN UND FREUDEN
EINES FORSCHERLEBENS

IM VIEWEG-VERLAG

ISBN 978-3-322-98395-4   ISBN 978-3-322-99143-0 (eBook)
DOI 10.1007/978-3-322-99143-0

Meinem lieben Freunde
BERND VON STEINBERG
zur Erinnerung an unsere Jugendzeit
in der fernen Heimat

JUGENDTRAUM UND WIRKLICHKEIT

Viele von uns träumten in der Jugend davon, einmal Weltreisender und Forscher zu werden. Aber der Pfad, der dorthin führt, ist stets mit vielen Entbehrungen verbunden, er ist steinig und einsam. Die spielerische Neugier aber, die Welt zu sehen und „Neues" zu entdecken, hält nur bei wenigen Menschen über die frühe Jugendzeit hinaus an, und wenn man dann vor der Berufswahl steht, so entscheidet man sich schließlich doch für einen „vernünftigen" Beruf und läßt das Abenteuer Abenteuer sein. Doch einige wenige bleiben vom Forschergeist besessen — aber vergessen wir nie, daß dieser Forschergeist letztlich dazu geführt hat, daß wir auf unserer Erde kaum noch ein Fleckchen unberührter Natur finden und daß unser Planet heute bis zu seinen äußersten Ecken und Enden von Menschen bewohnt wird.

Die Zeiten der großen Entdecker und Pioniere sind längst vorüber, die Pole sind erobert und über allen Kontinenten dröhnen heute die Flugzeugmotoren. Nur verschwindend kleine Teile der Erdoberfläche harren noch der Entdeckung, und an die Stelle der geographischen Eroberung ist die wissenschaftliche Durchdringung getreten. Diese läßt allerdings noch viel zu tun übrig in diesem und in kommenden Jahrhunderten. Aus der extensiven Forschung ist also die intensive geworden, und die eine steht der anderen an Abenteuerlichkeit und Romantik in nichts nach.

Das Entscheidende gegenüber der alten Zeit scheint mir zu sein, daß der Forschungsreisende von heute nicht nur „forsch" sein muß, nicht nur ein Kerl, der von einem verbissenen Willen besessen ist, ins Neuland vorzustoßen, sondern daß er Kenntnisse besitzen muß. Wer also tatsächlich an chronischer „Forscheritis" leidet und alle Schwierigkeiten überwindet, der muß entweder Geophysiker, Geologe, Geograph, Botaniker, Zoologe, Ethnologe oder Anthropologe werden. Er muß etwas Richtiges lernen, wenn er Wert darauf legt, etwas Bleibendes zu schaffen und von seinen Fachgenossen anerkannt zu werden. Es besteht kein Zweifel, daß der Expeditionswissenschaftler in keinem Falle ein autonomes Wissensgebiet vertreten kann, sondern daß er in allem was er tut und schafft, vom weisen Ratschlag derer abhängt, die in den Instituten und Museen der Heimat sitzen. Er ist so etwas wie ein „Stoßtruppmann", dem zwar größte Bewegungsfreiheit und ein hoher Grad eigenen Handelns eingeräumt sind, der aber, soll seine Tätigkeit einen Sinn haben, vom Gros der Wissenschaftler abhängt.

Ob es bei mir Vorbestimmung war, daß ich Forscher werden sollte, vermag ich nicht zu sagen, sicher ist aber, daß mich die „Forscheritis" schon in frühester Jugend gepackt und bis zum heutigen Tage nicht mehr losgelassen hat. Meine Mutter erzählte gern, ich habe schon mit drei Jahren unten im Kartoffelkeller stundenlang vor einem Rattenloch gesessen, mit meinem gummistöpselbewehrten „Gewehr" gewartet, bis die Ratte kam und von mir nur wenige Zentimeter „vorbeigetroffen" wurde.

Natürlich tat ich in der Schule nicht sonderlich gut, denn meine Gedanken waren im Wald, wo ich täglich meine Abenteuer erlebte. Deswegen habe ich sicher auch nie Karl May oder Luckners „Seeteufel" gelesen. Mir lag mehr daran, eine Ringelnatter im Genick zu packen und meinem Terrarium einzuverleiben, als Winnetous Abenteuer hinter dem Ofen zu erleben.

Meine besten Freunde waren ein Tischlerlehrling und ein einfacher Arbeiter, den wir den „Heckenförster" nannten, weil er alle Schlupfwinkel und Nester der Vögel genau kannte. Beide liebten die Natur wie ich. Unser Schul- und Spielzimmer hatte ich sehr bald in eine Menagerie verwandelt. Da gab es Aquarien und Terrarien, und ringsum an den Wänden hingen die Vogelbauer. Ich erinnere mich noch gern an zwei Insassen der Käfige, einen Kreuzschnabel und einen Dompfaff, die beide hinaus in den Garten flogen und dann doch immer wieder in das Bauer zurückkehrten. Hinter den Vogelbauern befand sich eine Holzvertäfelung, dort hatten sich die Mäuse angesiedelt, um von den Körnern, die die Vögel verstreuten, zu leben. Mit diesen Mäusen machte ich meine ersten Experimente. Ich kupierte den alten Mäusen die Schwänze, um festzustellen, ob dann die Nachkommenschaft auch Stummelschwänzchen haben würde. Das Problem der „Vererbung erworbener Eigenschaften" lernte ich allerdings erst viel später auf der Universität kennen. —

Ernstlich böse wurde mein Vater auf mich, als ihm einmal nachts beim Lesen mein dicker Laubfrosch über die Leselampe hinweg mitten ins Gesicht sprang. Dazu kamen schlechte Zeugnisse, bedingt durch das ständige „Herumvagabundieren", wie der gestrenge Vater meine ersten wissenschaftlichen Exkursionen zu nennen pflegte, und die in Wirklichkeit im Wildern und Vogelstellen bestanden. Auch der nicht ganz „standesgemäße" Verkehr mit Tischlerlehrling und Heckenförster, die immer kaputten Hosenböden, nie sauberen Hände und das ständige Ausschließen vom sonntäglichen Familienspaziergang mußten Mißfallen erregen. Als ich schließlich noch das Pech hatte, mit meinem Klassenlehrer aneinanderzugeraten, kam mein Vater, der auch immer mein weisester Ratgeber war, den Schulbehörden zuvor, und ich wurde in ein Internat nach Heidelberg verfrachtet.

Dieses Internat war gut und sehr streng, das wußte mein Vater sehr wohl. Was er aber nicht wußte damals, war, daß der „Herr Direktor" ein ganz großer Nimrod vor dem Herrn war. Die Eingewöhnungszeit war sehr hart für mich, aber ich lernte bald meinen besten Freund kennen, der wie ich „zahm gemacht" werden sollte. Er war es auch, der mich im Jahre 1950 nach Venezuela holte, obschon wir uns vierzehn Jahre nicht gesehen hatten. Erst neulich erinnerten wir uns auf 4000 Meter Höhe in den Anden an die gemeinsame Zeit in Heidelberg. Ich dachte an eine Geschichtsstunde, als uns der Lehrer gerade wichtige Daten aus dem Leben des „Älteren Pitt" vermittelte und mein Blick zu den Wolken hinaufschweifte. Da sah ich einen kleinen lichtgrauen, schmetterlingsartigen Vogel mit rosaroten Schwingen und einem langen Schnabel, der an der Mauer der dem Internat gegenüberliegenden Kirche spechtartig emporstieg und dann meinen Blicken entschwand. Ich stieß einen lauten Schrei aus, der mir einen scharfen Blick über die ovalen Brillengläser des Lehrers eintrug. Ich zuckte zusammen und wußte wieder einmal, daß ich ja auf der Schulbank saß, aber abends trug ich dann freudestrahlend in mein sorgsam geführtes Tagebuch ein, daß ich den ersten, wohl verflogenen Alpenmauerläufer meines Lebens gesehen hatte. An diese meine große „Entdeckung" mußte ich immer denken, wenn mir der zartgraue, rosa beschwingte Vogel im hohen Tibet begegnete.

Da ich nun nicht mehr im Wald herumstrolchen, sondern nur ab und zu einmal nachts mich am Blitzableiter herablassen und Birnen klauen konnte, wurden meine Zeugnisse zusehends besser. Der „Herr Direktor" war zufrieden mit mir. Und dann kam eines Abends im Mai — die Bockjagd war gerade aufgegangen — der gestrenge Schulleiter zu mir mit den Worten: „Schäfer, mach dich fertig, wir fahren zur Jagd in den Odenwald!" Ich saß neben ihm im Auto, sog den Fahrtwind ein und war glückselig! Sogar die Jagdtasche hatte ich packen dürfen, und nun würde die erste Pirsch auf den roten Bock in meiner Begleitung folgen. Steil ging es bergauf, Täler und Waldwiesen wechselten, und schließlich kam ein hoher Fichtenwald in Sicht. Dort wurde gehalten, der Herr Direktor schulterte selbst die Jagdtasche und verschwand mit den Worten: „Du wartest hier". — Ich wartete. Ich wartete, bis die Eulen schrien und das Büchsenlicht schwand. Ich wartete, bis der nächste Morgen graute, und dann rollte ich mich auf die hinteren Sitze des Wagens und schlief ein. Als ich gegen Mittag erwachte, die Sonne stand schon hoch über den Fichten, wurde ich sehr hungrig und suchte nach Sauerklee. Ich wartete weiter, bis die Eulen abermals riefen. Dann tauchte ein Schatten aus dem Dämmer des Waldes und mit den Worten: „Schäfer, hast Du Angst gehabt?" stand der Herr Direktor vor mir. „Nein", war die Antwort. „Hast Du Hunger?" „Ja, Herr Direktor." Da gab mir der Gestrenge einen tüchtigen Präpel Speck und Brot und lud mich hinterher sogar zu einem Schoppen Apfelmost ein, drunten in Dossenheim. — So wurde ich zum Leibjäger des Direktors und kam vom Regen in die Traufe, ganz gegen den Willen meines Vaters. Waren meine Zensuren gut, so durfte ich hinaus in den Wald. Zuerst blieb es beim Anlegen von Salzlecken, dann mußte ich Böcke ausmachen und durfte schließlich selber die Büchse führen.

Eine für meine Entwicklung sehr entscheidende Begegnung fiel auch in jene Heidelberger Zeit. Wir unternahmen eine Schulwanderung durch den Schwarzwald, und vom hohen Feldberg sah ich im Abendglühen die Alpen liegen. So wurde in mir der Wunsch wachgerufen, einmal Hochgebirgsjäger zu werden. —

Zwar ließen meine Eltern der Entwicklung von uns Kindern ziemlich freien Lauf, doch war es der natürliche Wunsch meines Vaters, mich einmal Handelswissenschaften studieren zu lassen, damit ich in seiner Fährte als Kaufmann meinen Mann stehen könne. Da sie aber erkannten, daß ich von meiner Liebe zu den Naturwissenschaften nicht abzubringen sei, sollte ich mich zu dem Beruf eines Arztes entschließen, um das Nützliche — sprich Geldverdienen — mit dem Angenehmen zu verbinden und meine Liebhabereien auch noch nebenbei betreiben zu können. Als auch diese Vorstellung nichts fruchtete, wurde mir der Beruf des Tierarztes schmackhaft gemacht. Aber ich wußte, daß mir dann die weite Welt verschlossen sein würde und lehnte ab. Schwer waren diese Entwicklungsjahre für mich, ich fühlte mich unverstanden und gestehe, daß ich manche Stunde, wenn der Wald gar so unerreichbar weit lag, still vor mich hinweinte. Der Traum meiner ersten Schuljahre, „Nordpolforscher" zu werden, zerrann immer mehr, denn mir fehlte ja jede Verbindung und Vorstellung, wie ich das anpacken sollte. Von Tibet hatte ich damals durch Schulfreunde gehört, die die Bücher Sven Hedins lasen. Ich selbst las ja nichts, sondern strolchte draußen herum, kreuz und quer, wie ein Jungfuchs, der das Mausen lernt.

Dann geschah es, ich war etwa 14 Jahre alt, daß ein Direktor des weltumspannenden IG-Farbenkonzerns uns besuchte und bei Tisch von der neuen großen Tibetexpedition Wilhelm Filchners erzählte. Schweigend hörte ich zu, eine neue Welt ging in mir auf, und von diesem Augenblick an wußte ich, daß ich Tibetforscher werden wollte. Mit 18 Jahren bezog ich die Universität Göttingen und belegte die Fächer Zoologie, Botanik, Völkerkunde, Geographie und Geologie, nippte hier und nippte dort, ohne daß mir das für einen Anfänger reichlich breit angelegte Studium sonderlich schmeckte.

Auch fand ich wenig Anschluß an die breiten Kreise der Studenten, die in ihrem Verbindungswesen aufgingen, oder einem Examen, einem Abschluß und damit einem vorbestimmten Beruf zustrebten. Ich sehnte nur immer die Sonnabende herbei, wo ich auf der Jagd eigene Naturbeobachtungen anstellen konnte. Schon das Mitschreiben in den Kollegs, das reine Bücherlernen und die Praktika, so notwendig das alles sein mochte, paßten mir ganz und gar nicht.

Während der langen Universitätsferien arbeitete ich für Vogelwarten oder praktizierte im Provinzialmuseum Hannover, wo ich den Leiter der naturwissenschaftlichen Abteilung kennenlernte, der vor dem ersten Weltkrieg eine große Tibetexpedition durchgeführt hatte. An ihn, Dr. Weigold, trat nun eines Tages, ich hatte gerade mein drittes Semester hinter mich gebracht, ein junger Amerikaner heran, Brooke D o l a n. Er kam nach Deutschland, um Weigold, der die westchinesisch—osttibetischen Gebiete von seiner Expedition gut kannte, für eine eigene Expedition zu gewinnen. Ziel dieser Expedition sollte die Erbeutung des sagenhaften Bambusbären für die Akademie der Naturwissenschaften, Philadelphia, sein. Weigold nahm das Angebot an und empfahl mich. — So kam es, daß ich, noch ehe ich mein zwanzigstes Lebensjahr begonnen

hatte, schon Mitglied einer großen amerikanisch-deutschen Tibetexpedition wurde. Als ich dann Brooke Dolan, der gerade einund-
zwanzig Jahre geworden war, kennenlernte, ahnte ich nicht, daß wir bis
in den letzten unseligen Krieg hinein verbunden bleiben sollten, und auch
nicht, daß er „unserem" Tibet bis in den Tod hinein treu bleiben würde.
Während des Krieges nämlich reiste er im Auftrage des Präsidenten
Roosevelt nach Lhasa und stieß dann, eine große Leistung, nach Tschungking in Westchina durch, wo er seinen Tod fand.

Diese meine erste Expedition brachte uns bald nach der Anreise, die
quer durch Rußland und Sibirien führte, nach Schanghai, und von dort
ging es den Jangtse aufwärts bis in die hohen Grenzgebirge, quer durch
Osttibet im Durchstoß nach Birma und Indien. — Ich kehrte als Zwei-
undzwanzigjähriger in die Heimat zurück, bezog die gleiche Universität
und war entschlossen, mein Studium auf regulärem Wege sobald als
möglich zu beschließen. Dann sollte eine zweite Expedition folgen, so
hatte ich es mit Brooke Dolan abgemacht. —

Ich setzte mich nun an meine Doktorarbeit. Die mir von meinem
Professor gestellte Aufgabe bestand, so interessant sie an sich war, darin,
einige hunderttausend Rehhaare auszumessen, zu zählen und zu spalten.
Ich unterzog mich diesem „Sklavendienst" mit verbissener Wut, wußte,
daß man mich zahm machen wollte und daß der Professor von seinem
Standpunkt aus sogar recht damit hatte. In meinen Universitätsferien
arbeitete ich in London am Britischen Museum in meinem eigenen Fach-
gebiet Tibet, gewann viele Freunde und — dort erhielt ich überraschend
ein Telegramm von Dolan mit dem Angebot der wissenschaftlichen Lei-
tung einer neuen, nun weit größeren Tibetexpedition nach Ost- und
Zentraltibet. Ich sprang in die Luft vor Freude und gab sogleich mein
Jawort — ohne mich vorher mit meinem wissenschaftlichen Lehrer
auseinandergesetzt zu haben.

Die ersten Ergebnisse meiner Doktorarbeit zeichneten sich damals
schon ab, es hätte nur noch zweier Semester bedurft, um die Prüfung
ablegen zu können. Warum sollte ich nun nicht die gesamte schriftliche
Arbeit auf der sechswöchigen Seereise fertigstellen und sodann an die
Fakultät zur Absendung bringen können, während ich die mündliche
Prüfung noch vor meiner Ausreise hätte erledigen können! — Ich setzte
mich auf die Hosen und bereitete mich in Tag- und Nachtarbeit auf die
mündliche Prüfung vor, ließ mich von älteren Kommilitonen testen
und unterbreitete nach zufriedenstellendem Ergebnis meinen Plan dem
Professor. Ich bat der außergewöhnlichen Umstände wegen um Nachsicht
und Wohlwollen, bat um seine Verwendung für mich bei den Universi-
tätsbehörden usw. Aber ich biß auf Granit. Mein Vorhaben widersprach

nicht nur den Traditionen und Gepflogenheiten einer deutschen Universität, es war nicht nur „verboten“, nein man nahm auch Anstoß an meiner Person, an meiner Eigenwilligkeit. Man sagte mir wörtlich, daß ich die wissenschaftliche Reife und die dazugehörigen Kenntnisse einfach noch nicht besitzen könne. Man dürfe den Termin der mündlichen Prüfung nicht vorverlegen, und was die schriftliche Arbeit anbeträfe, so hätte ich noch lange nicht genug Haare gespalten, um mir die Qualifikation selbständigen, wissenschaftlichen Arbeitens, der Grundlage für den Doktortitel also, zu erwerben. Im Interesse meiner eigenen wissenschaftlichen Zukunft rate man mir, von dem phantastischen Unternehmen Abstand zu nehmen und dem Amerikaner abzusagen.

Was dann folgte war noch unangenehmer, denn ich bekam aus Berlin zu hören, daß ich „Marxist“ sei und man mir deshalb den Paß verweigern wolle. Nun, ich ließ mich trotz all dieser Schwierigkeiten nicht von meinem Vorhaben abbringen, denn mich interessierten begreiflicherweise die Großtierarten Hochtibets mehr als die Millionen nun verwaisender Rehhaare. So unterbrach ich ohne die Möglichkeit, mein Examen abzulegen, ein zweites Mal mein Studium, um für zwei volle Jahre in der asiatischen Wildnis unterzutauchen.

Aber kurz vor der Ausreise platzte eine neue Bombe. Ein kanadischer Bekannter, der gute Beziehungen nach den USA unterhielt und mit dem ich mich des öfteren traf, hielt mir eines Tages eines der typischen amerikanischen Skandalblätter entgegen. Auf der Titelseite strahlte mir „Brookys“ Bild entgegen und die Schlagzeile darüber lautete: „Boy explorer runs berserk“, was soviel heißt, wie „Junger Forscher wird Berserker …“. Die dann folgenden Einzelheiten waren durchaus nicht ermutigend und in gar keiner Weise dazu angetan, meine Hoffnung auf eine erfolgreiche Expedition zu bestärken. Trotz mancher Übertreibungen blieb die Tatsache bestehen, daß das wilde irische Blut meines lieben Freundes ihn eine ganze Hauseinrichtung zertrümmern ließ. Den Wert der von ihm im Rausch zerschlagenen alten chinesischen Porzellane schätzte der Schmierfink des Skandalblättchens auf mehr als 50 000 Dollars. Nur das „blaue Blut“, das heißt die Tatsache, daß Brooke aus einer der angesehensten und wohlhabendsten Familien der Stadt stammte, habe ihn vor einer hohen Gefängnisstrafe gerettet. — Jetzt war mir alles klar; Brooky konnte sich bei der high society — der guten Gesellschaft —, zu der er gehörte, nicht mehr sehen lassen und mußte für einige Zeit in der Wildnis verschwinden, um Gras über die Sache wachsen zu lassen. Was war da leichter als eine neue Tibetexpedition zu machen, besonders wo man in Deutschland einen guten und erprobten Freund hatte, der der Sache schon zum Erfolg verhelfen würde.

Kurzum — die Durchführung dieser zweiten, größten und sehr erfolgreichen Expedition war nicht das Ergebnis sorgfältiger Planung und kühler wissenschaftlicher Überlegungen, sondern kam allein durch die tollen Streiche eines jungen Amerikaners zustande, der zu viel Geld und das satte Leben über hatte und zudem nicht wußte, was er mit seiner überschüssigen Kraft anstellen sollte. —

Heute, da sich die Spreu vom Weizen längst getrennt hat und der arme gute Brooky nicht mehr unter den Lebenden weilt, bin ich ihm mehr denn je dankbar dafür, daß ich mit ihm zusammen hinausgehen und so viele Jahre mit ihm zusammen arbeiten durfte. Und es ist doch wie ein Geschenk in unserem technischen Jahrhundert, daß es solche Menschen wie Brooke Dolan überhaupt noch gibt; Menschen, die sich einen Deubel darum scheren, was die lieben Mitmenschen über sie sprechen und die ihre Verachtung für alle die schönen Errungenschaften der Zivilisation in so drastischer Weise zum Ausdruck bringen!

Damals dachte ich allerdings etwas anders — und alle meine Freunde und Bekannten, Eltern und Verwandten baten mich händeringend, keine weitere Unklugheit zu begehen. Ich sollte es mir ja reiflich überlegen, ehe ich mein Studium erneut aufgäbe, um mich in die Hand eines „Verrückten" zu begeben. Wer wisse denn, ob sich seine Tobsuchtsanfälle nicht auf der Expedition wiederholen würden, und dann sei ich ein toter Mann! — Ich gebe zu, selbst die stärksten Zweifel gehabt zu haben, aber als dann Brooke Dolan im Geist wieder vor mir stand, der drahtige Amerikaner mit dem blonden Schopf und den blauen Augen, wie er mir beim Abschied gesagt hatte: „Weißt Du, Junge, ich hasse die Zivilisation und es mag sein, daß ich mich mal wie ein „domestic doc" benehme", — und hinsichtlich der kommenden Expedition hatte er mich damals gefragt: „Can I depend on You? — Kann ich mich auf Dich verlassen? —" und ich hatte ja gesagt — es war draußen vor den Toren der tibetanischen Grenzstadt Tatsien-lu gewesen, ehe er sein Pferd wandte, um in Richtung auf Indochina vorzustoßen, während ich mit Weigold den Durchbruch nach Birma geplant hatte. —

Natürlich schlug ich alle Warnungen in den Wind, ließ das Studium Studium sein und stürzte mich ins Abenteuer, weil ich mit meinen 24 Jahren eben nicht anders konnte. Ich schrieb Dolan keine Zeile über das, was ich durch den kanadischen Bekannten und durch das Skandalblättchen erfahren hatte, und als Brooky acht Wochen später winkend am Kai in Schanghai stand, wußte ich, daß wir uns noch am selben Abend aussprechen würden und — daß wir es schon schaffen würden. —

Brooke war in der Tat ein toller Kerl, der sich schon des öfteren wie ein „domestic dog" benommen hatte, und ich muß von einigen seiner

„außergewöhnlichen Heldentaten" hier erzählen. — Damals, als die
Japaner den ersten Überfall auf Schanghai machten, war Brooke Leutnant
des ausländischen Hilfskorps geworden. Er trug eine schöne Uniform
und hatte einen dicken Coltrevolver umhängen. Diesen benutzte er allerdings nur dazu, eines Nachts in einer Hotelbar sämtliche Flaschen kaputt-
zuschießen ... Ein anderes Mal, es war in Tibet und wir waren den
ganzen Tag im strömenden Regen über die Hochsteppen geritten, er-
reichten wir gegen Abend eine unglaublich schmutzige und verschlammte,
zwischen hohen Felsen eingekeilte Ortschaft. Wir wurden vom Orts-
häuptling nicht nur glänzend empfangen, sondern unseres bedauerns-
werten Zustandes wegen auch mit viel Reisschnaps, „Tigerwein" nannten
wir das Zeug, bewirtet. — Es dämmerte schon. Ich hatte mich in meinen
Schlafsack gehüllt und schrieb mein Tagebuch; draußen pladderte es
unentwegt. Plötzlich höre ich auf der einzigen Straße des Dorfes ein
wieherndes Gejohle und vielstimmiges schallendes Gelächter, das so gar
nicht zu der tristen Stimmung paßte. Ich schaute aus dem Fenster —
und da saß Brooky bis zu den Hüften in Kot und Jauche der Straße,
die einem einzigen schlammigen Rinnsal glich. Um ihn herum ein großer
Menschenauflauf. Er führte mit seinen tief im Dreck vergrabenen
Händen seltsame Bewegungen aus —. „Was zur Hölle machst Du da,
Brooke?" rief ich ihm zu, und er antwortete mit dem Ernst des Sport-
lehrers: „I am teaching these people paddling — ich bringe diesen Leuten das Paddeln bei." —

Ein anderes Mal, Weihnachten in einer ostasiatischen Hafenstadt. Es
war natürlich ein trauriges Fest fernab der Heimat, und so landete man
schließlich in einer Hafenkaschemme, in einer sehr üblen sogar. — Zwei
Dinge nun waren für Brooke besonders charakteristisch. Das eine war
sein sehr gutes Herz und das andere die Angewohnheit — sie entsprang
seiner Verachtung für das Geld — die Banknoten immer bündelweise in der
Hosentasche zu tragen. Eine Brieftasche besaß er nicht. — So geschah es,
daß er das sich in der Kaschemme herumtreibende Soldatenvolk samt und
sonders an seinen Tisch nahm und sie mit französischem Sekt traktierte.
Als es dann ans Bezahlen ging, sahen die Jünger des Mars natürlich die
besagten Bündel, die wieder in Brookys Hosentasche verschwanden. So
folgten sie ihm in die dunkle Gasse, raubten ihn bis auf den letzten
Heller aus und ließen den bewußtlos Geschlagenen in der Gosse liegen. —
Brooky war immer ein guter Boxer gewesen, dieses hatte er schon bei
seiner Überfahrt nach Deutschland auf der „Bremen" bewiesen, wo er
einen Mitpassagier der 1. Klasse vor der Bar „auf die Matte gelegt hatte".
Er kam dann mit einem blauen Auge bei uns zu Hause an. — Nun, als
er wieder erwachte und wiederum Uniformen um sich sah, teilte er ein

paar tüchtige Kinnhaken aus, worauf man ihn zum zweiten Mal bewußtlos schlug. Leider hatte er bei der mangelhaften Straßenbeleuchtung übersehen, daß es sich dieses Mal um uniformierte Polizisten handelte, die ihm helfen wollten. Er wanderte ins Gefängnis — nicht zum ersten Mal in seinem Leben — und zwar in eine Zelle für Verrückte. Das klärte sich allerdings erst am nächsten Morgen auf, als sein Hotelzimmer leergeblieben war und man Recherchen anstellte, wo er verblieben sein könnte. „Ja, wir haben einen hier in der Anstalt", erklärte der diensttuende Polizeioffizier, „einen Verrückten. Er schlug drei unserer Beamten nieder und wieherte die ganze Nacht hindurch wie ein Pferd". Das konnte nur Brooky sein, denn das „Pferdewiehern" war unser Ngolokruf, der Kriegsruf der tibetischen Räuber, den wir immer dann auszustoßen pflegten, wenn es uns gut ging, oder wenn wir in Not waren. Beides traf für Brooke Dolan zu. —

Der „Ngolokruf" wurde unser Schlachtruf in Schanghai, denn wir mußten uns, um alle Zoll- und Inlandpaßangelegenheiten mit der Nankingregierung zu regeln, beinahe zwei Monate in der Hafenmetropole Chinas aufhalten. Zumeist fuhr die ganze Dolan-Expedition in Kiellinie mit Rikschas durch die übervölkerten Straßen und der Verkehr wurde durch das Ausstoßen des Kampfgeheuls der Ngolokräuber von uns geregelt. Uns war die ganze Zivilisation ja so gleichgültig, unsere Gedanken waren längst vorausgeeilt in die Wildnis, wo wir wieder frei sein würden.

Unser Übermut hatte damals oft keine Grenzen, und wenn wir des Nachts selig beschwingt aus einem der vielen Lokale kamen, dann pflegte Brooky sämtliche dort wartenden Rikschas umzukippen und jedem der dankbaren Kulis einen Dollarschein in die Hand zu drücken. Manchmal war Brookys Zustand wirklich beängstigend. „You know, Junge" pflegte er zu sagen, „eigentlich gehe ich ja nur nach Tibet, um die Wahrheit zu suchen; wenn Du mir daneben noch wissenschaftliche Sammlungen anlegen hilfst, um so besser!"

Des öfteren gingen wir in den schönen Columbia Country Club zum Schwimmen. Dort sah ich dann auch, daß Brookys Wade eine tiefe rote Narbe bedeckte. Auf meine Frage, woher sie stamme, antwortete er, ein Hund habe ihn gebissen. Abends aber, wenn wir im Whisky die Wahrheit suchten und fanden, erzählte er mir die wahre Geschichte: die Zertrümmerung der Glasvitrinen und des alten chinesischen Porzellans.

Wer von uns hätte nach dieser so lustigen Zeit in der Vollzivilisation ahnen können, was uns noch alles bevorstand. Wie hart und entbehrungsreich die Expedition sein würde. Nicht nur waren die Strapazen der Reise größer als alle, die ich vor- und nachher erlebte, sondern wir wurden auch gefangengesetzt. Dolan machte dann den verzweifelten Versuch, über viele hunderte von Kilometern unwegsamer Hochwüste hinweg Hilfe herbeizuschaffen. Ich selber mußte die Expedition weiterführen, allein, ohne Geld, mit einer Mannschaft, die ständig mit Meuterei drohte, konnte sie aber schließlich, durch Verpfändung meines Kopfes gegen Geld, zu einem guten Ende bringen. —

Auf Einladung Dolans reiste ich dann über Japan in die Staaten, wo ich mich der Auswertung unserer trotz aller Zwischenfälle sehr reichen und wertvollen wissenschaftlichen Ausbeute widmete.

Nach meiner Rückkehr in die Heimat stürzte ich mich mit Feuereifer auf meine Doktorarbeit, nachdem ich vorher die Universität gewechselt hatte. Sofort nach bestandenem Examen bereitete ich die dritte, rein deutsche Expedition vor, die im Frühjahr 1938 startete und dann wenige Wochen vor Beginn des zweiten Weltkrieges vorzeitig beendet werden mußte. Dieses Mal erfolgte die Einreise nach Tibet von Britisch-Indien aus, da bereits der chinesisch-japanische Krieg den Osten versperrte. Obgleich diese Expedition, was Entbehrungen und körperliche Strapazen anbelangt, weit hinter den beiden ersten zurückstand, brachte sie mir und meinen Begleitern doch die Erfüllung des höchsten Traumes aller Asienforscher: Den Besuch in Lhasa, der geheimnisumwitterten Hauptstadt des Götterlandes im Herzen Asiens.

Doch jetzt wollen wir uns auf die Reise begeben und mit jener Zeit beginnen, da ich als Neunzehnjähriger hinauszog, um „alles auf eine Karte zu setzen". —

DER BAMBUSBÄR

Wir sind den Jangtse aufwärts gefahren über Hankow und Itschang nach Tschungking, Hauptstadt der fruchtbaren Szetschwang-Provinz, wo allein 60 Millionen Menschen leben. Dann sind wir in die riesigen Gebirge, die China von Tibet scheiden, eingedrungen. Hier haben urgewaltige Bergströme im Laufe der Jahrtausende tiefe Furchen durch die wilden, zerklüfteten Gebirgsmassive gegraben und das heftige Anbranden der feuchtigkeitsgesättigten Monsunwinde bewirkt, daß sich die wilde Landschaft noch weiterhin verändert. Es ist ein gewaltiges, gesegnetes Land, in seinen dunklen Wäldern noch weitgehend unerforscht. Sein Blütenreichtum an Alpenrosen und Enzianen ist einzigartig, und vor allem: es ist die Heimat jenes sagenhaften schwarzweißen Bären, dessen Auffindung und Erlegung das Hauptziel unserer Expedition darstellte.

Heute kann man die schwarzweißen Bären (Pandas werden sie von den Amerikanern genannt) in den Spielzeuggeschäften kaufen, und in den Vereinigten Staaten gibt es Blätter, „Funnies", in denen „Little Panda" wegen seines drolligen Aussehens zur Witzfigur herabgewürdigt wurde. Ein Bambusbär trat sogar die weite Reise von Westchina über Honululu, San Franzisko und New York bis nach London an und wurde einige Wochen im Berliner Zoologischen Garten zur Schau gestellt. Der „Panda" ist also inzwischen ein weltberühmtes Tier geworden.

All das konnten wir natürlich nicht ahnen, als wir damals auszogen und über das Leben dieses Tieres noch so gar nichts bekannt war. Vielleicht hätten wir kein weiteres Aufsehen von unserer Jagd auf den Bären gemacht, wenn wir hätten voraussehen können, was die Menschen später aus dem armen Tier machen würden. Es war bis dahin nur e i n Bambusbär erbeutet worden, und zwar im Jahre 1928 von Kermit und Theodore Roosevelt, den Vettern des amerikanischen Präsidenten. Dessen Decke war nach Chicago gekommen und nun wollte Dolan für Philadelphia den zweiten Bären holen.

Fernab der großen Karawanenstraßen sind wir nun ins Land der wilden Wassus, eines unabhängigen Bergjägerstammes, eingedrungen, um unser Glück auf das sagenhafte Tier zu versuchen, das uns mehr lockt als alle Reichtümer der Welt. Um weitgehend unabhängig zu sein, haben wir unser Gepäck auf ein Minimum reduziert. Nur eine kleine, aus Dienern, Präparatoren und dem Koch bestehende Mannschaft begleitet uns in die Wildnis des unerforschten Gebirgslandes. Die persönliche Einschränkung an Bequemlichkeiten geht so weit, daß wir trotz wolkenbruchartigem Regen häufig selbst auf ein Lagerfeuer verzichten, um die scheuen Großtiere nicht aus dem Umkreis zu vertreiben.

Wir klimmen zu den blühenden Alpenrosenwäldern empor, über denen die weißen Schneepaläste des Hochgebirges wie Diamantenkronen aufleuchten. Tief zu unseren Füßen gurgeln die Wasser. Auf halbverrotteten, schwingenden Brücken, die aus Bambusseilen geflochten sind, überqueren wir sie. An vielen Stellen führen eingekerbte, aber längst verfaulte Baumstämme über schwindelnde Abgründe dahin. Ab und zu, in einsamen Tälern, stoßen wir auf kleine befestigte Wassusiedlungen, so daß wir dann wenigstens ein Dach über dem Kopf haben und unsere aufgeweichten Kleider trocknen können, wenn uns auch das Heer der Flöhe und Wanzen nur selten zum Schlaf kommen läßt.

Immer wieder sind wir von der selbstverständlichen Gastfreundschaft der Wassus überrascht. Dabei haben sie kaum einen weißen Menschen zu Gesicht bekommen. Wir kommen an. Dreckig und durchregnet, wie wir sind, nehmen am prasselnden Feuer Platz, wärmen uns auf und schieben den Hausherrn womöglich noch zur Tür hinaus, benutzen den schweren eisernen Kochtopf der Familie und legen uns schließlich auf dem Boden nieder, um zu schlafen. Zuvor rauchen wir mit dem Wassubauern aus der gleichen Pfeife, sehen zu, wie unsere Träger sich die Läuse absuchen, sie mit den Zähnen zerknacken und die ausgesaugten Hüllen in die lodernden Flammen spucken. Das alles sind Selbstverständlichkeiten bei den Wassuleuten, und so wird auch beim Gehen kein Wort des Dankes gesagt. —

Es folgen Wochen berauschender Bergerlebnisse, aber nach einigen durchsonnten Tagen brechen die Ungeheuer des Monsuns immer wieder über unser kleines Häuflein herein, und die dunkelnden Gletscher der Bergriesen über uns bleiben in Wolken gehüllt. Nebel und Regen — Regen und Nebel —. Es ist zum Verzweifeln, und aus den tiefen Schluchten dröhnen uns Tag und Nacht die wilden Wasser in die Ohren.

Die Tage sind von romantisch ungebundenem Jägerleben ausgefüllt, und doch haben wir noch immer keine Spur vom Bambusbären gefunden. Der Himmel hat alle Schleusen geöffnet. In den grünhängenden Kaskaden der undurchdringlichen Dschungel ist keine Fährte zu halten. Nach wenigen Minuten ist man bis auf die Haut durchnäßt, schlägt sich nach erfolgloser Pirsch in stundenlanger Arbeit mit dem Haumesser zum Lager zurück und verdämmert unzählige Stunden in regensatter Einsamkeit. Aber es gibt keine Rasttage. Wenn die Elemente auch gegen uns sind und die Nebelhexen uns vom frühen Morgen bis zum späten Abend umgarnen, so sind wir doch fest entschlossen durchzuhalten, bis das Ziel erreicht ist.

Unangenehmer noch als die dauernde Nässe, die unsere wissenschaftliche Ausbeute verfaulen läßt, ist die Plage der Blutegel, die uns so viel roten Lebenssaft absaugen, daß wir abends das Blut aus den Strümpfen wringen können. Durch alle Maschen und Löcher von Kleidern und Schuhen dringen sie hindurch und sitzen in dichten schwarzen Kränzen vollgesogen an Knöcheln und Waden. Man könnte sich vor Ekel schütteln. Aber das Schlimmste ist, daß diese aalglatten, pfriemenähnlichen Würmer lange nachblutende Wunden hinterlassen, die dann zu stinkenden Eiterbeulen anschwellen.

Wie unendlich dankbar sind wir, wenn die Wolken über den wuchtenden Steilhängen aufreißen und die Sonne funkelnd durch die Nebelschwaden bricht. Dann ist das Wassuland in einen unendlichen Zauber eingehüllt, die Luft ist erfüllt vom berauschenden Duft der Blütenmeere, und herrlich bunte Schmetterlinge taumeln über den sprühenden Wassern wie trunken durch die blühenden Täler.

Eines solchen Tages, die blauen Gletscherkronen schimmern mir vom Talschluß her entgegen, steige ich keuchend, prustend und nach Atem ringend durch den steilen Urwaldgürtel zu den hohen Bambusdschungeln empor. Es ist eine mühsame Kletterei. Ich bin in Schweiß gebadet. Um mich herum nur das Meer von Bambus, der so dicht wie ein Kornfeld steht und keinen Ausblick auf den Himmel gestattet. In langen spärlichen Strahlenbündeln fällt das Licht durch die Urwaldkronen auf den moosbedeckten Boden einer triefendnassen Wildnis. Lange schon habe ich keinen trockenen Faden mehr am Leib, und wenn ich einmal stehen bleibe, um die Pulse zu beruhigen, laufen mir kalte Schauer über den Rücken.

Schließlich gelange ich in die Zone riesiger Alpenrosenbäume. Knorrige Stämme wälzen sich wie ineinanderverschlungene Riesenschlangen dem Lichte entgegen. In dieser verwunschenen Welt würde man sich über die Begegnung mit Gnomen und Elfen weniger wundern, als über ein Zusammentreffen mit einem Menschen. Bei Überschreitung einiger in sich zusammengesunkener Baumleichen, deren morsche Stämme fahl leuchten, finde ich etwas Seltsames: große Klumpen eines stark säuerlich riechenden pflanzlichen Stoffes, lange, eiförmige Gebilde, die, wie ich bei näherer Betrachtung erkenne, aus zermahlenen Bambusfasern bestehen. Nie zuvor habe ich etwas Ähnliches gesehen, aber mein jagdlicher Instinkt sagt mir sofort, daß diese Gebilde nichts anderes sein können als die Losung des Bambusbären — das erste sichtbare, handgreifliche Zeichen unseres Traumwildes also.

Alle Müdigkeit ist verflogen. Auf tunnelartigen Wechseln krieche ich horchend und spähend tiefer in die schweigende Wildnis hinein. Dort finde ich schließlich richtige Bißstellen und „Burgen", das heißt Lagerstätten und Äsungsplätze des seltsamen, bambusfressenden Wildes. Es kann kein Zweifel mehr bestehen, ich habe die Heimat des Bambusbären entdeckt und ich folge den mit Losung überhäuften Wechseln von Burg zu Burg und von Äsungsplatz zu Äsungsplatz. Vorsichtig setze ich Schritt vor Schritt, mit der Büchse in der Faust, immer darauf gefaßt, plötzlich mit dem Bären zusammenzutreffen, trotzdem ich sicher zu sein glaube, daß das seltsame Tier vorwiegend nächtliche Gewohnheiten besitzt. So lese ich die Zeichen und versuche mir ein Bild über das Leben dieses Wildes zu machen.

Die Sonne neigt sich schon dem westlichen Firmament entgegen, die Nebelfahnen beginnen über Schroffen und Klüften zu Tal zu sinken und mich beginnt der Hunger zu plagen. Nun muß ich schnellstens an den Abstieg zum mehr als 1000 Meter unter mir im Schluchttal liegenden Lager denken. Plötzlich höre ich dicht vor mir ein leises Rascheln und sehe einen Blutfasan mit seinen feuerroten Beinen wie ein Gnom über einen umgestürzten Baumstamm schreiten. Die Dämmerung senkt sich mit leisen Schwingen hernieder, und da ich keine Lust verspüre, die Nacht in einer feuchten Felsenhöhle zu verbringen, rase ich den Abhang hinab, so rasch mich meine müden Beine tragen wollen, bis das erlösende Licht der alten Wassuburg in dem tiefen Talschrund heraufblitzt. Noch ein halbes Stündchen, und ich falle Dolan in die Arme, dem der Rasttag beinahe ebensoviel Mut gegeben hat, wie mir die Entdeckung des Einstandes des weißen Sagenbären. Voll stolzer Freude lege ich die Bärenlosung auf den Tisch und es steht für uns fest, daß wir das Wassuland nicht eher verlassen werden, bis uns der Bär seine Decke gelassen hat.

Inzwischen ist es Mai geworden im wilden Wassuland. Der Himmel hat ein Einsehen und schenkt uns einige bezaubernd schöne Tage. Hoch auf den Bergen ist glitzernder Neuschnee gefallen. Weithin leuchten Zinnen und Schroffen über den purpurroten Alpenrosenblüten, aus deren wächsernen Kelchen buntfarbige Sonnenvögelchen den süßen Nektar saugen. Bei uns drunten in den tiefen Urwaldtälern locken die Goldfasanen aus tauglitzerndem Unterholz, und herrlich ziehen die Steinadler ihre Kreise. — Nun erst packt uns das richtige Bärenfieber und wir verlegen das Lager noch tiefer hinein in die ewig grünende, ewig wachsende Subtropenwildnis. Wieder werden schwindelnde Abgründe überquert, wieder reichen wir uns gegenseitig die Gewehre zu, wenn es zwischen gähnenden Schründen und himmelhohen Felsballustraden hinaufgeht. Silberhell wirbeln Wasser von Kaskade zu Kaskade in unabsehbare Tiefen hinab. Als wir am Abend das neue Lager auf blühender Wiese aufschlagen und ich wieder einsam sitze, um den Stimmen des Bergwaldes zu lauschen, habe ich das sichere Gefühl, dicht vor dem großen Augenblick zu stehen. — Wang, mein getreuer Jagdbegleiter, sitzt etwas abseits und stopft sich seine lange Bambuspfeife, deren Mundstück er aus einer abgeschossenen Patronenhülse selber bastelte. Bedächtig holt er Flinte und filzigen Zunder hervor, schlägt sich mit ein paar Griffen Feuer und schmaucht lange Rauchfahnen in diesen stillen, köstlichen Abend hinein.

Tags darauf umschließt uns wieder das dichte Bambusmeer. Wir sind heute zu dritt, Wang, unser Hetzhund und ich. Systematisch wollen wir die eine Schluchtseite absuchen, während Dolan und Weigold sich der anderen Seite widmen wollen. Nach Überwindung steiler Felsabstürze, wo wir Fährten scheuer Bergantilopen finden, treten wir in ein wahres Dorado des Bambusbären ein. Es ist ein Wald von tausend Dolchen, die aus dem moderfeuchten Laub kaum hervorschauen und in dessen schattigem Halblicht wir keine zwei Meter weit sehen können.

Fraß- und Kratzstellen, Losung und tunnelartige Wechsel überall, schließlich wieder eine richtige Bärenburg mit frisch abgerissenem Laub. Wie Panther schleichen wir dahin, obwohl die Hoffnung auf Erfolg gering ist. Ein Mäuslein im hohen Kornfeld ließe sich leichter erspähen, als ein großer Bär in dieser Deckung, wo auch die Künste des besten Pirschjägers versagen müssen. — Ich bleibe stehen und warte auf Wang, der mit dem gekoppelten Hund folgt. Dann mache ich eine stumme Bewegung auf unseren vierfüßigen Begleiter. Wang versteht, nickt zustimmend mit dem Kopf und beschreibt einen Halbkreis mit der Hand, während er dem Hund das Halsband über den Kopf streift. Unter uns breitet sich dichtes, undurchdringliches Dschungel ... lautlos, bedächtig und mit tiefer Nase sich vortastend verschwindet der Hund.

Wir beziehen einen Stand auf hochragendem Fels. Wir stehen und lauschen. Tiefes Schweigen rundum, nur aus der Schlucht brüllt der Fluß. Drüben die andere Talseite, wohin Weigold und Dolan sich wandten, kann ich weit besser einsehen, als das große Bambusmeer unter mir, in dem der Hund verschwand. Extrem zerrissen ist das Gelände, und tatsächlich ist die Entfernung bis hinüber auf den anderen Hang beinahe geringer als diejenige bis zum Talboden.

Da, plötzlich heller giftiger Laut . . . der Hund! Fester umfasse ich meine Büchse und versuche mit äußerster Anstrengung das Halbdunkel des Dschungels zu durchbohren. Jeden Augenblick kann es erscheinen, das schwarzweiße Fabeltier, das uns nun schon seit Monaten im Wachen und im Traum verfolgt, wie ein Vampyr, der unser Herzblut saugen will. Es sind das Augenblicke höchster Spannung . . . lange, bange, eine Ewigkeit deuchtende Sekunden . . . bis endlich das Geläut des Hundes wiederum ertönt. Lauter, ja, viel lauter . . . und jetzt gerade auf mich zu . . . Da vernehme ich weit vor dem Hunde ein lautes Poltern, Brechen und Prasseln. Büchse im Anschlag, Augen offen, jeden Augenblick gewärtig, den Bären aus der Dickung brechen zu sehen, stehe ich, jeder Nerv vibriert. Nun wird der Hetzlaut noch stärker, er kommt von e i n e r Stelle — das ist doch „Standlaut“ . . . das kann doch nur Standlaut sein! Nun gibt es für mich kein Halten mehr, der Jagdeifer des Hundes überträgt sich auf mich und mit einem Riesensprung geht es in das tolle Gewirr von frischem und von moderndem Bambus, von gefallenen Urwaldriesen und dichten Lianenverhauen, die sich wie Drahtseile um die Glieder legen. Wang ist mit dem geschwungenen Haumesser dicht hinter mir . . . Jetzt stehenbleiben — verhören, dort hinunter, keine vierzig bis fünfzig Meter von uns muß der Hund den Bären gestellt haben. Schweigend und schwitzend arbeiten wir uns nach allen Regeln vorsichtiger Pirschkunst auf den glockenreinen Laut des Hundes zu, der in wilder Waidlust immer höher anzuschwellen scheint.

Plötzlich saust es durch die Luft ssss sch t . . . Peng — ssss sch t . . . Peng und immer wieder. Donnernd bricht sich das Echo zahlreicher Schüsse an den Wänden —. Der Standlaut verstummt, um abermals in hetzendes Geläute überzugehen. Ich stehe wie erstarrt! Dann, tobend vor Wut, rase ich weiter, strauchle, falle hin . . . die Jagd ist längst über alle Berge gegangen. Nach einer Viertelstunde, da ich mit Wang in dumpfer Niedergeschlagenheit sitze und das rätselhafte Ereignis berate, kommt der Hund mit weitheraushängender Zunge zurück, schaut mich traurig an und schmiegt seine feuchte Nase an mein Knie. „Hast es recht gemacht, mein gutes Tier . . . war deine Schuld nicht . . . lag nur an den dummen Menschen!“

Warum mußten sich die verdammten Kugeln auch gerade in unser Gebiet verirren, ja warum? Eine böse Ahnung dämmerte in mir auf —!

Völlig ausgepumpt erreichen wir am späten Abend das Lager und alles klärt sich auf. Wieder einmal war es die alte, hohnlachende Ironie des Schicksals, wieder einmal hatte der Teufel seine Hand im Spiele: Während ich mich nur noch wenige Meter vor dem heißersehnten Ziel befand, sahen Weigold und Dolan den Bären von der anderen Schluchtseite aus, wie er den Wipfel eines Urwaldriesen erklomm ... Beim plötzlichen Anblick des Sagentieres gingen ihnen begreiflicherweise die Nerven durch, denn sie konnten ja den Standlaut des Hundes nicht vernehmen und auch nicht ahnen, daß ich mich in nächster Nähe befand. So gaben sie ein wahres Schnellfeuer auf den Bären ab, bis es dem Petz in der Baumkrone zu viel wurde, er eilends abbaumte und auf Nimmerwiedersehen verschwand. Es ist zum Haarausraufen! Pech ... Pech ..., nichts als Pech. Wie lange soll das noch so weiter gehen?

Aber nun erst recht! Während der folgenden, regensatten Tage widmeten wir uns ausschließlich dem alten starken Bären. Allem Anschein nach aber hat der Petz den häßlich kläffenden Köter und die dicht an ihm vorbeibrummenden blauen Bohnen gewaltig übelgenommen. Trotz aller Regeln der Pirsch- und Jagdkunst gelingt es uns nicht, ihn zu überlisten. Zwar finden wir viele frische Zeichen, die darauf hindeuten, daß sich der schlaue Bursche auch weiterhin in seinem undurchdringlichen Urwald weitgedehnter Bambusdickungen aufhält, doch kehren wir abends immer entmutigt und klatschnaß ohne den geringsten Erfolg in unser Lager zurück.

Da entschließt sich Dolan trotz aller Unbilden der Witterung, dem Bären alleine zu Leibe zu rücken und mitten im Burgengebiet auf schmalem Nadelkamm im Einmannzelt zu nächtigen. Als der Amerikaner dann völlig zerlumpt und von Blutegeln halb ausgesogen wieder zurückkehrt, berichtet er in humorvoller Niedergeschlagenheit, daß sich der Bär ihm in stockdunkler Nacht bis auf wenige Meter genähert habe. In einem schaurigen Mitternachtskonzert habe er ihm seinen Unwillen kundgetan. Dolan saß währenddem schußbereit am Eingang seines Zeltes, ohne auch nur das geringste von dem Tier wahrnehmen zu können.

Die Pechsträhne des armen Brooke reißt noch immer nicht ab. Eines Nachmittags erspäht er vom Talboden aus einen starken Bären, der sich in aller Ruhe an Bambusschößlingen gütlich tut. Es folgt ein steiler, natürlich überstürzter Anstieg, um das letzte gute Licht noch auszunutzen: Der auf nur 100 Meter beschossene Bär überschlägt sich, brüllt laut, kommt im Abrollen jedoch wieder auf die Läufe und verschwindet im Bambusmeer. Unsere vielstündige Nachsuche bleibt ergebnislos, und auch die Hunde versagen, denn inzwischen hat der Himmel wieder alle seine Schleusen geöffnet.

Auch meine Anstrengungen führen nicht zum Erfolg. Einmal mache ich zwar im bleichen Morgendämmern auf Kilometer Entfernung einen starken Bären aus, der sich völlig ungeniert auf einer freien Fläche mitten im Dschungel herumtummelt. Wohl um mir seine Verachtung noch durch Gesten auszudrücken, tut er sich auf die Keulen nieder, legt sich auf den Rücken und schlägt mit den schwarzen Pranken in der Luft herum. —

Ein anderes Mal schleudert mir ein starker Bär seine urige Stimme entgegen, ohne daß es mir gelingt, auf dem Bauche kriechend auf Schußweite an ihn heranzukommen. Knackholz und Bambussparren werden mir zum Verhängnis, der Bär verschweigt, die Pirsch mißlingt, und wieder muß ich den greulichen, stundenlangen Abstieg zum Lager mit leeren Händen antreten. — Schließlich kommen wir zu der Überzeugung, die Bären aus ihren bevorzugten Einständen durch unsere Witterung vergrämt zu haben. Man könnte wirklich an dieser wahnsinnigen Jagd verzweifeln. Wenn ich in diesen Tagen einsam sitze und über den Mißerfolg nachgrübele, fallen mir immer die Worte meines verehrten Professors in Berlin ein, der mir beim Abschied sagte: „Einen guten Rat möchte ich Ihnen noch auf den Weg geben ... der Bambusbär ist gut und schön, aber setzen Sie nicht alles auf eine Karte!" —

Jetzt war es soweit, daß ich mir zugeben mußte, ein Stümper zu sein, ein Nichtskönner, der besser daran getan hätte, nach einem vernünftigen Beruf Ausschau zu halten und Kollegbücher zu führen, als einem Phantom nachzujagen. Halb krank bin ich von Bärenfieber, und doch — und doch!

Weitere Wochen angestrengter Bergarbeit inmitten einer überwältigend schönen Natur vergehen, ohne daß wir eines der scheuen Tiere habhaft werden könnten. Unser Hoffnungsbarometer ist längst auf den Nullpunkt gesunken, nur noch das Pflichtgefühl läßt uns mit alter und immer

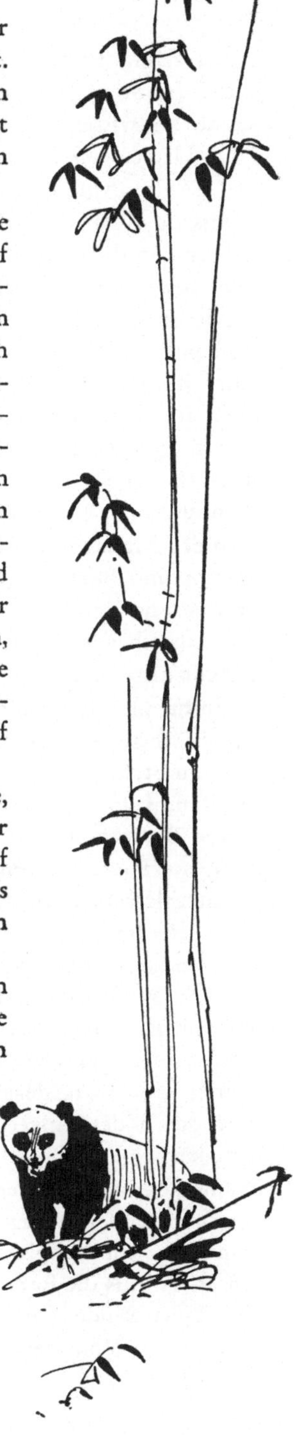

neuer Zähigkeit an der gestellten Aufgabe festhalten. — Haben wir es nicht falsch angefangen? Wollten wir nicht den Erfolg erzwingen? Ohne zu wissen, daß sich in Gottes freier Natur nichts erzwingen läßt! Hätten wir nicht bedächtiger ans Werk gehen und zuerst einmal die Gewohnheiten des seltsamen Wildes studieren sollen, anstatt wie Besessene durch die Dschungel zu rasen? Man tut gut daran im Leben, sich erst in die Seele des anderen zu versetzen, ehe man ihn gewinnen oder bezwingen will. —

Als ich eines Tages nach langer Hatz und Suche erschöpft niedergesunken bin, fällt mein Blick auf eine merkwürdige Kratzspur am Stamm einer Riesenfichte, die, obwohl mehrere Meter vom Boden entfernt, noch deutlich sichtbar ist. Wie kommt der frische Riß an diesen Baum? Bedächtig lege ich Büchse und Fernglas ab und beginne, mich emporzuhangeln... kein Zweifel, es sind Prankenspuren von einem Bären, einem Bambusbären! Näher arbeite ich mich empor und untersuche jedes Fleckchen der Rinde, bis ich ein weißes, drahtartiges Haar finde, das zwischen Stamm und Borke eingeklemmt ist. Nun bin ich ganz sicher, und als ich dann noch in der Krone des Baumes plattgedrückte Äste finde, weiß ich, daß ich das Baumversteck eines Bambusbären gefunden habe. Es besteht also kein Zweifel, daß der Bär auch ohne Gefahr hohe Bäume annimmt und dies wahrscheinlich in den frühen Morgenstunden tut, um nach nächtlichem Regen seinen Pelz in der Sonne zu trocknen. Also muß an Stelle der bisher so völlig ergebnislos verlaufenen Bodenjagd die Baumjagd treten, der Ansitz, das stille Spähen und Lauschen von hohen Bäumen, Felsen oder sonstigen erhabenen Punkten, von denen man die Hänge übersehen kann.

Entschlossen, mich vom Boden zum Baumleben umzustellen, packe ich noch am gleichen Abend meine Siebensachen, und am nächsten Morgen geht es in eine tiefe Schlucht. Nur der getreue Wang und ein kerniger Wassujäger sind meine Begleiter. In hartem Kampf schlagen wir uns nach oben durch und errichten bei sinkender Dämmerung unser kleines Notlager am Fuße eines mächtigen Bergrutsches, der hier vor Jahren einmal niederging. Im Scheine aufknallender Bambusfackeln wird der Boden eingeebnet, und dann sitzen wir zu dritt noch lange Stunden rauchend und sinnend um das Feuer. Laut krachend stiebt der Bambus auseinander und jagt zwischen den dunklen Riesenstämmen des Domwaldes lodernde Feuergarben zum sternfunkelnden Himmel empor. — Die Rotglut bestrahlt unsere Gesichter, wie Glühwürmchen umtanzen uns die Funken und von irgendwoher aus der Schlucht jucht eine Eule. Wilde, einsame Romantik, und eine tiefe Versöhnung liegt über allem. Von der aufsteigenden Hitze zittert und schwankt das

Dschungeldach, als ob dort oben Geister webten. Nachdem der letzte Zigarettenstummel zu Asche verbrannt ist, legen wir uns schlafen, ohne zu ahnen, daß morgen ein großer Tag ist.

Noch haben sich die Schatten der Nacht nicht von den Bergen gelöst, da stehen wir fröstelnd am Wildbach, schlürfen klares Wasser, würgen kalte Maisfladen in unsere hungrigen Mägen, packen auf … und packen es an. Mit den ersten goldenen Sonnenstrahlen befinden wir uns schon mitten in der Region des Bambusbären. — Das nadelscharfe Gelände wird bald so schwierig, daß ich mich entschließen muß, den Träger wieder zum Hauptlager zurückzusenden. Bei der schweren Last, die er trägt, ist die Gefahr eines Absturzes allzugroß. Wortlos kehrt der Wassuträger um und entschwindet unseren Blicken. —

Nun bin ich mit Wang allein. Lange schon sind wir, vom Jagdeifer gepackt, mit unserer Umwelt zu einer Einheit verschmolzen. Irgendwelche dumpfen Kräfte verbinden uns innig. Es bedarf keines Wortes mehr, um uns zu verständigen. Weiter schlagen wir uns durch und erreichen einen hohen, zwei Täler scheidenden Kamm. Dort finden wir viele Zeichen vom Bären. Gleichzeitig aber gestatten uns die weit über die Felsen hinaushängenden knorrigen Alpenrosenbäume einen weiten Blick auf die Baumkronen des unten sich breitenden Bambusdschungels. Wie Marder klettern wir von Ast zu Ast, von Stamm zu Stamm bis in die äußersten Verzweigungen hinauf und lassen das Gelände im sechsmal vergrößernden Fernglas an uns vorübergleiten. Mit größtem Bedacht schieben wir uns wieder tastend voran, saugen den Glanz des Frühlichtes in uns ein und bewundern die weite, unabsehbare Wildnis, die sich in allen Farben vor uns hinzieht. Da, eine Bewegung dicht vor uns … und ein purpurschimmerndes Satyrhuhn windet sich durchs niedere Holz. Wie ein Schemen verschwindet es. Sein leises Gocken klingt uns noch ein Weilchen in den Ohren. —

Noch vorsichtiger biegen wir nun die Äste beiseite, prüfen den Wind, erreichen einen Seitenkamm, und glauben am Ende der Welt zu stehen. Vor uns fällt ein birkenüberschatteter, bambusbedeckter Talkessel steil ab zur Schlucht. Von Baum zu Baum, von Felsblock zu Felsblock gleiten wir ab, von einem Beobachtungsstand zum anderen. Plötzlich gewahre ich tief unter mir in einer Birkenkrone eine leichte Bewegung, wie ein Schütteln und Schwingen … aber es ist nichts zu erkennen. Sollte ich mich getäuscht haben … ? Jetzt wieder ein leichtes Zittern im Laub des Baumes und die Umrisse eines Tieres von weißer Färbung. „Beschung“ — weißer Bär — entfährt es zitternd meinem Munde. Wang steht wie versteinert neben mir, wischt sich über die Augen, schaut wieder und sagt nur: „Bu sche de“ — „Das ist nichts!“ — Sollte ich denn einen Spuk gesehen haben? Wir suchen am knorrigen Stamm einer Fichte Deckung und starren wieder stumm und unverwandt auf den grünen Baum dort unten, auf die fragliche Birke.

Während ich noch zwischen Hoffen und Zweifeln schwanke, wiederholt Wang sein fatalistisches „Bu sche de — Bu sche de". Da, wieder die gleiche Bewegung... nein, nein... diesmal habe ich mich bestimmt nicht getäuscht! In unerträglicher Spannung berühre ich Wangs Arm — und da taucht über dem Blätterdach deutlich sichtbar der wunderbare schwarzweiße Kopf eines Bambusbären auf. Die schwarzen Gehöre, die schwarzen Ringe um die Augen... alles ist gut sichtbar! „Beschung", haucht Wang nun auch — „Beschung"! Im Aufwallen der Gefühle kralle ich meine Finger fest in Wangs Schulter.

Jetzt gehts um alles ... Entfernung an die 400 Meter — näheres Anpirschen sinnlos, wenn nicht ausgeschlossen! Also handeln — und vor allem die Nerven behalten.

So reiße ich mich zusammen... suche nach einer Auflage... und warte... warte... bis der Rumpf des Bären frei im Zielfernrohr erscheint. Der Todesstachel sucht und faßt, längst habe ich die Büchse eingestochen, leise, ganz leise, Atem angehalten. Peng — dröhnend werfen die Wände das Echo zurück. Der Bär fällt — Wang brüllt, außer sich vor Freude, aber sein Übereifer erstirbt in gleicher Sekunde. Der Bär fängt sich wieder und hängt nun freischwebend über dem Abgrund... Raus nun, was der Büchsenlauf aushalten kann, denn ein verwundeter Bär ist für uns ein verlorener Bär. Nur der tote ist unser. Und so jage ich schießend und immer wieder repetierend noch sechs weitere Kugeln hinüber... Steintot fällt der Bär.

Glutheiß ist die Büchse, wild schlägt das Herz... aber dann löst sich die Spannung, und Wang und ich jubeln und schreien, fallen uns in die Arme und rasen los... drei Schluchten gilt es zu durchqueren — und die Orientierung ist schwer in diesem Gelände, — aber dann beugen wir uns freudetaumelnd über unsere so hart errungene, so wunderbar schöne und kostbare Beute. —

RÄUBERLAND

Wenn die Jagd auf den Bambusbären auch die erste Feuerprobe meiner Forscherlaufbahn gewesen sein mag, ein Beweis für die wirkliche Eignung war sie noch nicht. Später werden wir noch mehr vom wehrhaften Wilde der hohen tibetischen Berge hören.

Jetzt nehmen wir den Marsch wieder auf, um den tibetischen Menschen in seiner kühnsten Prägung, den Freibeuter und Räuber mit allen Vorzügen und Schwächen inmitten seiner hohen Steppen kennenzulernen. — Es ist unser Plan, vom subtropischen Wassulande dem Talverlauf des Minflusses zu folgen, um so tief wie irgendmöglich in das „Räuberland" vorzudringen und dann in weitem südlich-südwestlichen Bogen quer durch Osttibet bis nach Oberbirma durchzustoßen.

Vorerst kehren wir wieder in die tiefen Talgebiete zurück, um unseren Getreuen aus dem Wassulande die Gelegenheit zu geben, sich selbst zu entscheiden, ob sie weiter bei uns bleiben wollen oder es vorziehen, bei ihren Familien ein geruhsames Bauernleben zu führen. Mein treuer Wang, der sich ja schon im Bambusbärengebiet als mein fast unentbehrlicher Begleiter bewiesen hat, tritt, da wir seine Heimat wieder erreicht haben, aus freien Stücken mit der Bitte an mich heran, aller Räubergefahr ungeachtet, weiter mein Jäger bleiben zu dürfen. Es ist ein ergreifender Augenblick, als mir Wang, den ich wahrhaftig nicht verwöhnt habe, tränenden Auges versichert, durch Dick und Dünn mit mir ziehen zu wollen. Sodann bittet er um Urlaub, um sich von seiner Familie zu verabschieden.

Da wir, mit Ausnahme von Weigold, noch alle „Greenhorns" sind — und daher den Worten der Eingeborenen Glauben schenken — verbringen wir eine ungemein reizvolle Zeit der großen Vorfreude —. Abends, wenn wir im trauten Kreis ums prasselnde Feuer sitzen, spinnen unsere Getreuen ihr Garn und dann kommen wir uns beinahe selbst wie Helden vor, weil wir den Mut besitzen, in das von Räubern verseuchte Land vorzustoßen. — Li, unser erster Dolmetscher, berichtet, wie er mit einem amerikanischen Reisenden von zweihundert Räubern überfallen und total ausgeraubt worden sei. Nachdem die Banditen den reichen Amerikaner bis aufs Hemd ausgezogen hatten, kehrte Li, der mit einem blauen Auge davongekommen war, nach China zurück, um für seinen, im Adamskostüm in einer Felshöhle wartenden Herrn neue Kleider und Proviant zu besorgen.

Solche und ähnliche Geschichten über die tibetischen „Mantse" — die „Barbaren" — kursieren im Lager, und unsere chinesischen Diener können sich nicht genug tun, ihre kulturelle und geistige Überlegenheit den Tibetern gegenüber zum Ausdruck zu bringen. Gleichzeitig aber leben sie in Angst und Schrecken vor ihnen. —

Während wir schon nordwärts ziehen, erreicht uns die wenig erfreuliche Nachricht, daß überall an der chinesisch-tibetischen Grenze Guerillakriege zwischen den die großen Karawanenstraßen beherrschenden Chinesen und den tibetischen Räuberstämmen ausgebrochen seien und daß es unmöglich sei, von den chinesischen Grenzbehörden die Erlaubnis zu erwirken, ins eigentliche Tibet vorzustoßen.

Natürlich lassen wir uns durch solche Hiobsbotschaften nicht einschüchtern und ziehen das trostlose kahle Mintal weiter hinan. Bald schon zeigen die ersten zerstörten tibetischen Dörfer mit Eindringlichkeit, daß hier erbitterte Kämpfe stattfanden. Allsommerlich versuchen die Chinesen ihren Machtbereich weiter nach Tibet auszudehnen, während die unabhängigen Tibeter ihrerseits alles daran setzen, um der vordringenden chinesischen Welle Einhalt zu gebieten. In den tiefen subtropischen Tälern sind die Chinesen Sieger geblieben und ihre leichten Bambushütten sind dort wie Pilzgärten aus der Erde geschossen, wo früher kühne tibetische Steinbauten ragten. Mit jedem Tag, den wir höher hinaufsteigen, rückt das eigentliche Tibet näher und näher heran.

Wir sehen die ersten Grunzochsen, die Jaks, schwarze langhaarige Ungeheuer, die von kernigen, wetterverbrannten Tibetern mit braunen Filzhüten geführt werden.

Eines Abends, als die letzten Strahlen der Sonne die leuchtend grüne Uferlandschaft vergolden und die hohen Felsen rot erglühen, biegt plötzlich eine märchenhaft bunte Kavalkade um ein Felseneck. Drei goldstrahlende Lamas sind es, hohe tibetische Priester in phantastischen buntgewirkten Seidengewändern, die mit goldenen Schärpen und Silberbrokat behängt sind. Reich und vornehm wirken diese hochasiatischen Würdenträger mit den harten Mongolengesichtern, und selbst ihre fetten Pferde mit den silberbeschlagenen Turmsätteln und den leuchtenden

Satteldecken vermitteln den Eindruck von Kraft und gediegener Schönheit, von Farbenharmonie und edlem Stolz. —

Solche furchtbaren Barbaren, wie unsere Chinesen sie schilderten, scheinen die Tibeter nun wirklich nicht zu sein. Im Gegensatz zu den kleinen, lebhaften Chinesen, vor deren Neugier man sich oft selbst an den verschwiegensten Orten nicht retten kann, fällt angenehm auf, daß uns die Söhne des Hochlandes keines Blickes würdigen und daß wir für sie nicht mehr sind als die Luft, die sie atmen. —

Wenige Tage darauf begegnet uns ein großes Aufgebot chinesischer Soldaten in Strohsandalen und blauen Uniformen. In ihrer Mitte reitet ein gefangener tibetischer Fürst und hundert Mann seiner Gefolgschaft. Es sind die ersten tibetischen Geiseln, die wir sehen. Anscheinend behandelt man sie gut, denn der edle, hochgewachsene Fürst, Sohn des Stammeshäuptlings von M e r g e , stattet uns sogar einen Besuch ab, als er hört, daß wir seine verlorene Heimat besuchen wollen. — Von malerisch wilden braunroten Gesellen begleitet, macht uns der edle Jüngling seine Aufwartung und hofft, daß wir ihm, der einem ungewissen Schicksal, vielleicht gar seiner Hinrichtung entgegengeht, helfen können. —

Wir sind tief beeindruckt von der hoheitsvollen Erscheinung des hünenhaften Häuptlingssohnes und möchten uns nur zu gerne bei den chinesischen Behörden verwenden, aber unsere Mittel sind gering. Zudem soll man es tunlichst vermeiden, sich in innerpolitische Angelegenheiten fremder Länder einzumischen. Eines aber steht schon jetzt für mich fest: Die Tibeter, mögen sie auch Räuber und Freibeuter sein, sind mir vom ersten Augenblicke an ans Herz gewachsen. Sie sind mir viel sympathischer als die kleinen, immer freundlichen und immer lächelnden chinesischen Magistratsbeamten, die uns so gern die Pässe abverlangen möchten, um unseren Weitermarsch zu verhindern. Stets beteuern sie, nur auf unsere Sicherheit, auf unser Wohl bedacht zu sein, um uns vor den „tibetischen Räubern" zu schützen. Und immer fügen sie hinzu, daß das tibetische Land von Unmengen „böser Geister" bewohnt und so unwirtlich sei, so kahl und so öde, daß dort ein vernünftiger Mensch nicht leben könne, daß wir schmählich verhungern und erfrieren müßten. — Wenn diese guten, wohlwollenden und friedlichen Bürger des alten China nur einsehen würden, daß wir gar nicht „vernünftig" sein wollen. —

Kurz vor Sungpan, dem letzten chinesischen Vorposten, bereitet uns das hohe Tibet mit dem Freundesgruß seiner Elemente einen würdigen Empfang. Plötzlich ist der Sturm über uns. Alle Himmelsschleusen öffnen sich. Blitze durchzucken die Luft, tausendfaches Donnerecho rollt von den Bergen, und eine Flut von brausenden Wasserfällen stürzt mit todbringendem Steinschlag zu Tal. Inmitten dieses infernalischen Getöses stehe ich in Begleitung meines getreuen Wang in einer überhängenden Felsennische und bewundere den wilden Aufruhr der Natur, ohne zu ahnen, daß man auch in Tibet für gute Plätze zahlen muß. Die tibetischen Götter jedenfalls scheinen für behäbiges Maulaffentum nur wenig übrig zu haben — schon bröckelt die Wand, Steine fliegen krachend zu Boden, und ehe wir recht wissen, was geschieht, stürzt alles um uns zusammen. Noch heute weiß ich nicht, wie es uns in letzter Minute gelang, die verderbenbringende Höhle zu verlassen, ehe uns die herabstürzenden Felsmassen zermalmten. Jedenfalls gelingt es... und dann stehen wir bis auf die Haut durchnäßt, inmitten des tobenden Wolkenbruches, dankbar, unsagbar dankbar, unser Leben noch zu besitzen! Die Lasten als Schilde benützend, kämpfen wir gegen den Hagel der Steingeschosse an und manch rascher Seitensprung rettet uns vor unvermeidlichem Absturz, bis sich die Elemente zu beruhigen beginnen — und wir die erste Prüfung der tibetischen Götter bestanden haben. Stundenlang noch prasseln reißende Sturzbäche zu Tal, aber dann entschädigt uns ein märchenhaft schöner Sonnenuntergang für alles. Gespenstisch leuchten die Nebelfahnen im letzten Tageslicht. Langsam steigt die Nacht aus dem dunklen tibetischen Himmel herab. —

Tags darauf marschieren wir in Sungpan ein, einer stark befestigten Stadt, die auf beinahe 3000 Meter Höhe gelegen ist. Von Felsterrassen rings umgeben, macht die Ortschaft im Glanz der Abendsonne einen ruhigen und friedlichen Eindruck. Aber es ist schon viel Blut um Sungpan geflossen, um es zu dem zu machen, was es heute ist: Die nördlichste Grenzfeste Chinas gegen die wilden tibetischen Räuberstämme der Ngabas und der noch gefürchteteren Ngoloks.

Dicke, nach Schaffett und ranziger Butter duftende Filzmäntel um die Schulter geworfen, sitzen wir im Dämmerlicht auf der Terrasse unseres Quartiers, einer alten Karawanserei, um die Abordnungen der Tibeter, die uns ihre Aufwartung machen, würdig, in Landestracht zu empfangen. Prächtige Menschen sind es in ihrem wilden Aufzug, mit dem leuchtenden Weiß ihrer Augen und den strengen männlichen Gesichtern. —

Daß der bald darauffolgende Pflichtbesuch beim chinesischen Machthaber nichts Erfreuliches bringen könne und daß dieser alles nur Erdenkliche ersinnen würde, um unseren Weitermarsch nach Hochtibet zu verhindern, war uns von vornherein klar. — Nicht erwartet hatten wir dagegen, daß uns der würdige Herr Mandarin unsere Handfeuerwaffen offiziell beschlagnahmen und uns durch eine Eskorte chinesischer Soldaten in Schutzhaft nehmen würde. Nur durch unser selbstsicheres Auftreten gelingt es schließlich, den vornehmen Verwaltungsbeamten davon zu überzeugen, daß wir seines wohlwollenden Schutzes in keiner Weise bedürftig seien und jegliche Verantwortung von uns selbst getragen würde. — Wir lehnen daher alle die liebevollen Angebote ab und spinnen siegesbewußt unsere eigenen Pläne, — stehen wir doch nun endlich an der Schwelle des unbekannten Hochlandes, wo die Macht des großen China nur noch eine nominelle Bedeutung besitzt. Wir sind fest entschlossen, auf Biegen oder Brechen unsere Vorsätze zur Durchführung zu bringen und, wenn man uns den Zutritt zu unserem Traumland offiziell verweigern sollte, Mittel und Wege zu finden, doch hineinzugelangen.

„Rückzug ist ausgeschlossen!" Das schwören wir uns an jenem ersten Abend in Sungpan. — Wie gerne erinnere ich mich der weichen, verschleierten Mondnacht, als hunderte von Sternschnuppen herniedersanken und wir uns Flügel wünschten, um uns zu den unendlichen Hochsteppen des Nordens hinaufzuschwingen.

In einem verlassenen Tempel, dessen geschweifte Dächer dunkle Schatten auf die kalkweiß leuchtenden Höfe werfen, haben wir uns häuslich eingerichtet, und an diesem Abend hängt jeder seinen eigenen Gedanken nach. Dolan hat sich an eine Säule gelehnt, Weigold sitzt im Torbogen, und ich etwas abseits auf einem großen Stein. Langsam wächst die riesengroße Scheibe des vollen Mondes über die himmelhohen Berge empor, die wie verzauberte Giganten schweigend ragen ... und die spitztürmige Pagode, die droben auf der höchsten Erhebung über der Stadt tagsüber so weiß und friedlich herableuchtet, sitzt wie ein winziges Erkertürmchen auf gewaltigen Bergmassiven. — Die mächtige alte Stadtmauer, die noch im Mondschatten liegt, läuft bergwärts, den Lößterrassen folgend, einer lichtdurchbrochenen Wolke entgegen, gerade als ob sie von der Erde direkt in den hohen buddhistischen Himmel hinaufführe.

Die ganze, tagsüber so strenge, winddurchwehte Landschaft ist verwandelt, überall wispern Elfen und Gnomen, jeder Busch und jeder Stein ist von einem zarten Silberhauch umflossen. Still und stumm liegt Sungpan. Nur hin und wieder ertönen die rauhen Stimmen der Tibeterhunde, die uns aus der Traumwelt wieder ins Diesseits zurückrufen. Aus den lieblichen Gärten zu unseren Füßen strömt der herbe Duft der Mohnblüten, die ihre weißen Porzellankelche auch in der Nacht geöffnet haben und die in die einzigartige Stimmung dieser Vollmondnacht gehören, einer Nacht, wie man sie nur an der Grenze zweier mächtiger Reiche so zauberhaft erleben kann. —

„Lets go for a walk", sagt Dolan leise, als Mitternacht näher kommt.

Es ist ein wunderbarer Spaziergang, ich glaube, wir haben kein Wort miteinander gesprochen. Lautlos liegt die Stadt. Wo tagsüber Bettler lungerten und schmutzige Kinder spielten, wo brodelnder Lärm und widerliche Gerüche die Luft erfüllten, ist jetzt nur heimliches Schweigen. Kalte, reine Bergluft weht durch die Straßen und Gassen. —

Dann erklingt, wie in allen chinesischen Städtchen seit ungezählten Jahrhunderten, die Trommel des Wächters. Es will uns fast scheinen, als bediene er sich seines Instrumentes nur, um dem Diebesgesindel seinen jeweiligen Standort zu künden! Aber in Sungpan, dessen glaube ich sicher zu sein, wird in dieser Nacht kein Raub verübt, selbst der abgefeimteste Dieb müßte vor solcher Schönheit die Waffen strecken! An herrlichen Tempeln vorüber, deren ragende Rundsäulen im reinsten Weiß ein geradezu gespenstisch helles Licht verbreiten, wandeln wir zu einem dunklen kleinen Tor in der ragenden Stadtmauer. Die Tür steht offen — und unter uns rast, einem wilden Pferd vergleichbar, der Minfluß. Wie ein junges, kräftiges Fohlen, das soeben der beengenden Umzäumung der höchsten Eisregionen entronnen ist, — zu ungestüm noch, um einen Reiter zu tragen, so schießt der Fluß in lebensfreudigem Galopp seinem Schicksal entgegen. — Drunten in den großen chinesischen Ebenen werden ihm die Menschen den Zaum anlegen, um seine klaren Wasser in miasmenverseuchte Reisfelder zu leiten. — Schon geht es dem neuen Tag entgegen, als wir endlich zu unserem Tempel zurückfinden und uns schlafen legen.

Um unsere Pläne ausreifen zu lassen, benutzen wir die nächsten Tage und Wochen, die umliegenden Hochgebirge zu erforschen. Dabei werden wir in einer kleinen, weltabgeschiedenen Tibetersiedlung, am Fuße gewaltiger Schneeberge, Zeugen eines großartigen Schauspiels: eines Teufelstanzes, den die Tibeter abhalten, um ihren Göttern Genüge zu tun. — Rasende Schwerttänze, Totentänze in grimmigen Schädelmasken und Huldigungsreigen gottgeweihter Krieger wechseln sich ab. Lamas in roten, langwallenden Roben entzünden einen mächtigen Scheiterhaufen, auf dem den Göttern zu Ehren heilige Wacholderzweige verbrannt werden. Die Zuschauer, die bis dahin tief in die Betrachtung der religiösen Handlungen versunken waren, brechen plötzlich in frenetische Begeisterung aus. Alles wird vom Rausch wilder Tanzlust ergriffen, Kinder schreien, Weiber heulen, Männer ziehen ihre langen, blitzenden Schwerter und die Mönche schlagen mit langen Peitschen wild in die entfesselte Menge hinein. Das aber reizt das Temperament der Massen nur noch mehr. Vom Wahnsinn gepackt, in religiöser Verzückung, stürmen die Wildesten den hellauflodernden Scheiterhaufen, stellen sich in die Flammen und schwenken ihre blanken Schwerter. —

Tiefes, unheimliches Trommeln, erst nur ganz leise zu hören, schwillt zu Ekstase und feierlich, mit weitausgreifenden Schritten wandelt der goldgekleidete Abt und lebende Buddha aus dem düsteren Tempel hervor. Unheimliche Stille plötzlich. — Betroffen schauen die Menschen zu Boden. In Andacht versunken besteigt der Hohepriester den schwelenden Scheiterhaufen und opfert für sein Volk. Nun tritt der Anführer des Stammes aus der Masse hervor, ein baumlanger leopardenfellbehängter Tibeter. Dreimal wirft er sich vor dem Abt zur Erde, dann opfert auch er, um den höchsten Berggott versöhnlich zu stimmen.

Nach dieser feierlichen Handlung bricht die Begeisterung des Volkes von Neuem hervor, und ein toller Feuerreigen beginnt. Verwegene Jungmannen mit Fuchspelzmützen auf den Köpfen schwingen ihre vorsintflutlichen Gabelbüchsen, und unter krachenden Salven wird den Dämonen der Garaus gemacht. —

Auch wir sind ganz in den Bann der fanatischen Horden geraten. Sie umschwärmen uns plötzlich, sie umjubeln uns und geleiten uns schließlich schwerterschwingend in unser Quartier. Dort greifen auch wir zu den Waffen und geben unter begeisterten Zurufen der Menge den tibetischen Göttern zu Ehren einige Salven ab. — Jubel und Ovationen wollen kein Ende mehr nehmen. Wir sind tief beglückt. Leise fallen die Schatten der Dämmerung über das Hochtal, und während die Erde zu unseren Füßen versinkt, spiegeln sich die blauen Gletscher hoch droben im Lichte des Mondes.

Diese Menschen sind keine „Mantse", sie sind keine Barbaren... Wir werden mit ihnen auszukommen wissen, das ist das schönste Ergebnis dieses Tages. —

Aber ein noch Wichtigeres bringt die kleine Kundfahrt mit sich: es gelingt uns in ebendemselben kleinen Bergdorf, wo die wilden Tänze stattfanden, einen bedeutenden Lama für unseren Weitermarsch ins Hochsteppenland zu gewinnen. Was werden die wilden Ngabas und Ngoloks sagen, wenn eine Bande bärtiger „weißer Teufel" mit einem goldbetreßten eigenen Seelsorger durch die Steppen daherkommt? —

Inzwischen hätte ich mir durch einen ebenso unglücklichen wie leichtsinnigen Sturz vom Pferderücken noch beinahe den Hals gebrochen. Aber es ist noch einmal gut abgegangen, und eines schönen Morgens stehen wir abmarschbereit. Bläulicher Dunst liegt über dem Mintal. Hoffnungsfreudig satteln wir die Pferde und sehen unseren Tibetern zu, wie sie mit flinken Händen und schlohweißen Zähnen die mit roher Butter eingeriebenen Jaklederriemen über den Lasten zu unlösbaren Knoten vertauen. Aus vierzig Jakochsen und fünfzehn Pferden besteht unsere Karawane, mit der wir es nun wagen wollen, das gefürchtete, zwischen Sungpan und dem Ngoloklande gelegene „Niemandsland" zu betreten.

Während des ersten Tages ziehen wir minaufwärts durch eine fruchtbare Ackerbaulandschaft. Über den burgenartigen Häusern wehen allerorten die Gebetsfahnen, denn in Tibet wurde selbst der Wind in den Dienst der Götter gestellt. Er bewegt die mit Gebeten und Zauberformeln bedruckten Fahnen und trägt die Wünsche der Sterblichen zum Himmel empor.

Unser alter tibetischer Lama ist nicht nur ein würdiger Priester, sondern entpuppt sich auch gleichzeitig als ein Witzbold ohnegleichen. So macht er sich einen Höllenspaß daraus, unsere zaghaften Chinamänner noch mehr einzuschüchtern, als sie es ohnehin schon sind. Natürlich wollen auch wir uns gegen die drohende Räubergefahr sichern, und es ist daher nur allzuverständlich, daß wir als ersten Lagerplatz eine inmitten des Flusses gelegene, schwer zugängliche Insel wählen. Aber als die Lagerfeuer dann flackern und die Einöde um uns zu verdämmern beginnt, tischt unser lieber Lama ein nicht endenwollendes Band von selbsterlebten Räubergeschichten auf. Vervollständigt wird unsere Lagerromantik durch die von allen ortskundigen Tibetern bestätigte Kunde, daß eine etwa 150 Mann starke Bande in den nahen Bergen seit längerer Zeit ihr Unwesen treibt, ganz nach Lust und Belieben Karawanen überfällt und ihren Tribut fordert, allerdings ohne dabei sonderlich auf Blutvergießen erpicht zu sein. — Unseren braven Söhnen der Mitte aber genügt es, und da ihre Herzen, wie sie selbst sagen, „sehr klein" geworden sind, entschließen sie sich, eine freiwillige Nachtwache auszustellen, während wir seelenruhig in unseren Zelten schlafen und den kommenden Ereignissen entgegenträumen. Bisher hat noch keiner von uns einen lebenden Räuber gesehen, und langsam beginnen wir an allen blutrünstigen Geschichtchen zu zweifeln. —

Schon am nächsten Tage treten wir aus den Talsystemen in ein unendliches, flachwelliges Grasland ein, das nur von einzelnen Wannentälern gefurcht wird. Zur Gewinnung besserer Übersicht und um gleichzeitig die Seitensicherung der Karawane zu übernehmen, reite ich mit meinem Wang hangauf und genieße den ersten großartigen Ausblick in das gefahrendrohende Niemandsland, das sich zwischen den Vorposten der tibetischen Ackerbaukultur und den reinen Raubnomaden als breiter, unbewohnter Gürtel hinzieht. Ein wilder Streifen einsamer Hochsteppen, in dem nur das Recht des Stärkeren Gültigkeit besitzt! — Kein friedlicher Nomade hütet hier seine Herden, obwohl die Weideverhältnisse als geradezu ideal bezeichnet werden könnten. Ungenutzt liegen die weiten Flächen des Räuberlandes, das sich wie ein Vakuum um das von den nomadisierenden Ngoloks bewohnte Gebiet legt.

Im übrigen sind wir nach unseren bisherigen Erfahrungen ganz sicher, daß sich die Gerüchte von der Treffsicherheit unserer modernen Hochgeschwindigkeitsbüchsen wie ein Lauffeuer ausgebreitet haben und daß es wohl so leicht keine Bande wagen wird, uns am hellichten Tage anzugreifen. Auch den tibetischen Raubrittern ist ihr Leben das Liebste, was sie auf Erden besitzen. — Trotz alledem werden aber allabendlich die Wachen verteilt, und die langen Nächte über lassen wir unsere Feuer Rotglut in den sternenklaren Himmel steigen. Es ist nämlich alter tibetischer Räuberbrauch, bei dunkler Nacht an die Zelte zu schleichen, mit raschen Schwerthieben die Schnüre zu kappen und blindlings alles niederzuhauen, was sich unter der Leinwand bewegt. Der deutsche Tibetforscher Tafel hätte auf diese Weise beinahe sein Leben verloren und in den Augen der Tibeter war er sogar schon tot. Trotz klaffenden

Schwerthiebes kam er aber am nächsten Morgen wieder zu Sinnen ...
und konnte sich retten. —

Tagelang reisen wir nun schon durch das unbewohnte Land, das einen
so friedlichen Eindruck macht, bis endlich die ersten „Räuber" gesichtet
werden. In angemessener Entfernung reiten die Freibeuter am Horizont
vorüber. Bei ihrem Anblick geraten unsere Mannschaften außer sich vor
Angst und Wut und wollen uns überreden, das Feuer auf die unschuldigen Menschen zu eröffnen. Natürlich enthalten wir uns jeglicher
feindseliger Handlung, zumal es längst nicht ausgemacht ist, ob unsere
Gegenüber einen Angriff planen. Wissen wir doch nicht einmal, wen
wir eigentlich vor uns haben. —

Nach Überschreitung eines ziemlich leichten, aber immerhin doch
4500 Meter hohen Passes, wobei uns ein schweres Schneetreiben überrascht, treten wir in ein neues System versumpfter Wannentäler ein, die
riesige, grasbedeckte Hügelkämme durchschneiden. Goldene Sonnen-
tage zaubern an den hohen Tallehnen eine vielfältige hochalpine Blüten-
pracht hervor. Neben spätblühenden Rhododendren fallen uns vor allem
riesige feuerrote und leuchtend gelbe Mohnblüten auf. Hier stoßen wir
zum ersten Male auf Rehwild und Gazellen, die uns viel jagdliche Abwechslung verschaffen.

Eines Morgens, da das Lager sich schon im Aufbruch befindet, —
wochenlang haben wir wieder keine Menschenseele gesehen — schallt
der Räuberruf plötzlich durchs Lager. Wilde Aufregung, die Waffen
werden verteilt und dann reiten wir den vermeintlichen Bösewichtern
in guter Deckung entgegen. — Bei näherem Zusehen handelt es sich nur
um eine Sammelkarawane mit Teeballen beladener Jaks, die von schwerbewaffneten Nomaden begleitet wird. In stummer Würde gleitet die
vielhundertköpfige Tierkarawane an uns vorüber und wird von den
weiten Steppen wieder verschluckt.

Es folgen riesige Strecken tückischen Sumpfes, die wir unter großen
Schwierigkeiten, aber glücklicherweise ohne Menschen- und Tierverluste
überwinden. Mehr als einmal sitzen unsere Tiere bis zum Bauch im
Morast, oder wir stehen auf jenen gefährlichen „schwimmenden Inseln",
die schon so unzähligen Tieren den jämmerlichen Erstickungstod brachten. Kilometerlang ziehen wir durch die Sümpfe dahin. Als wir endlich
wieder festen Boden unter uns spüren, sind unsere schönen Schimmel
zu Rappen geworden. Die Jaks aber sehen mitsamt ihren Lasten gerade
so aus, als ob sie einer Suhle frisch entstiegen wären.

Wir führen in diesem weiten, wüsten Lande, in dem die Zeit nichts
gilt, ein absolut freies Vagabundendasein und allen Entbehrungen zum
Trotz erscheint es uns wie das Ideal des Lebens. Der Urmensch ist wieder

zum Vorschein gekommen. Unsere Instinkte sind wach, und die ständige, eingebildete oder wirkliche Gefahr erhöht den Reiz der großen, ungebundenen Freiheit. Weder Gesetze noch Verbotstafeln bedrücken unser Gemüt, jeder ist sein eigener Herr und auch die letzten Reste europäischer Kultur sind abgestreift.

So haben wir es uns denn in den Kopf gesetzt, im weiten Bogen nach Tatsien-lu, also in südwestlicher Richtung durchzustoßen, ein Ziel, das wir in zwei, vielleicht aber auch erst in drei Monaten zu erreichen gedenken. Keine Stunde schlägt uns in diesem großen Lande der Freiheit! — Anfang August ist es jetzt und die Nächte werden schon empfindlich kalt, mit Temperaturen, die leicht unter dem Nullpunkt liegen, während die Tage häufig noch dreißig bis vierzig Grad Hitze bringen.

Diese gewaltigen Temperaturschwankungen im Verlaufe eines einzigen Tages haben jedoch eine seltsame, lähmende Wirkung zur Folge. Nach den langen Marschtagen können wir uns vor Müdigkeit oft kaum noch auf den Beinen halten und müssen alle Energien einsetzen, um die notwendigen Tagebuchaufzeichnungen, Präparationsarbeiten pflichtgemäß zu verrichten. —

Einmal erscheinen fünfzig schwerbewaffnete Reiter, vor uns parieren sie ihre prächtigen weißen Pferde. Aber es sind keine Räuber, sondern Krieger, die zwei schwergefesselte Gefangene mit sich führen. Der Anführer der Bande ist ein hünenhafter junger Fürstensohn, der sich uns gegenüber ausgezeichneter Umgangsformen befleißigt und sogar unsere Einladung zu einer Tasse Tee annimmt. Strahlend berichtet er bei dieser Gelegenheit über seinen soeben mit großem Erfolg beendeten Rachezug gegen die Merge-Tibeter. Diese Mergeleute hätten seinem Stamm an die vierzig stramme Jakochsen gestohlen, und so habe er eben mit seinen wehrfähigen Mannen blutige Rache genommen. Der eine der dem Tod geweihten Gefangenen, die auf Pferderücken vertaut sind, ist der zweite Sohn des Fürsten von Merge. Dem ersten waren wir ja schon vor Sungpan begegnet, als ihn die Chinesen seinem mehr als ungewissen Schicksal entgegenführten. —

Kaum aber hat uns der junge Fürst, der uns einen so guten Eindruck machte, wieder verlassen, da erfuhren wir, daß dieser Jüngling erst vor kurzem seinen älteren Bruder erschlug, um sich selbst die Macht über seinen Stamm anzueignen! — Nun, wir haben keine Veranlassung zu rechten und zu richten, steht das Land, in dem wir uns befinden, doch auf der gleichen Kulturstufe wie unser altes Europa zur Zeit der Raubritter.

Tags darauf, wir haben gerade eine kleine Paßhöhe erreicht, versuchen uns vier Freibeuter in einen Hinterhalt zu locken. Wir sprengen jedoch

rasch mit schußfertigen Gewehren nach und setzen, als uns die Räuber
zu entkommen drohen, einige ungezielte Schüsse hinterdrein mit dem
Erfolg, daß die ganze wartende Bande in wilder Flucht davongaloppiert.
Darauf sichern wir die Paßhöhe nach allen Seiten, bis alle unsere Tragtiere hinübergewechselt sind, und setzen unseren Marsch fort.

Es gilt nun das Gebiet der Bolotze, eines reinen Räuberstammes, zu
durchqueren. Über Herkunft und Abstammung der Bolotze wissen wir
nur wenig. Vor nicht allzulanger Zeit sollen sie sich mit anderen tibetischen Räubern getroffen haben und nach einem wilden Gemetzel einige
hundert Tote auf der Kampfstatt zurückgelassen haben. Als wir uns
endlich dem berüchtigten Merge nähern, weigert sich ein Teil unserer
tibetischen Mannschaften, weiter mit uns zu ziehen. Sie gehören dem
Stamm des Brudermörders an, der vor einigen Tagen an uns vorüber-
zog und fürchten nun, von den Mergern erkannt und hingemetzelt zu
werden. Da auch wir uns einer solchen Gefahr nicht aussetzen können,
lassen wir sie ruhig zurückziehen und erreichen Merge, wo wir Kara-
wanenwechsel vornehmen wollen, ohne weiteren Zwischenfall.

Die Merger gehören wie eine Reihe anderer Stämme, die wir in Osttibet antrafen, zu der Kategorie der räuberischen Halbnomaden, die in
den tiefen Tälern Ackerbau betreiben und gleichzeitig in den hohen
Bergen und umliegenden Steppen riesige Viehherden ihr eigen nennen,
denen sie mit ihren schwarzen Zelten wie richtige Nomaden von Weideplatz zu Weideplatz folgen. Diese tibetischen Halbnomaden führen in
jeder Weise ein Doppelleben: Um den Schein zu wahren, ist der seß-
hafte Teil des Stammes meist ehrenwert, gastfrei und bescheiden —
Raubüberfälle werden hier sogar als schwere Verbrechen geahndet —
dagegen setzt sich der nomadisierende Teil der Stammesmitglieder aus
den jungen wehrfähigen Männern zusammen, für die das Rauben der
beliebteste Sport ist. Ja, bei vielen Stämmen gehört es noch heute zum
guten Ton, daß der Jüngling, ehe er heiratet, „seinen Mann" erschlagen
haben muß! Aber diese wilden Kerle werden zur Winterszeit, wenn sie
sich in die festen Talsiedlungen zurückziehen, wieder die gleichen friedfertigen Bauern wie ihre Väter und Großväter, die sich während des
abendlichen Plausches an der Feuerstelle nur zu gerne ihrer eigenen
„Jugendstreiche" erinnern. Also ist das tibetische Räuberwesen durchaus
jahreszeitlich bedingt, wie es auch keinem noch so wilden Jungmannen
einfallen würde, einen Überfall zu unternehmen, solange sich sein Pferd
noch im schlechten Futterzustand befindet. —

Jetzt, im Spätsommer aber, wo alle Pferde fett und kräftig sind, muß
man auf seiner Hut sein, um nicht plötzlich doch einmal in eine Falle
zu geraten. —

Gleich nach unserer Ankunft machen wir dem alten Mergefürsten, dessen beide Söhne wir ja schon unter solch unglücklichen Umständen kennengelernt haben, unsere Aufwartung. Trotz oder vielleicht gerade wegen des Unglückes, das seiner Familie widerfuhr, ist der alte Räubergeneral in keiner Weise gewillt, uns seine Unterstützung zu leihen. Hochmütig bescheidet er uns, daß sich alle seine arbeitsfähigen Männer auf „Medizinsuche" befänden — so nennt er das traditionelle Räuberhandwerk in höchst blumenreicher Sprache! — und daß er uns daher keinerlei Hilfe angedeihen lassen könnte. Im übrigen erfahren wir, daß ein weiterer Räuberstamm, die „Schwarzwasserleute" nämlich, sich die Abwesenheit der Mergemannen zunutze machten, um weitere sechzig Jakochsen zu stehlen. Daraufhin wußte sich der alte Mergefürst, dessen Söhne ja leider Opfer ihres Handwerks geworden waren, keinen besseren Rat, als zwei vornehme Schwarzwasser-Tibeter als Geiseln gefangennehmen zu lassen. — Den Geiseln ginge es gut, sagte uns der Fürst, aber er werde sie umbringen lassen, wenn ihm die geraubten Ochsen nicht zurückgebracht würden.

Das also ist das Tagesgespräch von Merge. Die gespannte Lage zwischen den einzelnen Stämmen ist natürlich in keiner Weise dazu angetan, unsere Pläne zu fördern.

Da aber, wie wir schon sahen und weiterhin noch sehen werden, tibetische Räuber gar keine so schlechten Menschen sind und wir außerdem alles nur Erdenkliche tun, um die Gefühle unserer „Gastgeber" nicht zu verletzen, gelingt es uns nach wenigen Tagen, eine neue Karawane von vierzig starken Jaks auf die Beine zu stellen und mit den guten Wünschen unserer neugewonnenen Mergefreunde in südwestlicher Richtung von dannen zu ziehen.

Wenige Tage darauf befinden wir uns wieder auf den hohen, unwirtlichen Steppen. Nach Überwindung einer versumpften Talaue sichtet Dolan, der die Seitensicherung übernommen hat, ein Rudel von sechzehn Gazellen.

„Wie fliegendes Gold im Sonnenschein!" ruft mir der Amerikaner begeistert zu und wenige Minuten darauf bin ich bei ihm. Da es noch früh am Morgen ist, lassen wir Weisung zurück, das Lager in der Nähe aufzuschlagen — und los geht es in die flimmernde Weite des im Sonnenglast auf- und abwogenden Steppenmeeres. Nach langem Ritt und einigen Fehlschüssen auf das außerordentlich scheue und scharfsichtige Wild tauchen einige unserer eigenen Leute über einem Steppenkamm auf. Natürlich glauben wir, daß sie uns beim Wildtransport behilflich sein wollen, und da wir bisher erfolglos blieben, jagen wir die Störenfriede auf weite Entfernung unter drohenden Gesten zurück.

Hätte ich ahnen können, welche Beweggründe das plötzliche Erscheinen unserer Männer in Wirklichkeit hatte, es wäre mir manches erspart geblieben!

So aber kann uns nichts abhalten, weiter in die flimmernde Steppe hinauszujagen, bis Dolan die bis dahin völlig erfolglose Jagd aufgibt, und sich schon gegen Mittag in Richtung auf das vermeintliche Lager zurückzieht.

Ich dagegen habe eine Gazelle angeschweißt und nehme nun mutterseelenallein die Wundfährte auf, bis ich das verendete Stück finde. — Unterdessen hat die Sonne längst kulminiert. Ein fürchterlicher Durst plagt mich, aber ich habe zwei kapitale Böcke gesichtet, die mich nun immer weiter und weiter in die unabsehbare Steppe hineinlocken. Es ist eine mühselige Verfolgung und die Hitze wird immer unerträglicher. Schließlich stoße ich auf einen Moortümpel, dessen übelriechendes kaffeebraunes Wasser mir eine kurze Erquickung gewährt, indem ich mich der Länge nach in die braune Soße hineinlege. Ich spüre, wie meine Kräfte nachgelassen haben. Seltsam schlapp und matt fühle ich mich ...

Aber was hift es? Ich verfolge das scheue Wild so weit, bis mir tiefe, schon ausgetrocknete Moorkuhlen die notwendige Deckung gewähren. Trotzdem aber gelingt es mir nicht, auf geeignete Schußentfernung heranzukommen. Noch zweimal geht es über Kämme und Moore, vier Stunden schon dauert die Verfolgung, da kann ich endlich, meiner Sache ganz sicher, die Kugel anbringen. Aber zum Teufel! Beide Böcke gehen in wilder Flucht davon ... Verzweifelt springe ich auf, jage noch zwei Kugeln hinterher. Dann ist der ganze Spuk über dem nächsten Hügelkamm verschwunden.

Nun bin ich restlos am Ende von Kraft und Mut. Sauer läuft mir der Speichel im Munde zusammen. Jetzt erst kommt mir zum Bewußtsein, daß die Sonne schon sinkt, daß es empfindlich kühl geworden ist und daß die grauen Schatten bereits über den Mooren zu wabern beginnen.— Ich bin so schlapp wie ein gehetzter Hund, und der Kopf droht mir zu zerspringen vor Schmerzen. Kaum kann ich mich noch zur nächsten Berglehne hinüberschleppen, um wenigstens das nächste Tal einsehen zu können. Dort, auf beste Schußentfernung, steht der angeschweißte Bock! Hell sehe ich den Schweiß am rechten Vorderlauf herunterrieseln ... und leider gehn mir nun die Nerven durch. Anstatt nach einer vernünftigen Auflage zu suchen, verschieße ich, am ganzen Körper zitternd vor Erschöpfung, stehend freihändig, meine letzten Patronen — ohne dem gemarterten Wild auch nur ein Härchen zu krümmen. Langsam zieht das kranke Tier davon — und tut sich nieder. Nun schleiche ich mich wie ein Panther heran, um den Bock beim Gehörn zu packen.

Aber noch ehe ich zum Sprung ansetze, fährt der Bock wie das Ungewitter hoch und verschwindet. — Nun stehe ich wie ein begossener Pudel, — ein schlichter Handwerker ohne sein Handwerkszeug! Es bleibt mir nichts, als auf den kommenden Tag zu warten und zu hoffen.

So entschließe ich mich zum Rückzug. Irgendwie, so hoffe ich, werde ich das Lager schon finden. Mit trockenem Gaumen, an dem die Zunge schon festklebt, schleppe ich mich zurück. Ein vollkommenes Wrack, das sich kaum auf den Beinen halten kann.

Plötzlich, wie eine Vision, tauchen drei schwerbewaffnete Reiter vor mir auf. Kein Spuk, nein, Menschen und Pferde von Fleisch und Blut! Noch ehe ich mich auf den Boden werfen kann, haben sie mich gesehen. Ein panischer Schrecken fährt mir durch die Glieder.

Unheimlich lange Lanzen tragen sie, breite, blinkende Schwerter und lange Gabelbüchsen auf den Rücken. Das müßte nach menschlichem Ermessen eigentlich genügen, einen kleinen, total verschossenen weißen Teufel abzutun! — Da mir jede Möglichkeit zur Flucht genommen ist, zwinge ich mich in dieser mehr als kritischen Situation zur Ruhe — und schreite meinen Widersachern — es kann sich ja nur um Räuber handeln, aufrecht entgegen. Dabei achte ich sehr genau, daß die unheimlichen Gesellen meine Büchse mit dem blinkenden Zielfernrohr schon auf beträchtliche Entfernung sehen, denn nur geschickter Bluff kann hier noch helfen. Als die drei sich bis auf etwa fünfzig Meter genähert haben, rufe ich ihnen lachend ein schallendes „Arro", den tibetischen Willkomm entgegen. Ohne den Gruß zu erwidern, schwärmen sie aus, mich zu umzingeln. Sie scheinen ihrer Beute ganz sicher. Natürlich habe ich Angst — doch darf ich gerade jetzt die Fassung nicht verlieren. Schon blitzt der rettende Gedanke in mir auf. Ich lasse die Kerle auf zwanzig Meter herankommen und beginne dann, so gut es mir gelingt, einen abgeschossenen Gazellenbock nachzuahmen. Ich tanze, ich lache, ich drehe mich wie ein Besessener um die eigene Achse, immer mit der Hand auf meine rechte Schulter zeigend und rufend: „Schaut her, da ist der Bock getroffen!"

Verwirrt und fassungslos stehen die Naturkinder vor ihrem Opfer. Keiner rührt sich, keiner verzieht eine Miene und keiner spricht auch nur ein einziges Wort! Da packt mich Verzweiflung, ich tanze wie ein Wilder ... und endlich, ich könnte aufheulen vor Freude, leuchten die wettergegerbten rotbraunen Gesichter auf: Sie lachen, sie lachen aus Leibeskräften ... und ich habe gesiegt, ich bin gerettet!

Eben waren sie noch Räuber, steinharte Männer, wie das Verderben selbst, — und nun lieblichste Musik für meine Ohren — schütteln sie sich vor Lachen wie kleine Kinder — und ich lache mit.

Als ich es wieder wage, aufzuschauen, gesellt sich zu den Dreien noch ein vierter Tibeter, hinter dem eine riesengroße, schwarze Tibetdogge einhertrottet. Im Augenblick aber, da mich die Bestie sieht, nimmt sie mich mit gefletschten Zähnen an, worauf ich geistesgegenwärtig meine Büchse von der Schulter reiße und ein geladenes Gewehr vortäusche. Der Trick gelingt! Abwehrende Schreie werden laut, und gerade kann ich das Gewehr noch wenden, da graben sich auch schon die scharfen Zähne des Köters in das Kolbenende meiner Waffe. Gewandt springt der nächststehende Tibeter aus dem Sattel, bändigt die Bestie mit einigen Griffen und streckt mir zum Dank, daß ich sein liebes „Hündchen“ nicht erschossen habe, — die Zunge weit heraus. —

Nun habe ich das Spiel vollends gewonnen. Tatsächlich gelingt es mir, die vier Tibeter dazu zu bewegen, den kranken Gazellenbock zur Strecke zu bringen. Wir gehen zurück, der Bock wird hoch, der Hund augenblicklich geschnallt. Anstatt jedoch die Hetzjagd aufzunehmen, macht die vermaledeite Hundebestie auf der Stelle kehrt und attackiert mich von neuem mit gefletschten Zähnen. Der Haß des Riesenköters gegen den fremdrassigen Eindringling in die Domäne seines Herrn ist anscheinend größer als sein Raubtierinstinkt! — Wiederum muß mich einer der Tibeter befreien, während die anderen die Verfolgung des Bockes aufnehmen.

Ein grausiges Schauspiel rollt nun auf dunkelnder Steppe vor meinen Augen ab. Drei wilde, fanatische Jäger liegen mit geschwungenen Speeren in wildem Galopp auf den Hälsen ihrer Tiere. Immer geringer wird der Abstand zwischen Jäger und Gejagtem und immer siegessicherer klingen die gellenden, jauchzenden Waidrufe der mit den feurigen Tieren schier zentaurisch verwachsenen Steppenreiter. — Endlich steht der Bock mit bebenden Flanken. Das edle Haupt mit dem schön geschwungenen Gehörn senkt sich tief vor seinen Verfolgern. Die Jäger springen aus den Sätteln. Einer stößt seine Gabelflinte in den Boden ... zielt lange, schießt, eine gewaltige Pulverwolke hüllt den Schützen sekundenlang ein. Aber der Bock fällt nicht ... Auf zwanzig Schritt vorbeigeschossen! Da ist es mir zu viel, rasch springe ich zu und stoße dem Wild ein tibetisches Dolchschwert tief ins Leben. —

Da habe ich ihn, meinen ersten, hart errungenen tibetischen Gazellenbock, einen Kapitalen! — Die Tibeter beugen sich über das gestreckte Wild und schlürfen sein warmes Herzblut. So schließen wir über der gemeinsamen Beute Freundschaft. Ich überlasse ihnen das Wildbret und zum Dank stecken sie mir allesamt ihre beachtlichen Zungen heraus. — Dann ziehe ich mich zurück und schlage die Richtung ein, aus der ich am Morgen gekommen war.

Ich balle in der fahlen Dämmerung noch einmal alle meine Willenskräfte zusammen, werde jedoch vor Durst schwindelig und klappe völlig zusammen. Wasser! Wasser! Auf dieses Wort konzentrieren sich alle meine Gedanken und Empfindungen. Endlich finde ich im Talboden ein wenig gallertige Eisenjauche, ausreichend um den Gaumen zu netzen und die wie Feuer brennende Stirn zu befeuchten.

Beim Weitermarsch beschleicht mich das Gefühl völliger Unsicherheit.

Alle paar hundert Meter muß ich mich niederlegen, weil ich an Atembeklemmung leide. Da der Körper keine Widerstandskräfte mehr besitzt, macht sich die große Höhenlage von mehr als 4000 Metern eben doch bemerkbar.

Nur Durchhalten bis zum Lager, ist die einzige Losung. Meine Lippen habe ich mir längst wundgebissen, und in wenigen Minuten wird es Nacht sein ... was dann? — Als ich mich nach einer kurzen Rast wieder aufrichte, erkenne ich als scharfgezeichnete Silhouette gegen den lodernden Abendhimmel einen einsamen Reiter, der ein zweites Pferd im Schlepptau hinter sich herzieht.

Sollte das wirklich ...! Nur mit Mühe kann ich das Glas vor den Augen halten. Kein Zweifel, der Reiter gehört zu uns und das Pferd im Schlepptau ist mein eigener Gaul! Außer mir vor Freude versuche ich zu rufen. Aber verflucht, nur ein heiseres Krächzen kommt aus meiner ausgedörrten Kehle. Schnell kaue ich ein paar Grashalme ... Noch einmal versucht ... Endlich! Der Reiter wendet sein Pferd, nimmt

Richtung auf mich. Während der wenigen Minuten, die vergehen, bis
der treue chinesische Präparator mich erreicht, habe ich fest geschlafen!
Was er nun vor mir stehend im sprudelnden Wortschwall hervorstößt,
verstehe ich nicht einmal, wesentlich allein ist mir mein Gaul und die
Aussicht, das Lager nun bald erreicht zu haben. Ich überreiche dem
Präparator Büchse und Trophäe, schwinge mich aufs Pferd und treibe
mein gutes Tier zu rasendem Galopp über die dunkle Steppe, dem
Haupttal — dem Lager entgegen und damit dem Wasser.

Aber ich habe der Leiden noch nicht genug erduldet an diesem härtesten Tag meiner ersten Expedition. Weder Jaks noch Pferde weiden in
der Nähe des mutmaßlichen Lagerplatzes, wo Dolan und ich am frühen
Vormittag das Haupttal verließen. An Stelle der freundlichen Zeltstadt
finde ich nur einen öden, einsamen Grund. Weit und breit ist kein
Feuerschein, kein lebendes Wesen zu erkennen — nur zwei Wildenten
streichen klingend aus einem Moorloch hoch.

Wasser, klares, erfrischendes kaltes Wasser … köstlichstes Getränk
auf Erden; es ist das erste, nach dem ich verlange … aber dann kommt
die Reaktion und wie Schuppen fällt es von meinen Augen. —

Heute vormittag, als unsere Jäger uns störten, da wollten sie uns
sicher das Zeichen zum Weitermarsch der Karawane geben … heute
abend der sprudelnde Wortschwall des Präparators war die Erklärung
gewesen, die nüchterne, klare, sachliche! Nun ist mir alles mit einem
Schlage klar geworden. — Wie weit mag die Karawane gezogen sein?
Und warum wurde das Lager nicht hier aufgeschlagen, wie Dolan es
doch angeordnet hatte? Warum, warum?

Inzwischen ist es bitterkalt geworden. Fröstelnd stehe ich da in meinem zerissenen Jagdhemd und der Lederhose. Der Hunger meldet sich,
denn ich habe seit fünfzehn Stunden nichts mehr zu mir genommen.
Vergeblich suche ich in den Satteltaschen nach etwas Genießbarem und
kann nicht ahnen, daß nur wenige Meter von mir entfernt in der Dunkelheit meine Mittagsration darauf wartet, — von Elstern und Kolkraben
aufgefressen zu werden. Weigold und Dolan hatten sie dort vorsorglich
hinterlegt, nicht ahnend, daß ich erst bei Dunkelheit und in diesem Zustand zurückkehren würde. — So unterhalte ich mich mit meinem
Pferdchen, bis der Präparator kommt. Wenn mir vorher der Worte zu
viele waren, so sind es mir jetzt zu wenig. Tatsache ist und bleibt, daß
sich unsere Tibeter der großen Räubergefahr wegen weigerten, das Lager
aufzuschlagen und daß es ihnen trotz Weigolds Widerstand gelungen
war, den Weitermarsch schon am Vormittag zu erzwingen. Also befinden wir uns in einem von Freibeutern wimmelnden Land auf einem
„Karawanenweg“, dessen Umrisse nicht zu erkennen sind, — mit einer

Büchse ohne Patronen. Eine einläufige amerikanische Schrotflinte, die der Präparator mit sich führt und dazu fünf Schuß Munition sind unsere einzige Waffe und Verteidigung. —

So reiten wir los. Die Konturen des Tales sind kaum noch zu sehen, aber trotzdem traben und galoppieren wir abwechselnd und verlassen uns ganz auf den Spürsinn unserer braven Tiere. Stunde um Stunde verrinnt. Trotz völliger Dunkelheit können wir dem Talverlauf folgen, da die trompetenden Schreie aufgescheuchter Schwarzhalskraniche uns die Richtung weisen. Vergeblich und immer wieder vergeblich suchen unsere Augen die Finsternis zu durchbrechen. Aller Wahrscheinlichkeit nach sind wir von dem, was hier „Weg" genannt wird, längst abgekommen. Alle Augenblicke stolpern die Pferde, oder sie scheuen vor eingebildeten Gefahren. Es ist, als ob sich unsere eigene Angst und Unsicherheit auf die Gäule übertrage. — Wieder einmal schnauft mein Gaul, wieder folgt ein Sprung und dumpf schlägt der schwere Pferdekörper in den Sumpf. Die Hufe finden keinen Widerstand, das Tier windet sich in äußerster Kraftanstrengung — dann schauen nur noch Kopf und Rückenlinie aus dem Sumpf hervor. Längst bin ich abgesprungen. Glücklicherweise verhält sich das Pferd ganz ruhig, als ob es wüßte, daß es jede Eigenbewegung nur noch tiefer in den weichen Morast hineinziehen würde. Der Präparator überquert den tiefen Moorgraben an einer leichten Stelle. Dann wird ein Riemen von Sattel zu Sattel gespannt; und in wenigen Minuten ist mein Tier gerettet. — Die nachfolgenden Moorgräben sind wahrlich kein Vergnügen, da mein verängstigtes Pferd sich wie toll gebärdet. So lasse ich denn den Chinesen vorausreiten und verfalle nun, da mir die Führung abgenommen ist, in ein Stadium völliger Gleichgültigkeit. Da ich schon lange keine Hoffnung mehr habe, das Lager zu erreichen und mich nur noch dahin tragen lasse, wohin der Gaul geht, beginne ich zu singen, schlecht und eintönig, alle deutschen Volkslieder, die mir in den Kopf kommen. —

Endlich leuchtet ein Feuerschein vor uns auf und neue Hoffnung bricht sich Bahn. Der Sicherheit halber rufen wir laut hinüber, aber es kommt keine Antwort! Schnell feuere ich hintereinander die letzten fünf Schrotpatronen ab — eisiges Schweigen auf der anderen Seite... dann aufgeregte Rufe fremder Stimmen und eilig werden drüben alle Lagerfeuer gelöscht. Verdammt! Nacht, dunkle Nacht umgibt uns wieder. Die durch die Schüsse aufgeschreckten Nomaden haben uns für Räuber gehalten und sind nun dabei, ihr Lager in Verteidigungszustand zu setzen. Da es zu gefährlich wäre, jetzt weitere Annäherungsversuche zu unternehmen, oder gar in der Nähe zu nächtigen, bleibt uns nichts übrig, als den Marsch ins Unbekannte fortzusetzen. —

Nach einigen weiteren Kilometern bin ich entschlossen, das Rennen aufzugeben. Doch vergeblich suchen wir nach etwas Strauchwerk, um unsere Pferde anzukoppeln. Auch ein trockenes Plätzchen ebener Erde, wo wir unsere rohe Gazellenleber verzehren könnten, ist schwer zu finden. So erklimme ich einen niedrigen Hügel ... und da, auf kaum fünfhundert Meter Entfernung, leuchten mir unsere Wachfeuer entgegen. Selten habe ich einem Menschen eine größere Freude bereiten können als jetzt, da ich dem Chinesen in stolzer Freude zurufe: „Pungtse kandala!" — „Das Lager ist in Sicht!". —

Als ich am nächsten Morgen nach einem todähnlichen Schlaf erwache, finde ich mich inmitten einer wunderbaren Landschaft. Rund um unser Lager liegen, einem schimmernden Sternenmeer vergleichbar, Millionen kleiner und kleinster Tümpel und Seen.

Das weite, wellige Hochsteppental soll vor wenigen Jahren noch völlig menschenleer gewesen sein. Dann aber kamen die Ra-tschu-miras auf der Flucht vor anderen Stämmen hierher und nahmen die weiten Steppengründe für sich in Anspruch. —

So wie man bei uns von einem angenehmen Ausflug berichtet, erzählt uns der wild dreinschauende, doch freundliche Häuptling der Ra-tschu-miras, daß seine Stammesgenossen erst im Vorjahre einen Rachezug in die alte Heimat unternommen hätten, auf dem sie nicht nur gute Beute an Vieh machten, sondern auch hundert feindliche Brüder erschlugen. — Heute gibt es unter diesem wehrhaften Stamm bereits Familien, die mehr als tausend Stück Großvieh ihr eigen nennen und sie gehören zu den wohlhabendsten osttibetischen Nomaden, die wir kennenlernten.

Da diese rauhen, abgehärteten Menschen halbnackt herumlaufen, fällt uns auf, daß viele Männer kreisrunde Narben auf der Bauchdecke tragen. Sie stammen von glühenden Eisenstäben, mit denen sie sich, ein wirksames Mittel gegen Leibschmerzen, Löcher in die Bauchhaut brannten. — Es gibt seltsame Heilmethoden in Tibet. Als wertvollste Medikamente gegen alle nur erdenklichen Krankheiten aber gelten die getrockneten und vergoldeten Exkremente der Gottkönige des Landes. —

Wir nehmen nun Kurs auf Tsankar, das wir nach zwölfstündigem Ritt bei strömendem Regen erreichen. Von hunderten wilder Köter umkläfft, schlagen wir uns bis zum Zelt des Stammesfürsten durch, wo wir jedoch alles andere als eine gastfreie Aufnahme finden. Weder Milch noch landesüblicher Buttertee werden uns von dem finster dreinschauenden Gesellen geboten. Deshalb halten wir es trotz später Abendstunde und pladderndem Regen für ratsamer, die unfreundliche Zeltstadt zu meiden und weiterzuziehen.

Eine traurige Kavalkade! Zerknirscht und äußerst gereizt marschieren wir im kalten Regen dahin, bis ein sicher scheinender Lagerplatz gefunden ist. Dann werden die schwerbepackten Tiere bei völliger Dunkelheit abgeladen und Kasten und Koffer im peitschenden Regen zu einer Gepäckburg getürmt, die uns im Falle eines nächtlichen Angriffes als Verteidigungswall dienen soll.

Die Nacht vergeht, sogar der Regen hört auf, und am nächsten Morgen gibt uns der Häuptling von Tsankar die „Ehre" seines Besuches. Wir bieten alles auf, um dem pockennarbigen Steppenfürsten, dessen mächtiger, kahlgeschorener Mongolenschädel von zwei fürchterlichen Schwertnarben durchzogen ist, klarzumachen, daß wir große Kaufleute aus Peking seien. Aber dieser starrköpfige, einem mittelalterlichen Henkersknecht nicht unähnliche Geselle, der auch den Generalen Dschingis-khans würdig zur Seite gestanden hätte, verweigert uns neue Lasttiere.

Das vor uns liegende Land sei wiederum stark von Räubern verseucht, die Richtung, die wir für den Weitermarsch in Vorschlag bringen, würde uns todsicher einem Überfall zum Opfer fallen lassen — und was der Gefahren noch mehr seien. — Nach stundenlanger, fruchtloser Debatte mit dem eigenwilligen Steppenpotentaten unterwerfen wir uns freiwillig dem Spruch der „Pythia von Tsankar". Das Orakel also soll darüber entscheiden, ob wir die nächste Etappe des Marsches gefahrlos bezwingen werden, oder ob wir alle von Räuberhand umgebracht werden. —

Schulterblätter von Jaks und Schafen werden unter seltsamen Gesten besprochen und beim Aufsagen heiliger Zauberformeln dem schwelenden Jakdungfeuer übergeben. Dutzende von Lamas sitzen in der Runde und beten mit gewichtig wiegenden Köpfen ihr „Om mani padme hum", bis die erhitzten Blattschaufeln zu krachen und zu springen beginnen und unter feierlichem Zeremoniell wieder aus der Asche herausgefischt werden. Darauf stecken die Lamas ihre Köpfe zusammen. Geheimnisvolles Gemurmel ertönt. Die durchs Feuer entstandenen Sprünge werden gedeutet. Sehr zu unserem Ergötzen, und obwohl wir nicht einmal Schmiergelder gezahlt hatten, fällt der Orakelspruch günstig für uns aus!

Aber der grimmige Fürst ist noch immer nicht befriedigt. Jetzt nötigt er uns noch eine Eskorte seiner eigenen wilden Miliz auf, eine wahre Prachtgarde! Halbnackt, nur mit Lederstiefeln und nach ranziger Butter stinkenden Schafpelzen angetan, machen die Mitglieder unserer „Schutztruppe" von Tsankar auch ohne Bewaffnung einen phantastischen Eindruck, der uns zutiefst berührt. Nur ein einziger dieser nichtsnutzigen

Kerle trägt einen alten japanischen Hinterlader, zwei andere besitzen uralte Vorderladerkanonen, die mit den üblichen Gabeln aus Antilopenhörnern versehen sind. Alle übrigen sind mit drei bis vier Meter langen gefährlich aussehenden Speeren bewaffnet, mit denen sie wohl eine ganze Räuberbande reihenweise aufspießen können.

Alles in allem sind wir also, angefangen von der mittelalterlichen Lanze übers blinkende tibetische Breitschwert bis zur modernen Hochgeschwindigkeitsbüchse, wahrhaftig „bis an die Zähne" bewaffnet. —

Es gilt nun, einen letzten breiten Hochsteppengürtel zu überwinden, der namentlich im Spätjahre im Rufe steht, von großen Banden heimgesucht zu werden. Nur wenige Zwangspässe führen hier von der Steppe in die wilden Berge des Goldflußlandes hinab, das wir als nächstes zu durchqueren haben. — Im Grunde also hatte der Fürst von Tsankar gar nicht so unrecht mit seiner Warnung: denn gerade die Pässe der Kontaktzone zweier verschiedener Landschaftssysteme, auf denen sich die Karawanenpfade zu einer Art Knotenpunkt verdichten, sind naturgemäß am meisten gefährdet. —

Glutheiß brütet die Mittagshitze über der langsam dahinziehenden Karawane. Viele Stunden sind wir nun schon geritten.

Wie dicke Mehlsäcke hocken riesige, weißleuchtende Tibetgeier an den aufstrebenden Hängen. Sie haben sich gerade an einem Jakkadaver gütlich getan. — Während die Karawane weiterzieht, pirsche ich mich an und brenne einem dieser fast drei Meter klafternden Riesenvögel die volle Schrotladung auf den Hals, so daß er wie ein verwundeter Drache schwingenschlagend den Abhang herunterrollt. Sodann befestige ich den toten Vogel am Sattel und sause im Galopp hinter der Karawane her. Plötzlich aber löst sich eine der Riesenschwingen, mein Gaul beginnt zu bocken, er scheut, springt, schnauft und prustet; nur unter Anspannung aller Kräfte gelingt es mir, das rasende Tier in Gewalt zu halten. Als Wang aber von hinten herangeht, um den großen Vogel erneut zu vertauen, erhält er einen Hufschlag in den Unterleib, daß er vor Schmerz ins Gras sinkt.

In dieser Minute nun, da sich mein armer Jäger am Boden wälzt und ich mich verzweifelt um ihn bemühe, tauchen plötzlich zwei Reiter auf, deren Absicht offensichtlich darin besteht, uns den Weg zu verlegen. Anscheinend handelt es sich um Vorposten einer größeren Bande. Jeder der Strauchdiebe trägt einen vier Meter langen Speer. Seelenruhig sitzen sie auf ihren starken, weißen Pferden, als ob sie auskundschaften wollten, ob sich der Angriff auf uns lohne oder nicht. — Rasch lade ich stärkstes Schrot, nehme die Waffe schußfertig zur Hand und bin auf alles gefaßt.

Die Banditen haben sich inzwischen so aufgestellt, daß wir dicht an ihnen vorüberreiten müssen ... wenn wir nicht Feigheit vorschützen wollen. So wähle ich die den Speerspitzen abgewandte Seite. Jeder Nerv ist bis zum äußersten angespannt ... und als ich auf gleicher Höhe angelangt bin, ohne den Kerlen auch nur die geringste Beachtung zu schenken, höre ich das Wenden der Pferde und bin jeden Augenblick darauf gefaßt, einen Speer in den Leib gerannt zu bekommen. Jetzt Angst zu zeigen und die Flucht zu ergreifen, wäre das Dümmste, was ich tun könnte. — Ich reiße mich also zusammen und reite ohne mit der Wimper zu zucken vorüber ...

Auch die Überschreitung des Räuberpasses, vor dem uns der Tsankarfürst so eindringlich gewarnt hatte, verläuft ohne Zwischenfall und wir können das großartige Schauspiel des Überganges von einem Landschaftscharakter in den anderen in aller Ruhe genießen. Nur an wenigen Stellen halten wir die Waffen schußbereit. Es sind prickelnde Minuten höchster Spannung: Das eine Mal sichten unsere Späher in einer Baumkrone und das andere Mal in einem Felsversteck verdächtige Gestalten. Wahrscheinlich aber haben sich die Gerüchte über unsere Schießfertigkeit schon in diesen Gegenden herumgesprochen. Dann steigen wir wieder in tiefe Täler mit jäh abfallenden Klippen und brausenden Wildbächen hinab und sind damit nicht nur den Hochsteppen, sondern fürs erste wenigstens auch den Räubern entgangen. — Reihe um Reihe türmen sich vor uns die scharfen Gratkanten unzähliger Gebirgswälle, die es in den folgenden Wochen in Richtung auf Tatsien-lu zu durchqueren gilt. —

In Da-tschang wird Lager geschlagen, und dort erfahren wir dann, daß am gleichen Paß, an dem wir die letzten Räuber sichteten, erst vor kurzer Zeit eine große Teekarawane überfallen und sämtliche Mitglieder niedergemetzelt worden seien. — Im letzten Abendglühen streifen unsere Blicke über das großzügige zerrissene Bergland, in dessen Mitte sich die auf hohen Felsenaltanen erbauten Häuser Da-tschangs wie mittelalterliche Burgen erheben. —

Statt Räubergefahren kommen nun fürchterliche Wege durch ein äußerst wildes Bergland. An Stelle der schwerblütigen Jaks haben wir uns wieder auf eine Maultier-Pferdekarawane umgestellt, da diese Tiere viel geeigneter sind, die steilen Abstürze zu überwinden. Immer wieder staunen wir über den Fatalismus, ja die völlige Unbekümmertheit, mit der unsere braven Pferdchen in die Gefahr hineingehen und sie in Ruhe überwinden.

An einer besonders abschüssigen Wegstelle, die zwischen zwei Weilern, die wie Schwalbennester an den Felsen kleben, hinführt, während hundert Meter unter uns der wilde Fluß dahingurgelt, stößt die Last eines Pferdes gegen den Fels. Das Tier verliert das Gleichgewicht — ich sehe es schon unten im brausenden Flußbett zerschellen — da wirft es sich blitzschnell zur Seite, so daß die Vorderhand dem Berge zugewandt ist. Als ob es einen Klimmzug machen wolle, hängt das Tier und wartet, ohne sich auch nur im geringsten zu bewegen, ... bis menschliche Hilfe herannaht. Alle übrigen Tiere sind im Moment des Sturzes stehengeblieben, haben die Ohren nach vorne gestellt und rühren sich nicht vom Platze. Ohne Widerstand zu leisten, lassen sie sich behutsam an den Schwänzen zurückziehen, um der Rettungsmannschaft den Weg zu ihrem gefährdeten Kameraden freizugeben. Es ist, als ob sie die Todesgefahr witterten. —

Im Laufe der nun folgenden Wochen gibt es eine ganze Reihe ähnlicher Zwischenfälle, da viele Bergrutsche in die Tiefe gegangen und wir oft gezwungen sind, zwischen Bergwand und Steilsturz, — zwischen Himmel und Erde — dahinzuziehen. Wir haben nun eine richtige Pioniermannschaft zusammengestellt, deren Mitglieder mit Hacken und Spaten bewaffnet der Hauptkarawane vorauseilen, um die schwierigsten Stellen gangbar zu machen. Ab und zu stürzen uns Pferde ab, aber immer wieder gelingt es, Tiere und Lasten zu bergen.

Ein besonders steiler Abstieg bringt uns nach Shingkaitse, das eines Tages im canonartigen Schluchttal des großen Goldflusses eintausend Meter unter uns auftaucht. Hier stoßen wir auf eine einsame Missionsanstalt, die von einem liebenswürdigen französischen Pater betreut wird, der seit vielen Jahren keinen weißen Menschen mehr gesehen hat. Er ist so glücklich über unseren Besuch, daß wir sein letztes Fäßchen Rotspon, das ursprünglich wohl für die Segnungen des Heiligen Abendmahles bestimmt war, gemeinsam bis aufs Spundloch auspicheln. Ich habe unter den Missionaren dort draußen an der Grenze oft ganze Männer gefunden, die uns einsamen Forschern mehr halfen, als tausend indifferente Gesellschaftsmenschen in den großen Städten der Küste. — Mit trauriger Gelassenheit erzählt uns der tapfere Pater vom Schicksal seiner Vorgänger an diesem weltabgeschiedenen Ort, die alle ermordet und geschändet wurden. — Gleichgültig, wie man selbst zum Missionsgedanken steht — oft sind die Missionare ja leider nur die Vorläufer der Zivilisation, die den Eingeborenen nichts als Unglück bringt — die Unerschrockenheit und das Gottvertrauen dieser Wildnismissionare muß man rückhaltlos bewundern.

Wieder geht es in grausige Schluchten hinab. Hier donnern reißende Fluten über Massen von Pferdegerippen dahin, wie im hohen Steppenlande die Paßübergänge mit bleichenden Jakgerippen gepflastert waren.

Beiderseits erheben sich dräuend die himmelanstrebenden Felswände, und die menschlichen Siedlungen erscheinen wie Stäubchen, die im Sonnenlicht schimmern und leuchten. —

Einmal gilt es eine gefährliche Hängebrücke zu überschreiten. Dolan, der den ersten Versuch unternimmt, seinen Gaul über die schiefe geländerlose Brücke hinwegzuführen, hat ein kleines Abenteuer zu bestehen. Schon scheint das waghalsige Unternehmen zu gelingen — da bricht sein Gaul mit allen Vieren durch den morschen Unterbau hindurch, bleibt aber glücklicherweise in den Verstrebungen der Spannseile hängen. Während die Brücke unter dem wild schlagenden Pferd schauerlich hin und her schwankt, muß ich mich, Dolan zu Hilfe eilend, an den morschen Bambusseilen auf dem Boden der Brücke festklammern. In dieser weder für mich noch für Dolan angenehm zu nennenden Situation brechen unsere Diener, die am Ufer in völliger Sicherheit stehen, in schallendes Gelächter aus. Eine typisch asiatische Reaktion, wie sie nur bei einem Volke möglich ist, das keine Nerven besitzt und kein Mitleid kennt... — Schließlich gelingt es uns, die Hufe des Pferdes paarweise zusammenzubinden, das Tier auf die Seite zu legen, und es aus der Gefahr, in die Tiefe geschleudert zu werden, glücklich herauszulotsen. Anderntags werden die schweren Gepäckstücke einzeln hinübergewuchtet und dann kommen unter wahren Seiltänzerkunststücken auch die anderen Tiere daran. Erst gegen Mittag haben wir dann allesamt heil das gegenüberliegende Flußufer erreicht.

Noch trennt uns eine gewaltige Schneekette von Tatsien-lu, der nächsten großen Etappenstation. In Eilmärschen gehts bis auf 4600 Meter hinauf. Unendliche Schneefelder nehmen uns auf und unsere Augen, vom intensiven Licht geblendet, beginnen zu tränen. Nicht einen schwarzen Punkt können wir im ewigen Weiß erkennen, und unsere Suche nach Wildschafen bleibt ergebnislos. Wolken, Schneetreiben und eine höllische Kälte hüllen uns ein. Es kostet Nerven, die erstarrten Leute voranzutreiben, denn wen die Bergkrankheit erst einmal gepackt hat, den läßt sie so leicht nicht wieder los. Mein guter, treuer Wang ist völlig hilflos in dieser Situation; schneeblind stolpert er oft und sinkt vornüber in den hohen Schnee. Viele Stunden lang stapfen wir durch dichtes Treiben, bis sich die Nebel endlich lichten und ein gähnender Talschrund uns aufnimmt.

Anderntags soll der hohe Paß genommen werden. In langer Reihe keuchen unsere Tiere mit tiefen Köpfen und bebenden Flanken durch den hohen Schnee. Eine Polarfahrt könnte nicht einsamer sein. Der Weg ist völlig verweht und die Führertiere gleiten und fallen. Zwanzig bis dreißig Gänge ziehen sie jeweils voraus, dann stehen sie wieder mit schnaubenden Nüstern und vorgestellten Ohren, um nach Atem zu ringen. Mit roher Gewalt müssen sie angetrieben werden und die Folterqualen wollen noch immer kein Ende nehmen. Mittags erreichen wir den Paß des Ta-pa-schan-Massives. Ein grausiger Wind treibt über die Scharte, aber unsere Tibeter lassen sich nicht abhalten, ihren Berggöttern ein Dankopfer darzubringen. Dann geht es im Schlackschnee talab. Einer unserer chinesischen Diener geht samt Pferd koppheister, doch landen beide in einer Schneeverwehung und fangen sich wieder. Um den Tragtieren etwas Erleichterung zu verschaffen, hängen sich unsere Tibeter den Pferden an die Schwänze. So bremsend, bewahren sie sie vor dem Sturz in den Abgrund, der fünfhundert Meter tief gähnt.

Zwei Tage später erreichen wir Tatsien-lu, wo uns nach vielen Monaten zum ersten Male wieder Post aus der Heimat erwartet. —

Es folgen Wochen erfolgreicher Forschung in den Hochalpen, die die chinesisch-tibetische Grenzfeste rings umrahmen. Eines Abends aber finden wir uns alle wieder in der Missionsstation zusammen, um über unsere weiteren Pläne gewichtigen Kriegsrat zu halten. Während sich Dolan dazu entschließt, über Yünnan nach Französisch-Indochina durchzustoßen, halten Weigold und ich an unserem ursprünglichen Plane fest: Wir wollen ganz Osttibet durchstoßen und Britisch-Indien über Land erreichen. — Dieses Wagnis schließt die Durchquerung des Mulilandes ein ... und der Mulikönig steht in dem Ruf, einer der eigenwilligsten und grausamsten Gewaltherrscher Osttibets zu sein. —

Wir reisen über einsame Hochstraßen nach Westen, bis wir Hokow und damit den Strombereich des Yalung, eines der größten Nebenflüsse des Jangtse erreichen. Von hier geht es scharf nach Süden, dem gefürchteten Mulilande entgegen. — Oft, wenn der Winterwind über die Hochsteppen fegt, oder der Schneesturm gegen uns anhämmert und seine beißenden Eiskristalle in die Gesichter bläst, hängen wir vierzehn oder sogar sechzehn Stunden im Sattel. Jeder reitet still und stumm für sich und hängt seinen eigenen Gedanken nach. Wenn wir so dahinziehen und die Tragtiere in langer Reihe durch die Ureinsamkeit des Hochlandes trotten, wirkt die harte, schwermütige Poesie der Landschaft auf uns ein, und selbst unsere hartgesottenen tibetischen Maultiertreiber werden vom Heimatzauber ergriffen. Ihre Jodler und gellenden Pfiffe sind wie Taktstriche eines lebensbejahenden und doch unendlich schwermütigen Musikstückes. So geht es Tag für Tag, bis die Sonne hinter den fernen Eismauern niedergeht und Kälte und Hunger uns zum Lagerschlagen zwingen. Manchmal geschieht es, daß wir bei hereinbrechender Nacht noch keinen rechten Lagerplatz gefunden haben. Dann bleibt uns nichts anderes übrig, als die Zelte mitten auf dem „Wege" zu errichten. Die Gefahr, etwa von einer anderen Karawane „überrannt" zu werden, besteht ja nicht in diesen Einöden.

Das Lagertreiben ist immer das gleiche: Es beginnt mit dem Abladen der Gepäckstücke und dem Aufrichten der Zelte, bis das Lagerfeuer anheimelnde Glut über den Zeltplatz wirft und die mühselige Arbeit des Präparierens und Tagebuchschreibens beginnt. Oft schlägt uns vorne die Glut ins Gesicht, während uns eisige Schauer über den Rücken laufen. — So versammeln sich Forscher und Eingeborene im großen Kreise, der Tsambakessel dampft und singt und das ausgelassene Lachen der Tibeter klingt weit in die sternenüberglänzte Hochlandnacht hinaus. — Nach Beendigung der Arbeiten baut sich ein jeder sein Nest aus Pferdedecken. Angezogen schlüpft man in seinen Schlafsack, um bei fünfundzwanzig bis dreißig Grad Kälte selig und süß dem kommenden Tag entgegenzuträumen. — Mit Eisklumpen im Bart erwacht man, um in alter Frische wieder ans harte Tagewerk zu gehen.

Zu unserer großen Enttäuschung müssen wir feststellen, daß selbst die besten Karten nicht stimmen. So ist uns tagelang jede Orientierung genommen. Nur auf die Ortskenntnis unserer Tibeter und auf unseren eigenen Brieftaubensinn vertrauend, ziehen wir südwärts: aber eines Abends, da es eine hohe Gebirgsschranke zu überqueren gilt, sind wir mit unserem Latein zu Ende. Alles Absuchen der hohen, spitzen Felsentürme nach einem Wegzeichen, einer der üblichen Opferpyramiden aus Stein, bleibt ergebnislos. Tiere und Menschen sind erschöpft, und so entschließe ich mich, mutterseelenallein noch einige hundert Meter nach oben zu steigen, nur um in eine labyrinthische Felsenwirrnis zu geraten. — An eine Überschreitung mit großem Troß ist nicht zu denken. Aber ganz oben, auf einem kleinen vegetationsbedeckten Flecken reckt mir plötzlich ein einsamer, kohlschwarzer, bis auf die Füße mit wallendem Haar bedeckter Jakbulle sein mächtiges Haupt entgegen. Düster und unbeweglich steht der Koloß und starrt mich mit bösen Augen an wie der rachsüchtige Berggeist selbst, der uns in die Irre führte. Erst bei Dunkelheit erreiche ich unsere kleine, traurige Reisegesellschaft wieder.

Nach langer, banger Nacht, die wir im Halbschlaf verdämmern, finden wir am nächsten Morgen einen geeigneten Paßübergang und — mit freudigem „Lhasa-lo"-Ruf werden die 5000 Meter erstürmt und den Göttern das schuldige Dankopfer gebracht. Paß folgt nun auf Paß, bis wir wieder in die Waldzone hinabsteigen und Holz in Hülle und Fülle unser wartet. Totenstill sind hier die Nächte. Im glühenden Schein der prasselnden Baumstämme bilden unsere hungrigen, wärmesuchenden Tiere allabendlich einen Kreis, strecken ihre langen Wuschelköpfe nach vorn und starren mit großen dunklen Augen in die Glut. —

Eines Tages aber gurgelt das schmale, grüne Band des Yalung wieder zu unseren Füßen. 1000 Meter Abstieg in brennender, sengender Sonnenglut, und die Subtropen sind erreicht. Gestern noch Arktis und heute eine Hitze von beinahe vierzig Grad Strahlungstemperatur. Wir können den Wechsel kaum fassen! — Noch am gleichen Abend verhandeln wir mit dem Baurungfürsten wegen des gefährlichen Flußüberganges. Die Baurungleute behaupten nämlich, daß das einzige den Fluß überspannende und als „Brücke" dienende Seil morsch sei und erst in frühestens fünf Tagen repariert werden könne.

Wir protestieren und erklären uns schließlich damit einverstanden, einen Tag zu warten, der dazu benutzt werden soll, das alte Seil zu straffen und zu spannen. Unsere verängstigten Karawanentreiber verbringen den Tag damit, inbrünstige Gebete zu ihrem Buddha zu senden, während wir mit Hand anlegen, um die „Brücke" benutzungsfähig zu machen. Dabei ahnen wir nicht, wie recht unsere Leute mit ihren Befürchtungen haben und daß sich anderntags noch vor unseren Augen eine Tragödie abspielen sollte.

Schon um acht Uhr morgens hat die gesamte Karawane am steil abstürzenden Flußufer Aufstellung genommen — und kurz entschlossen geht es ans Werk. Da sind über den Fluß in Abständen von je hundert Metern zwei etwa oberarmstarke Bambusseile gespannt, die jedes in anderer Richtung als Rutschbahn für Menschen, Tiere und Gepäck benutzt werden. Fünfzig Meter darunter braust der Yalung dahin. — Nachdem die Gepäckstücke zur Burg geschichtet und die Tiere gekoppelt sind, schwingen sich als erstes vier oder fünf Baurungtibeter zum fliegenden Flußübergang. Sie sollen drüben alle lebenden und toten Lasten

auffangen, damit diese nicht am Felsen zerschellen. Mit Leichenbittermiene schnallen sie sich Stricke und derbe Lederriemen um und gleiten
mehr fliegend als rutschend in Windeseile über den etwa achtzig Meter
breiten Fluß. Nun kommen die Gepäckstücke, Weigold folgt und nach
ihm die leichten Gäule, die alle gefesselt sind und sozusagen an einem
Fädchen, frei über dem Abgrund baumelnd, ihre Reise durch die Luft
antreten. — Schließlich komme auch ich an die Reihe, werde umgürtet,
man zeigt mir, wie ich den Kopf halten muß, damit ich keine Hautabschürfungen während der rasenden Fahrt erleide, — dann ein fester Stoß
von hinten und schon sause ich freischwebend über den Fluß. Leider
geht die hübsche Sensation schnell vorüber; wenige Sekunden nur, die
Gestalten werden drüben größer und größer und schon fliege ich ihnen
in die Arme, um wie ein Gummiball aufgefangen zu werden. Anschließend nehme ich ein erfrischendes Bad, wobei ich feststelle, daß die Strömung gewaltig ist. Im stillen danke ich Gott, daß ich nicht den Versuch
unternommen hatte, den Fluß schwimmend zu durchqueren, wie ich es
zuerst vorhatte!

Mit großer Sorge sehe ich nun dem Kommenden entgegen: die schwersten Tiere, Pferde und Maultiere, für die das morsche Seil definitiv als
zu schwach befunden wurde, sollen den Fluß durchschwimmen. Oberhalb
der Fährstelle werden die armen Tiere unter lautem Indianergeheul gewaltsam in den Fluß getrieben und sogleich von der Strömung erfaßt.
Die Fluten schlagen über ihren Köpfen zusammen und es scheint, als ob
sie alle ihrer Vernichtung entgegentrieben. Willenlose Spielzeuge des
tobenden Wassers, werden sie wie Gummibälle hin- und hergeworfen.
Nur die in Todesangst geblähten Nüstern schauen aus dem Wasser hervor. Rasend schnell treiben sie ab und als die Mittelströmung sie erfaßt,
ist schon eines sang- und klanglos untergegangen. Entsetzliches, hoffnungsloses Schnauben klingt aus dem Strudel...doch da — sie haben
sich einige Male schon um die eigene Achse gedreht — werden die Tiere
von der Gegenströmung erfaßt und wie ein Wunder dem Ziel, einer
Bucht, zugetrieben.

Nur mein gutes Reittier fehlt...rettungslos treibt es dem Verderben
entgegen. Noch kann ich es einige Meter verfolgen, dann ertönt ein
furchtbarer Laut...und wie ein morscher Kahn schlägt das große, prächtige Tier um — Hinterbeine und peitschender Schwanz stoßen noch einmal aus den Fluten empor — und dann ist auch diese Tragödie beendet. — Alles Schreien, Brüllen und Rufen, das verzweifelte Laufen am
Ufer entlang — was hilft es! Der Dämon des Yalung hat sein Opfer
gefordert — wir Menschlein aber sind machtlos. —

Wortlos steht der Karawanenführer am Ufer. Sein Gesicht ist puter rot, die Muskeln zucken. Unheimliche Stille — die Ruhe vor dem Sturm. Und dann bricht er los. Alle Tibeter versammeln sich um uns, und der Karawanenführer spricht uns schuldig an dem Verlust der Tiere. Auch gegen den Fürsten von Baurung erhebt er seine Anklage, da dieser nicht für eine Instandsetzung des Seiles gesorgt hatte. Wild schreien die Tibeter durcheinander, greifen zu ihren Schwertern ... und wir müssen alle Mittel aufbieten, den armen Beherrscher von Baurung vor der Lynchjustiz zu schützen.

Uns selbst kostet Baurung noch einen weiteren Tag, da die Tibeter unerhörte Summen für die ertrunkenen Pferde verlangen. Auf der Stelle sollten wir sie zahlen. Doch mit Hilfe des Klosterabtes von Baurung und dem Druck unserer Waffen gelingt es schließlich doch, die geforderte Summe um ein Erkleckliches herunterzuhandeln und die aufgebrachten Leute zum Weitermarsch zu bewegen. —

Die nun folgende Strecke ist eine der schwierigsten, die ich je erlebte, aber schließlich erreichen wir doch das „Mauerlose Zuchthaus", wie ein amerikanischer Forscher den Machtbereich des Mulikönigs genannt hat.

Hier gilt nur der unumschränkte Wille des allgewaltigen Räuberlamas, der zugleich der lebende Gott des Landes ist. — Tatsächlich führen die Untertanen des Mulikönigs ein völlig entrechtetes Leben als Sklaven und Leibeigene, über deren Tod und Leben allein der „König" in selbstherrlicher Weise bestimmt. —

Wie in einem modernen Polizeistaat sitzen überall in den kleinen Gebirgsnestern die Spitzel des Herrschers, der von ihnen über alles informiert wird, was in den Ortschaften vor sich geht, insbesondere, wenn sich einer seiner Leibeigenen länger als drei Tage von seinem Haus entfernt hält. So ist der Mulikönig in der Lage, Verdächtige sofort zu erkennen und jede Verschwörung im Keim zu ersticken. — Regierungssitz des Tyrannen ist das gleichnamige Mulikloster, doch wechselt er im Laufe des Jahres mehrmals seinen Wohnsitz, um sich seinem Volke in Pomp und Pracht zu zeigen.

Da er sich seiner Schwäche dem großen China und dem allgewaltigen Dalai Lama Tibets gegenüber vollauf bewußt ist, versucht der Mulityrann mit den rigorosesten Mitteln, die Bevölkerungszahl seines kleinen Landes zu heben. Jedweder Tibeter oder Chinese, der sich länger als drei Monate im Mulilande aufhält, wird nach Ablauf dieser Frist als Leibeigener des Königs betrachtet und darf das Land nicht ohne ausdrückliche Erlaubnis des Herrschers wieder verlassen.

Die exemplarischen Strafen, die der Mulikönig über seine Untertanen verhängt, geben Zeugnis von der Geistesart des „Heiligen Mannes". Grenzenlose Rohheit und beispiellose Ungerechtigkeit kennzeichnen die „Justiz". Hinrichtungen greulichster Art sind an der Tagesordnung.

Das Staatsgefängnis befindet sich in einem unterirdischen Gewölbe, dreißig Meter tief unter den Mauern des Muliklosters. Dort dämmern die Gefangenen in Kälte und ewiger Dunkelheit, an Ketten geschmiedet und in ihrem eigenen Schmutz liegend, einem qualvollen Tod entgegen ... und viele, über die das „Orakel" gesprochen hat, sind völlig unschuldig in diese Hölle geraten. Die sadistischen Untaten, die sich mit dem Namen des Mulikönigs verbinden, sind heute schon weit über die Grenzen des kleinen, durch riesige Gebirgszüge abgeriegelten Landes bekannt.

Einmal ließ der König mehrere hundert chinesische Soldaten, die ihm in die Falle gegangen waren, von hoher Felsbrüstung lebend in den Abgrund stürzen, nur weil sie es gewagt hatten, bis ins heilige Muliland vorzudringen. —

Der Reichtum Mulis liegt in seinem Gold, das das schroffe Gebirgsland in seinen tiefausgehobelten Flußbetten birgt. Es wird von den Leibeigenen des Königs gewaschen und den Schatzkammern des Zentralklosters zugeführt.

So kann es sich der Herrscher Mulis trotz der Kleinheit seines Landes leisten, eine völlig auf sich gestellte, unantastbare Herrschaft zu führen. Allerdings hat er auch einiges Lehrgeld zahlen müssen, und vielleicht sind gerade diese früheren Enttäuschungen und Mißerfolge der Grund, weshalb der König zum eigensüchtigen Tyrannen wurde.

Aus altem Mandschugeschlecht, jener nordmongolisch-tartarischen Herrscherkaste entstammend, soll sich die Familie des Tyrannen schon vor Generationen in Osttibet angesiedelt haben. Bereits in seiner Jugend wollte der Mulikönig die Sterne vom Himmel holen und unternahm einen lange vorbereiteten Eroberungszug nach Lhasa, um den Gottkönig des gesamten tibetischen Landes, den Dalai Lama, zu stürzen. Seine kleine Armee erlitt aber eine vernichtende Niederlage und er selbst mußte in Bettelgewändern den schmählichen Rückzug antreten. Auf dieser mißglückten Expedition zeichnete sich sein Pferdeknecht durch besondere Tapferkeit und Treue aus. — Wir werden ihn bald als Schwager des Königs, Premierminister und Oberbefehlshaber der Streitkräfte von Muli wiedertreffen.

Ohne Armee, aber doch mit heiler Haut wieder in seinem Stammkloster angelangt, ging der König nun daran, die Macht im eigenen Lande zu festigen, und aus diesem Bestreben entstand dann jenes „Zuchthaus ohne Mauern", in das wir soeben eingetreten sind.

Wir hoffen und wünschen nur, daß es uns gelingen möge, den hohen Herrn von unseren friedfertigen Absichten zu überzeugen.

Schon in Tengyang, einem festungsartigen, blitzsauberen Lamakloster, dessen weiße Mauern die tiefdunklen Koniferenwälder im weiten Umkreis überstrahlen, wird uns ein Spitzel des Königs als „Reisebegleiter" zugeteilt. In seiner geradezu hündischen Angst vor seinem fürstlichen Herrn und Gebieter läßt uns dieser Mann keine Sekunde aus den Augen. Immerfort behauptet er zu seiner Entschuldigung, daß es ihm den Kopf kosten würde, wenn uns „irgendein Leid zustoßen" möchte. Auch in der nächsten Siedlung werden wir von einem „Vertreter des Königs" begrüßt und sogar mit einem weißen Seidenschleier als Zeichen der Freundschaft geehrt. Gleichzeitig wird uns der Wunsch „Seiner Majestät", unsere Bekanntschaft zu machen, in ehrerbietiger Weise übermittelt.

Vorerst jedenfalls können wir uns nicht beklagen, man stellt uns von Ortschaft zu Ortschaft starke, fette Pferde zur Verfügung, man erfüllt uns kleine, persönliche Wünsche, — aber irgendetwas liegt in der Luft, das uns auf der Hut sein läßt, denn allzugroße Gastfreundschaft ist im Osten Asiens noch nie ein gutes Zeichen gewesen!

Der erste Schlag trifft uns, als uns der König durch einen seiner Höflinge das Verbot übermitteln läßt, in seinem Königreich einen Schuß abzufeuern.

Eines Morgens, als Vorgeschmack des uns erwartenden Pomps, erblicke ich das prächtig farbenfreudige Bild einer im Schütteltrab vorüberziehenden Karawane des Königs. — Alle Lasten sind mit roten Plüschteppichen bedeckt, scharlachrote Behänge und reiches, pelzverbrämtes Zaumzeug sowie große Bündel von Schwanzfedern des herrlichen Diamantfasanen schmücken die Tiere, die obendrein noch alle einen kleinen Spiegel auf der Stirn tragen. — So braust des Königs Heerzug vorüber und zum ersten Male bemächtigt sich meiner ein Gefühl der Unsicherheit und Furcht. Gut getarnt im dichten Gebüsch komme ich mir wie ein Verbrecher vor und schäme mich meiner zerrissenen Vagabundenkluft, die ich trage. — Am Ende der Kavalkade reitet auf einem mit roter Seide geschmückten Staatsroß ein mächtiger, goldstrotzender Lama. — Da krieche ich ganz in mich zusammen, lasse des Königs Statthalter vorüber und atme erst freier, nachdem das Glockengeläut verklungen ist. —

Bald darauf wird uns die Kunde, daß uns der König am folgenden Tage in Audienz zu sehen wünsche, und daß ein großes, eigens für unseren Empfang errichtetes Zeltlager schon vorbereitet sei. — Je geringer die Entfernung zwischen uns und dem König wird, desto mehr verändern die Menschen ihr Benehmen. Vor allem will uns scheinen, als ob sie alle bucklig wären, in kriecherischer Untertanenhaltung schleichen sie umher. — An diesem Tage stoßen wir auf das erste königliche Lager, wo eine große Anzahl emsiger Leibeigener damit beschäftigt ist, die Umgebung mit grünen Bäumchen und Edeltannenreisern zu schmücken. Die anwesenden Höflinge und Obersten des Königs setzen sehr hochmütige Mienen auf. Schließlich aber erteilen sie uns die Erlaubnis, das Lager zu besichtigen, wobei sie gewissenhaft darauf achten, daß wir als gewöhnliche Sterbliche die mit weißen, glückbringenden Quarzitsteinen und Tannenbäumchen eingefaßte Ehrenallee, die zum Königszelt hinüberführt, nicht durch unsere Fußtapfen entehren! — Nur seitlich können wir uns daher dem mit wundervollen Teppichen und Leopardenfellen ausgeschmückten Hauptzelt nähern. Rund um das Königszelt scharen sich die kleineren, ebenfalls sehr reich ausgestatteten Zelte der Minister. —

Nun bitten wir einen höheren Offizier, der das Amt des Hofmarschalls bekleidet, im gebührenden Abstand vom Königslager unsere eigenen Zelte errichten zu dürfen, um dann den Herrscher an Ort und Stelle zu erwarten. Aber unsere Anfrage wird mit hochmütiger Geste abgelehnt, da sich unser Vorhaben mit der „Hofetikette" nicht vertrage. Es bleibt uns daher keine andere Wahl, als den Marsch wieder aufzunehmen, um den Hohen Herrn im nächsten, schon bereiteten Zeltlager zu erwarten.

An diesem denkwürdigen Abend werden uns zusammen mit Zuckerkuchen und einem großen Klumpen Butter die chinesisch gedruckten Visitenkarten Seiner Majestät überreicht.

Das Lager, in welchem uns der König zu empfangen gedenkt, ist beinahe noch pompöser eingerichtet, als das vorher besichtigte. Wenn die Zelte auch den gestern geschauten aufs Haar gleichen, so daß man annehmen könnte, die ganze riesige Zeltstadt sei über Nacht per Flugzeug hierher transportiert worden, so ist die Umgebung doch in eine Art prunkvollen Heerlagers verwandelt worden.

Da grasen an die dreihundert edle, wohl gepflegte Pferde auf den umliegenden Talauen; hoch überm Lager lodern zwei gewaltige Opferfeuer, die den Geistern und Dämonen das Nahen des irdischen Königs kundtun sollen. — Mit großer Geste und weitschweifigem Zeremoniell werden wir empfangen und sogleich in die für uns reservierten, festlich geschmückten Zelte geführt. Hier ist für alles auf das Trefflichste gesorgt: grüne Tannenteppiche bedecken den Boden und im Küchenzelt nebenan brodelt schon das Wasser zur Bereitung des zeremoniellen Empfangstees. Dutzende von speichelleckenden Dienern umhüpfen und umbuckeln uns, und ein jeder ist ängstlich bemüht, uns irgendeinen Dienst zu erweisen.

Nachdem wir uns eingerichtet und unseren ersten Rundgang soeben beendet haben, ertönen gellende Fanfaren. Wie Donnerschläge rollen die dumpfen Wirbel der Trommeln von Tibet durch das einsame Tal. „Der König kommt! Der König kommt!" —

Von zwanzig seidenbekleideten Bannerträgern angeführt, rauscht der farbenprächtige Zug wie eine mittelalterliche Parade heran. Vorweg, in einer Symphonie von Rot und Gold, die lamaistischen Würdenträger. Sodann, in seidig glänzende Leopardenfelle gekleidet und mit blitzenden Silberschwertern umgürtet, die hohen Offiziere, gefolgt von fünfzig Soldaten in khakibraunen Uniformen und mit modernen chinesischen Gewehren und aufgepflanzten Bajonetten bewaffnet. — Während die wartenden Höflinge wie aufgescheuchte Hühner hin und her eilen, reiten, ihrer Würde entsprechend, einzeln und von goldenen Baldachinen überwölbt, die hohen Herren Staatsminister daher, deren dritter und damit letzter des Königs Schwager ist: Der Erste Minister im Staate Muli! Alle drei Herren sind in Goldbrokat gekleidet, und ihre Haltung ist so steif und würdevoll, daß sie über dem Silberbeschlag der Sättel und den buntfarbigen Schuppenpanzern ihrer im wiegenden Paßgang unglaublich stolz daherschreitenden Pferde wie Marionetten anmuten.

Doch schon werden unsere Blicke von der goldenen Sänfte des Königs selbst gefangengenommen. Acht goldbetreßte, flaggenumwehte Träger schreiten raschen Schrittes heran und eine weitere Kompanie bis an die Zähne bewaffneter Soldaten beschließt den Heerzug. — Noch ehe wir recht wissen, was geschieht, nehmen die Soldaten Aufstellung, eine wilde Aufregung geht durch die Zuschauer, Böllerschüsse krachen, Opferfeuer flammen auf, und alles wird übertönt von einer kreischenden, wilden Musik.

Der König, dessen kolossale Statur schon durch ihre Masse beeindruckt, wird aus der Sänfte gehoben, und von Offizieren und Höflingen umringt, begibt er sich sogleich in sein riesiges Zelt. — Nun verlassen wir unsere Beobachtungsstände und schreiten den drei goldenen Ministern entgegen, die sich schon vor der Zeltstadt aufgestellt haben, um uns zu begrüßen und im Namen des Königs willkommen zu heißen.

Im kostbar geschmückten Zelt des Premierministers beginnt Weigold sodann eine wohlüberlegte Konversation; fragt nach Herkommen und Ergehen, berichtet von unseren Reisezielen und gibt unserer Freude darüber Ausdruck, daß uns ein glückliches Geschick in das reiche, gelobte Land des großen Mulikönigs geführt habe. — Leider aber, so fügt Weigold etwas kleinlaut hinzu, führten wir keine passenden Geschenke für den großen König mit. — Aber darauf käme es ja gar nicht an, meint leutselig der erste Minister und dann lenkt er mit ausgeklügelter Raffinesse das Gespräch auf unsere Waffen, deren Ruf natürlich auch schon bis zum Hofstaat des Königs von Muli vorgedrungen ist.

Wir müssen unsere Hochgeschwindigkeitsbüchsen gleich holen und
mit Kennerblick überprüft der ehemalige Pferdeknecht vor allem Drillinge und Zielfernrohre. — Wir können uns dabei eines unangenehmen
Gefühles nicht erwehren. Wahrscheinlich schätzt der Herr Premierminister ab, ob unsere Waffen eines Geschenkes für den König würdig
seien ... oder vielleicht auch lohnend für einen Raubüberfall! — Glücklicherweise gelingt es uns, den Minister von unseren kostbaren Gütern
abzulenken, und während ihm Weigold noch einige Schmeicheleien sagt,
führt er uns voller Stolz seine drei Sprößlinge vor. Bemerkenswert ist
an dieser ersten ministerlichen Audienz, daß der arme Dolmetscher, der
vor lauter Kriecherei nun wirklich einen Buckel hat, nur halblaut
flüstert, seinen großen Herrn nicht anzuschauen wagt und sich bei jedem
Satz mit gefalteten Händen tief verneigt.

Inzwischen hat sich ein kriecherisches Geschmeiß von Höflingen vor
unserem Zelte eingefunden, wie ich es im freien, harten Tibet nie vermutet hätte. Auch ein richtiges Original ist darunter: Der Hofnarr und
Leibdolmetscher des Königs. Er ist kein Tibeter, sondern ein lustiger
kleiner, dauernd zu Späßen aufgelegter Chinese, an dem außer zwei
mächtigen Goldzähnen ein giftgrüner Seidenrock das Auffallendste ist.

Nun geht Weigold daran, die Geschenke für den König zusammenzustellen, eine Aufgabe, die ihm viel Kopfzerbrechen bereitet. Jetzt, am
Ende der Expedition, haben wir tatsächlich nichts mehr, was dem Hohen
Herrn gefallen könnte ... außer unseren Waffen natürlich! — Nach
gründlicher Durchsuchung unserer Koffer kommen wir zu dem Schluß,
daß sich der König vielleicht über einen schönen Rocky-Mountain-Sattel
samt Zaumzeug freuen würde. Aber gleich darauf wird uns durch einen
Höfling mitgeteilt, daß der Herrscher an Sätteln keinen Mangel habe
und im übrigen viel bessere besäße, nämlich solche, die ganz aus Silber
wären.

„Was schenken, was schenken?" jammert der arme Weigold wie ein
Kind.

„Der will nur unsere Gewehre haben!"

„Bekommt er eben eine Pistole!" antworte ich. —

Eine tipptoppe Walther PPK mit einigen Magazinen und einem ganzen
Haufen Munition, dazu noch zahlreiche kleinere Geschenke — damit
müßte selbst ein König von Muli zufrieden sein. So hoffen wir wenigstens.

Nach einiger Zeit erscheint ein Offizier und bittet uns zur königlichen
Audienz. — Mit dem lächelnden Gewohnheitsgruß „ganz großer Männer", die vielen Ehrenbezeugungen und Verbeugungen huldvollst erwidernd, schreiten wir dem Königszelt entgegen. Hinter uns, in gemes-

senem Abstand, folgt einer unserer Diener mit dem ehemals recht ansehnlichen, jetzt aber leider völlig lädierten Expeditionstablett, auf dem sich die Geschenke für Seine Majestät befinden. — Während die Wachen mit aufgepflanztem Bajonett stramm salutieren, betreten wir den Tannenteppich des Vorraumes und in ebendemselben Augenblick wird ein großer Vorhang von unsichtbarer Hand zurückgeschlagen:

Vor uns steht der gefürchtetste Mann Osttibets, der König von Muli. Lächelnd kommt uns der Riese entgegen, ein wahrer Hüne von Gestalt, auf dessem fülligen Körper sich ein mächtiger Stiernacken aufbaut, gekrönt von einem gewaltigen Schädel, dessen lächelndes Gesicht den Ausdruck des „Buddhas des Reichtums" trägt. Nichts an diesem feisten, freundlichen Gesicht läßt im ersten Augenblick auf Strenge oder Grausamkeit schließen. Gekleidet ist die im höchsten Grade imponierende Erscheinung in tiefrote, wallende Lamagewänder, die wie üblich mit Goldbrokat abgesetzt sind.

Während wir in dem mit fürstlichen Teppichen und schöner Goldarbeit ausgestatteten Thronzelt des Herrschers Platz nehmen, lächelt der König noch immer mit leicht geneigtem Kopf, gerade, als ob er nichts anderes im Sinne habe, als unsere Wünsche in liebenswürdigster Weise zu erfüllen. — Nach einer kurzen, aber doch recht peinlichen Schweigeminute setzt Weigold, tief Atem holend, an: Er singt ein vollendetes Loblied auf Muli und seinen überragenden, in aller Welt bekannten Herrscher ... „Es würde uns zur großen Ehre gereichen," sagt Weigold,

„wenn Eure Heiligkeit sich entschließen könnten, Deutschland zu besuchen." — Worauf sich der König angelegentlich nach dem Befinden Hindenburgs erkundigt und damit den Beweis erbringt, ein Mann von Welt zu sein. —

Weigold spielt nun seine weiteren Komplimente so geschickt aus, daß der König mehr als einmal laut und schallend lacht, zu meinem besonderen Vergnügen übrigens, denn dann sieht dieser veritable Bulle wirklich lieblich und nett aus.

In fein ziselierten Kannen wird uns der obligate Buttertee kredenzt, dazu werden von dienstbeflissenen Dienern zuckersüße Apfelsinen gereicht. —

Entgegen meiner sonstigen Gewohnheit nehme ich nur wenig. Auch trinke ich mit größtem Bedacht, um mich vom König möglichst oft nötigen zu lassen, weil der dann immer so galante Bewegungen macht und mich so freundlich anlächelt.

Nun kommt Weigolds heikelste Aufgabe, die Erläuterung der Geschenke, worauf der König mit gewinnendem Lächeln seinen ergebenen Dank zum Ausdruck bringt. Also scheint er doch mit unseren Gaben zufrieden ... ein Stein rollt uns vom Herzen! — Auch fotografieren läßt sich der König, doch hütet er sich peinlichst, seine Gesichtszüge durch ein Lächeln zu erhellen, denn für die Öffentlichkeit muß er das Gesicht des strengen Herrschers wahren. — Seine Majestät scheint also auch ein großer Psychologe zu sein! — Schließlich läßt er sich noch die Namen unserer Kameras aufschreiben und — um seine Bildung unter Beweis zu stellen, — wiederholt er die Worte „Leica" und „Rolleiflex" wohl einige dutzendmal. —

Zu guter Letzt aber, als wir schon glauben, aller Gefahr entronnen zu sein, wünscht Seine Majestät unsere Waffen zu sehen. Wir machen gute Miene zum bösen Spiel und stehen mit zusammengebissenen Zähnen daneben, da die habgierigen Riesenpranken des Tyrannen liebevoll über unsere Waffen streichen, wie er trotz seiner feisten Körperlichkeit geschickt anschlägt und mit Kennerblick Drillinge und Fernrohrbüchsen begutachtet. — Dann werden wir gnädigst entlassen.

Etwas später sind wir im Zelte des Premierministers zum Essen gebeten. Hier teilen uns die Boten des Königs unumwunden und ohne jede Förmlichkeit mit, daß Seine Majestät eine deutsche Hochgeschwindigkeitsbüchse oder einen Drilling als Geschenk zu erhalten wünsche, denn die Pistole, welche wir im Königszelt zurückließen, sei wohl kein ganz passendes Geschenk.

Weigold und ich starren uns entsetzt an. Dann entfahren uns häßliche Schimpfworte.

Was hilft es? Weigolds große Betrübnis zu schildern, will ich mir ersparen, nur erwähnen, daß der Ärmste viele Stunden von den Abgesandten des Königs, die dauernd zwischen den Zelten hin- und herfegen, drangsaliert und gequält wird. — Weigold — kämpft siegreich! „Ich will es dem großen Kind schon zeigen, daß bei uns sein Wunsch nicht Befehl ist!" sagt er mir auf deutsch... und im gleichen Atemzuge fügt er chinesisch hinzu: „Die Paßschwierigkeiten, die wir in China zu erwarten haben, wenn eines unserer Gewehre fehlen sollte, machen es uns zu unserem denkbar größten Leidwesen ganz unmöglich, dem Wunsche unseres Herzens zu entsprechen und seiner Majestät eines unserer Gewehre zu überlassen!" —

Jetzt aber meldet sich unser Expeditionskoch zu Wort; er ist Chinese und zwar, wie wir längst wissen, ein etwas ängstlicher Chinese, der inzwischen von den Hofleuten des Königs bearbeitet worden ist.

„Herren der Tugend" sagt er zu uns und faltet seine Hände bittend über der Brust zusammen, „Eure Sinne sind von Nebeln umhüllt! Beim großen Buddha im Himmel, gebt dem König eines Eurer Gewehre! Wenn nicht, so werden wir alle sterben! Gedungene Mörder werden uns überfallen, und dann, Ihr Herren aus dem Tugendlande, seid Ihr nicht nur Eure Gewehre, sondern auch Euer Leben los! Deshalb raten wir Euch, wir als Eure treuen Diener, die nur Euer Wohl im Auge haben: Pflücket die Blume des Stolzes und übergebt sie dem König. Dann wird alles gut sein!" —

Von dieser Seite also weht der Wind! Wir aber schwören uns, hart zu bleiben!

Die Aufdringlichkeiten des in seiner Ehre und Eitelkeit tief verwundeten Tyrannen wollen kein Ende nehmen. Systematisch versucht er uns durch seine Mittelsmänner, deren Drohungen immer deutlicher werden, mürbe zu machen.

Schließlich bringt es der Räuber im Königsgewande fertig, uns mit unseren Waffen noch einmal zu sich zu bestellen. Und wieder spielt er den perfekten Kavalier, läßt den Zauber seiner Persönlichkeit wirken, umhegt und umpflegt uns und ist von einer geradezu bestechenden Leutseligkeit. — Wohl eine halbe Stunde gleiten unsere Gewehre abermals durch die Löwenpranken des Tyrannen. — Bei hereinbrechender Nacht und Kälte sieht er in seinem wundervollen Pelzgewande wie der Kriegsgott selber aus. — Aber er persönlich läßt nichts über seinen heißen Wunsch, für dessen Erfüllung ihm ein kleiner Raubmord nichts ausmachen würde, verlauten!

Als wir nun durch Gesten und Gebärden unseren Unwillen in unmißverständlicher Weise zum Ausdruck bringen, läßt uns der höfliche Klotz einfach eine große Pfanne mit glühenden Holzkohlen vor die Füße stellen: „Damit Eure Gesundheit nicht Schaden nehme in unserem rauhen Klima!" fügt er mit liebenswürdigem Lächeln hinzu. — Dann gibt es bestes chinesisches Essen, dem wir mit großem Eifer zusprechen, während wir innerlich denken: „Aber unsere Gewehre kriegst Du doch nicht, alter Lump!"

Schließlich möchte Seine Heiligkeit, der lebende Buddha von Muli, noch wissen, ob man aus unseren Gewehren auch Gaspatronen verschießen könne. Er meint solche, mit denen man die Leben vieler Menschen auf einmal auslöschen könne!

„Nein", sagt Weigold kurz und bündig.

„Aus welcher Art von Gewehren kann man das denn?" ist die nächste Frage.

„Aus Kanonen", gibt Weigold lakonisch zur Antwort.

„Habt Ihr welche? — Was kosten sie? — Wieviele Menschen kann man damit töten? Was kostet ein Flugzeug? Kann man mit Bomben viele Menschen töten? —"

Solcher Fragen folgen noch etliche, ohne daß wir uns der Mühe unterziehen, sie überhaupt zu beantworten. Rasend vor Wut, aber nach außen Form und Haltung bewahrend, gibt der König nun dem ersten Dolmetscher kund: „Seiner Majestät, dem König von Muli, gereicht es zur Ehre, die Herren aus dem Tugendlande noch weiterhin als seine Gäste betreuen zu dürfen. Die Herren werden sich morgen in das befestigte Kloster Kulu-gompa begeben!" —

Damit sind wir unserer Freiheit beraubt. —

Nach Abschluß dieser abendlichen Audienz legen wir uns, des widerlichen Treibens müde, nieder, aber lange noch höre ich, wie sich Weigold unruhig hin und her wälzt. — Auch in mir wallen zum ersten Male Zweifel an unserer Zukunft auf. Was werden uns die nächsten Stunden und Tage bringen? Was hat der König morgen mit uns vor? Wird er uns auf dem Wege nach Kulu-gompa überfallen lassen? Wird man uns dort entwaffnen und in die unterirdischen Gewölbe sperren? Was wird werden! Dann übermannt mich der Schlaf.

Frostklarer Morgen, Sonne über den Wäldern und eine kristallklare Luft. Da dröhnen die Trommeln von Tibet, Schüsse krachen und ein wildes, tumultarisches Geschrei hebt an... minutenlang... dann erstirbt es in der Ferne: Der König von Muli ist in aller Frühe aufgebrochen nach Kulu-gompa. — Wahrscheinlich hat er schlecht geschlafen in dieser Nacht, weil unsere Gewehre ihn bis in den Traum verfolgt haben!

Als Gefangene, als seine Sklaven müssen wir ihm folgen, von vielen Höflingen begleitet, einen ganzen langen Tag lang. — Dann, von weitem wie ein sauberer kleiner Kurort anmutend, tief im Tal, taucht Kulu-gompa auf. — Plötzlich, wir wollen gerade absteigen, um unsere Reit-tiere zu schonen, weisen uns unsere Häscher darauf hin, daß der König befohlen habe, wir müßten den halsbrecherischen Pfad zum Kloster hinab reiten. Wahrscheinlich beobachtet uns der Herrscher sogar! — Anscheinend haben die Obersklaven des Königs eine hündische Angst, ihren Kopf zu verlieren, wenn wir ihre Anweisungen nicht strikt be-folgen. —

In Kulu-gompa wird uns keinerlei Empfang bereitet. Statt dessen werden wir im eiskalten, finsteren Klostergemäuer in ein Loch ge-sperrt, in dem wir uns bis zum nächsten Morgen „still verhalten" sollen. — Da packt mich die Wut; ich tobe, schreie, beschwere mich, — aber es hilft nichts. Nur einige verdreckte und verlauste Lamas, an-scheinend unsere Wärter, leisten uns Gesellschaft.

Wir verbringen keine angenehme Nacht im Gefängnis von Kulu-gompa! Aber mit dem Erscheinen des Dolmetschers des Königs am nächsten Morgen beginnt die erste Besserung unserer Lage. In seiner Begleitung dürfen wir sogar einen Rundgang durch das saubere und gepflegte Kloster machen. Die Lamas aber sind alles andere als freund-lich, sie nehmen Steine auf und zeigen eine bedrohliche Haltung: — Wir nehmen an, daß das alles auf Geheiß des Königs geschieht.

Den langen Tag verbringen wir mit Tagebuchschreiben in unserem Verließ und fluchen auf den hinterhältigen Tyrannen. — Viermal noch erscheinen geschniegelte Höflinge, um unsere Gewehre einzufordern. Aber wir bleiben bei unserem Wort und erklären uns nur bereit, die gleichen Gewehre aus Deutschland besorgen zu wollen. — Strahlend zieht das Pack ab. Jetzt werden sie den Zorn ihres Gebieters nicht mehr zu spüren haben...und in der Tat...nach einer guten Weile, da wir in Mäntel gehüllt in unserer Zelle sitzen und erbärmlich frieren, erscheint der Abt von Kulu-gompa mit vier Hofschranzen und ebensovielen Kulis, um unter vielen ehrerbietigen Verbeugungen die Geschenke des Königs vor uns aufzubauen: Säcke mit Mehl, Tsamba, Reis, Salz, Pferdefutter, Jak-, Ziegen- und Schweinefleisch. Außerdem wird uns die Zusicherung gegeben, daß der König uns selbst eine kleine Karawane für den Weiter-marsch nach Indien zur Verfügung stelle.

Endlich gute Nachrichten!

Wenn es am Tage kalt und ungemütlich war in der bedrückenden Enge der Klostermauern, so ist die folgende Nacht durch den Ausgleich der Temperaturen doch recht angenehm. Oder sollten wir uns schon so rasch an die Gefängnisluft gewöhnt haben? Jedenfalls schlafen wir glän-zend in dieser zweiten Nacht in Kulu-gompa, nachdem nun auch die letzte Attacke des Königs zur Erlangung unserer Gewehre abgeschlagen wurde. Nach allen erfolglosen Bemühungen, uns mürbe zu machen, kommen gegen Mittag des folgenden Tages die gestern versprochenen Pferde. Der Abt erscheint aufs neue, überreicht uns die Visitenkarte des Königs mitsamt einer silbernen Schale und bittet recht bescheiden darum, daß wir noch weitere Munition für die Pistole stiften möchten. In Gottes und aller Buddhas Namen erhält er sie. Sodann bittet uns der freundliche Abt, ihm in den Hof zu folgen, wo neben den anderen Tieren noch ein riesengroßer, fetter und stolz die Nüstern blähender Maultier-rappe steht.

„Was ist mit dem schönen Tier?"

„Der König möchte den Herren aus dem Tugendlande noch eine kleine Abschiedsfreude bereiten. Seine Majestät bittet daher, das Tier mit allen guten Wünschen für die Reise als Gastgeschenk annehmen zu wollen." —

Es bleibt uns nichts, als uns tief zu verbeugen — und eine halbe Stunde darauf flüchten wir aus Kulu-gompa wie Falken, die nach langer Käfigung in Freiheit gesetzt werden.

Doch nicht genug: Nach zweistündigem Marsch hinter uns heftiges Pferdegetrappel, ein Abgesandter des Königs überholt uns... und mitten auf der „Straße" breitet er einen kostbaren Lhasateppich als allerletztes Geschenk des Königs vor uns aus.

Die drei Minister aber schicken uns einen prall mit Silbermünzen gefüllten Beutel als „Ersatzgeschenk" dafür, daß sie keine „Zeit gefunden" hätten, uns mit einem dem großen Tugendlande gebührenden Festessen zu ehren. Auf gut Deutsch also: Hiermit die vermutlich gehabten Auslagen zurück... eine seltsame Sitte, die als Zeichen guter Erziehung gilt.

So haben wir denn den König von Muli besiegt, sind mit heiler Haut davongekommen und haben oberdrein ein paar gute Tiere geerbt. — Dem Marsch nach Indien steht außer einigen bösen Flußübergängen nichts mehr im Wege. Wenige Wochen noch — da hallt das Echo meines letzten Schusses durch nebelfeuchten Tropenwald.

AUF TIBETISCHEM WILDPFAD

Wenn auch der Bambusbär wegen seiner ausgesprochenen Seltenheit als der „König" unter den Petzen angesehen werden muß, so gibt es in Tibet mit seinen himmelstürmenden Grenzgebirgen auch eine Reihe anderer bärenartiger Tiere. — Da ist der kleine, wunderbar schöne P a n d a , den die Eingeborenen seiner rotbraunen Färbung wegen die „Feuerkatze" nennen; da gibt es den großen tibetischen Steppenbären und den sehr heimlichen kohlschwarzen Kragenbären, der eine weiße Halskrause trägt. — Mit diesem heimlichen Gesellen bin ich während der vielen Jahre, die ich in Westchina und Tibet verbrachte, nur ein einziges Mal wirklich handgreiflich zusammengestoßen. —

Der Kragenbär ist ein richtiger Petz mit plumpem Körperbau und mächtigen Pranken, ein vereinzelt lebendes Tier mit vorwiegend nächtlichen Gewohnheiten, das die menschlichen Siedlungen keineswegs scheut, sondern es der großen Bequemlichkeit wegen sogar liebt, nächtlicherweile auf den Wegen und Pfaden der Menschen einherzuwandeln. — Wenn die Mais- und Buchweizenfelder in Reife stehen, können sich die armen Bergbauern der überaus dreisten Bären oft nicht mehr erwehren und halten deshalb rund um die Felder Feuer in Gang, um sie zu vertreiben. — Tagsüber schlafen die Kragenbären im dichtesten Urwald den Schlaf des Gerechten und oft bauen sie sich sogar in hohen Urwaldbäumen luftige Behausungen. Verwundete oder angeschossene Kragenbären gelten als sehr gefährliche Gegner. Die wenigen weißen Jäger, die ihn im Himalaja jagten, haben vor ihm einen ebenso großen Respekt wie vor dem Königstiger des indischen Flachlandes. —

Nun, eines Tages, es war in den subtropischen Wäldern des Goldflußlandes, reiten Wang und ich los und winden uns auf schmalen Saumpfaden einem tief eingeschnittenen Talschrund entgegen, in dem es, — wie man so schön sagt — nach Hochwild „riecht". — Ein unangenehmer

Zwischenfall ereignet sich, als ich meinen lahmenden Gaul ganz bedächtig über eine schmale, schwankende Brücke führe und dabei unvorsichtigerweise die Zügel über meine Brust geworfen habe. Plötzlich werde ich nach hinten und unten gerissen, kann mich aber durch eine flinke Drehung gerade noch vom tückischen Riemenwerk befreien, während mein Pferd in der gurgelnden Tiefe verschwindet. — Sicherlich mache ich das dümmste Gesicht der Welt, als zu meiner größten Verwunderung der Kopf des Pferdes weiter unterhalb wieder auftaucht, das Tier selbst sich mitten durchs brausende Wasser rettet und, von Hautabschürfungen abgesehen, völlig unverletzt das Ufer wieder erreicht. Wir hieven das Tier wieder hinauf und setzen unseren Marsch schluchtwärts fort, bis wir uns wegen der Unwegsamkeit des Geländes doch gezwungen sehen, die Tiere zurückzulassen. —

Behutsam tasten wir uns durch das wildromantische Engtal weiter und setzen uns schließlich, da jetzt, während der Mittagsglut, alle Stimmen des Waldes verstummt sind, dicht am rauschenden Bergfluß auf einem Felsblock nieder, um die Zeit der Stille zu verträumen. — Im dichten Gestrüpp der wilden Johannisbeeren, die in diesen Tälern das Unterholz bilden, hatten die Bären zwar schon ganze Arbeit geleistet und die Johannisbeersträucher im weiten Umkreis platt gewalzt, aber an Großwild wage ich während dieser lastenden Mittagshitze nicht zu denken. — Warum auch sollte der Bär, dessen Mittagstisch im Dschungel so überreich gedeckt ist, am hellichten Tag im Talgrunde einherspazieren! Also döse ich vor mich hin ... Wang hat sich lang ausgestreckt und schläft, während ich beginne einen Kleinvogel abzubalgen, da ich befürchte, daß das Tierchen durch die Hitze bis zu unserer Heimkehr am Abend längst verdorben ist.

Plötzlich empfinde ich deutlich die Anwesenheit von etwas Fremdem ... eine seltsame Unruhe befällt mich. Was ist das nur ... ein Moskito, der mich stach? — Oder sollte ich doch geträumt haben ... Jäger haben oft diesen sechsten Sinn ... und da ich ihn kenne, wende ich mich ganz behutsam um ... Donner und Teufel ... wie ein elektrischer Schlag fährts mir durch die Glieder, da steht, mitten im schäumenden Wildbach auf einem gischtumflossenen Felsblock ... in voller Sonne ... ein großer schwarzer Bär! Die Entfernung beträgt kaum fünfzehn Schritte! —

Nur wer den Urwald im Sonnenglast der Mittagshitze mit den tausend Reflexen über Gischt und Schwall eines von Kaskade zu Kaskade brechenden Sturzbaches kennt, und weiß, wie selten man den Beherrschern dieser Wildnis begegnet, kann verstehen, wie mir das Blut im Halse stockt: Umgeben von all der zauberhaften Schönheit steht das Raubwild und sichert hinab in die Tiefe seiner unendlichen Wälder. —

Aber der kleine Mensch, der Habgierige, der Mörder greift schon zur Waffe und langsam wächst der Zielstachel in die schwarze Masse hinein, findet das Blatt, saugt sich fest … und ein scharfer Knall zerreißt die friedliche Stille. Zwei Raubtiere stehen sich gegenüber, zwei Bestien! — Jetzt kommt der Bär laut brüllend auf mich zu, mit einer Geschwindigkeit, die mir kaum Zeit zum Repetieren läßt. Angst … Hilflosigkeit, dann schnell wiedergewonnene Sicherheit … und schon liegt die Büchse zum zweiten Male an der Backe. — In diesen prickelnden Sekunden höchster Spannung steht Wang wachsbleich mit der Schrotflinte in der Hand neben mir. Sechs Meter … fünf … vier … drei … Gebrüll und schlagendes Gebüsch. Schweißspritzer fauchenden Atems treffen mich, das schneeweiße Gebiß blitzt auf. Dann aber geschieht das Unerwartete: So schnell es kam, halb rollend und halb flüchtend, sinkt das Riesentier in sich zusammen … Ein letztes Röcheln, Prasseln, blinder Prankenschlag. Dann Stille. Das Wild ist verendet. — Hellrot und blasig rinnt der Lungenschweiß, als ich noch ganz umnebelt an die kapitale Beute trete, die mir der „Zufall" so leicht in den Schoß warf. — Dann folgt die Totenwacht. —

Bei der später folgenden Sektion stelle ich fest, daß die kleine Kugel mitten durchs Herz gefahren ist. Ob der Bär ahnte, wo sein Feind sich befand? Ob die so kurz vor dem Ziel abgebrochene Attacke nicht reiner Zufall war? Ich möchte es beinahe annehmen, entscheiden kann ich es nicht. Und das ist auch gut so, denn noch heute in der Erinnerung läuft mir ein Schauer über den Rücken.

Ein Tibeter, der Medizinpflanzen in den hohen Bergen gesammelt hat, hilft uns, die schwere Beute aus der Decke schlagen. Als Belohnung erhält er einen schweren Vorderlauf. — Der Rückmarsch ist ein schwieriges Unterfangen … zum zweiten Mal an diesem denkwürdigen Tage geht mein Pferd in die Tiefe, liegt bis zum Halse im Wasser und ist nicht mehr zum Aufstehen zu bewegen. Schon glaube ich, die Tragödie durch eine Kugel beenden zu müssen, — aber das treue Tier, auf dessen Rücken ich das ganze Steppenland von Sungpan bis zu den Goldflußschluchten durchritt, scheint meine Gedanken zu erraten. Wieder strengt es sich mit gequälten Bewegungen an auf die Beine zu kommen. Und dann gemeinsam mit Ruck und Zuck steht mein Pferdchen wieder auf allen Vieren —, aber das Blut läuft an Bauch und Beinen herunter. — Den Bären bringen wir glücklich heim, doch mein armer kleiner Schimmel wird von Tag zu Tag schwächer und schlapper, so daß er nur noch geführt werden kann. Bald darauf kann ich ihn einem französischen Missionar zum Geschenk anbieten, und der einsame Priester freut sich, das noch junge Tier wieder gesundpflegen zu dürfen. —

Drei andere Wildarten gibt es im tibetischen Grenzland: Goral, Serau und Takin, alle sind der Wissenschaft wenig bekannt. Sie gehören zu den edelsten Tierarten, die ich gejagt habe. Obwohl nach Färbung, Größe und Charakter sehr verschieden, gehören sie doch allesamt dem Stamme der „Gemsen" an. Sie sind wehrhafte Bergantilopen. —

Trotz abweichender Färbung ähnelt der mausgraue Goral am meisten unserer Gemse. Sein Körper ist sehnig und stark, der schöne, gedrungene Kopf wird waagerecht getragen, und das dolchspitze Gehörn ist leicht nach hinten gebogen. — Was die Bergsicherheit angeht, so kann der Goral wohl kaum von einem anderen Felsentiere übertroffen werden. Ich habe Gorals beobachtet, die senkrechte Felswände von fünf Meter Höhe in fliegender Flucht hinabsprangen und beim Aufprall wie Gummibälle in die Höhe federten. Oft hatte es den Anschein, als ob diese märchenhaft geschickten Tiere an unsichtbaren Seilen aufgehängt, schwerelos ihr felsiges Reich durchflogen.

Der Goral bevorzugt die steilen, wilden Täler unterhalb der eigentlichen Urwaldregion, die „Trockenschluchten" also. Oft kommt er in unmittelbarer Nähe der menschlichen Siedlungen vor, aber sein Reich ist so wild und so steil, daß die Eingeborenen seiner nur selten habhaft werden.

Die Jagd auf den Goral stellt höchste Ansprüche an die Schwindelfreiheit des Jägers. Es ist gewiß leichter, einen Goral auf weite Entfernung über Talschründe hinweg zu erlegen, als die schwere Beute zu bergen. Häufig ist das sogar unmöglich.

Ich erinnere mich eines Dolanschen Meisterschusses quer über den Minfluß hinüber auf einen starken Goralbock, der durch eine abgründige Wand zog. Das zu Tode getroffene Tier setzte in irren Fluchten durchs wilde Gefels, bis seine Läufe ins Leere schlugen. Einen grausig schönen Anblick bietend, stürzte der Goral kopfüber und frei durch die Luft hundert und mehr Meter in die Tiefe, daß das Wasser hochaufspritzte und die Beute auf Nimmerwiedersehen in den wilden Fluten verschwand! —

Im allgemeinen ist der Goral nicht „gefährlich", obwohl alljährlich viele Hunde der Eingeborenen von gestellten, also in die Enge getriebenen Gorals zu Tode geforkelt und in die Tiefe geschleudert werden.

Einmal jedoch habe ich um meinen guten Wang wirkliche Angst ausgestanden:

Auf über dreihundert Meter trage ich einem starken Goral die Kugel an. Langsam zieht das Wild durch die abschüssige Wand und stellt sich in einer kleinen Dornendickung ein. Von oben steigt nun Wang nach stundenlangem Umweg in die gefahrvolle Wand, findet mit tödlicher

Sicherheit den Anschuß, folgt und rückt immer näher an die kleine Dickung heran. Plötzlich erkenne ich von meiner Stellung auf der gegenüberliegenden Seite aus, wie der wunde Goral hinter einem Busch hervorkommt, um neue Deckung zu nehmen. Aber mein Schreien und Rufen wird von den wilden Wassern, die zwischen uns brausen, verschluckt ... und Wang bleibt ungewarnt. — Einen weiteren Schuß kann ich auch nicht wagen, um den Jäger nicht durch splitternde Steine zu gefährden. — So bleibt mir nichts als die Beobachtung, eine Beobachtung, die einer Nervenzerreißprobe gleichkommt! — Schon rückt der Jäger dicht und immer dichter auf, aber noch immer kann er den Goral nicht sehen. Alles Schreien hilft nichts ... da senkt der Goral die Hörner, macht sich fertig zum Stoß, und schon bin ich darauf gefaßt, den geforkelten Wang in die Tiefe stürzen zu sehen.

Aber Wang zeigt sich als Meister seiner Berge, und was ich nun im Fernglas miterlebe, ist unglaublich. Inmitten der Wand, mit nur einer freien Hand, gelingt es dem kühnen Wassujäger, den Stoß des Tieres aufzufangen und das achtzig Pfund schwere Wild über die Klippen hinaus in die grausige Tiefe zu schleudern, bis es drunten mit dumpfem Aufprall als leblose Masse liegenbleibt. —

Wang aber steigt den Steilhang hinab und legt mir nur wenig später den Goral, gerade als ob nichts geschehen wäre, vor die Füße. Da kann ich den treuen Jäger nur herzlich umarmen.

Weit gefährlicher als der Goral ist der Serau, der sich von diesem durch bedeutendere Größe, eisenschwarze Färbung, eine langwallende weiße Mähne und riesige Gehöre unterscheidet. Letzteren verdankt er seinen chinesischen Namen „Gnei-Lue", was so viel wie „Klippenesel" bedeutet. Doch möchte ich zur Ehre dieser herrlichen Wildart betonen, daß sie mit dem Charakter eines Esels wirklich nichts gemein hat.

In einem steilen Erosionstal dringe ich mit Wang und einem eingeborenen Jäger bis zu einer kleinen, mitten im Urwald gelegenen Lichtung vor. — Vor Jahren einmal war hier ein Bergrutsch in die Tiefe gegangen. — Wir sitzen in guter Deckung und beobachten die gegenüberliegenden Schluchthänge, bis die Dämmerung hernniederzusinken beginnt. — Dumpf und kühl atmet der Wald. — Plötzlich steht ein kapitaler Serau mit wallender weißer Mähne wie das leibhaftige Waldgespenst vor mir. Auf kaum dreißig Meter Entfernung sichert mich das Urtier unverwandt an. Mir bleibt nichts übrig, als zu handeln: Vom Blitz erschlagen bricht der Serau zusammen und stürzt über eine hohe Klippe ab. In wilden Sprüngen, die Büchse in der Hand, stehe ich schon nach wenigen Sekunden am Anschuß und höre das schwere Wild unter mir davonbrechen. Augenblicklich nehme ich die Verfolgung auf, bis mir der dröhnende Wildbach „Halt" gebietet. Anscheinend hat der Serau den Fluß durchschwommen und den gegenüberliegenden Hang angenommen. —

Da die Überquerung des weißgischtenden Flusses an Selbstmord grenzen würde, setzen wir uns wieder und suchen die aufsteilenden Hänge mit den Gläsern ab. Da erkenne ich hunderte von Metern über mir einen schwarzen Punkt, den Serau, der sich wie schleichend vorwärts bewegt. Trotz viel zu großer Entfernung suche ich rasch eine Auflage und jage — meterhoch über das Ziel haltend — drei Kugeln hinüber. Da ist der Spuk verschwunden. —

Der Gefahr nicht achtend, überqueren die Jäger in wildem Eifer nun doch den Fluß und nehmen die Nachsuche abermals auf. Wieder sehe ich den Serau, der fünfzig Meter vor Wang eine Lücke zieht. Erfassen und schießen sind eins ... mir ist es, als ob ich drüben einen dumpfen Aufschlag vernähme. — Dann schwindet das Büchsenlicht und ich rufe die Jäger ab. Eiligst geht es auf halsbrecherischen Pfaden zum Lager zurück. Als der nächste Morgen graut, sind wir mit allen verfügbaren Leuten zur Stelle, um das Letzte daran zu setzen, das Wild zur Strecke zu bringen.

Schon nach einer halben Stunde klingt mir mitten durchs Brausen des Sturzbaches hindurch der gellende Waidruf entgegen: „Dadala" — „getroffen"! Da rase ich los und erblicke schließlich Wang, der mir von einer hohen Felsnase aus signalisiert, daß er die Büchse benötige. — Das trifft mich wie ein Schlag, hatte ich doch angenommen, daß der Jäger das bereits verendete Stück gefunden habe! — Halb springend und halb fallend lande ich auf einer über den Strom gefallenen Birke, turne durchs Geäst, stürme den Steilhang hinauf und erfahre von Wang: Der Serau wurde im Wundbett hochgemacht und einer der Jäger, der nur mit einem Haumeser bewaffnet war, hetzte hinter dem höchst angriffslustigen Wild her. Das war natürlich der größte Irrsinn, der begangen werden konnte! — Immerhin können mir die Jäger berichten, daß es sich um ein außergewöhnlich starkes Tier handele, daß es schwerverwundet sei und nur „sehr langsam" davonziehen könne.

Von neuem Hoffnungsschimmer beseelt preschen wir los und eine der schwierigsten Nachsuchen meines Jägerlebens beginnt. —

Der Fährtensucher, ein im Gegensatz zu meinem Wang sehr kleiner, gedrungener Kerl von affenartiger Gewandtheit, hätte bei der nun folgenden Arbeit kaum von einem Schweißhunde übertroffen werden können! Oft schießt er, die Fährte genau haltend, wie ein Wiesel voraus, so daß ich, in Schweiß gebadet, kaum folgen kann. Dann reichen wir uns die Waffen zu, und jedes Mal, wenn der todwunde Serau einen Widergang gemacht hat, bin ich heilfroh, weil ich meinem bebenden

Körper dann wenigstens etwas Ruhe gönnen kann. Aber immer wieder findet der Jäger die Fährte und prescht von neuem los, weil er weiß, daß nur größte Schnelligkeit die Entscheidung erzwingen kann.

Das wilde Tier vor uns muß unglaubliche Kräfte besitzen. Stunde um Stunde verrinnt, ohne daß wir viel mehr als ab und zu frischen Schweiß finden. — In der Gewißheit, daß der Serau nur noch wenig Vorsprung haben kann, wächst bei jedem Felsgrat, den es zu überwinden gilt, die Spannung, verdoppelt sich die Hoffnung. — Der Schweiß auf der Fährte mehrt sich und plötzlich bricht es dicht vor uns in der Dickung... aber zu sehen ist nichts. Die nächsten fünfzig Meter werden nun in wilden Sprüngen zurückgelegt und ganz außer Atem erklimmen wir die scharfe Kante einer hoch über den Urwald ragenden Klippe. — Jetzt gilts! — Ich suche noch nach einem geeigneten Stand, da bewegen sich die Büsche und heraus tritt, mit tief gesenktem Kopf eine steile Halde überquerend, der Serau. Obwohl mir das Herz bis zum Halse schlägt, bringe ich stehend freihändig zwei weitere Kugeln an... Nach schwerer, rumpelnder Flucht stürzt das urige Wild, rollt den Abhang hinab, reißt den Felsen mit sich und entschwindet flußwärts unseren Blicken. Triumph! Wir sinken erschöpft zusammen! — Doch nur zehn Minuten dauert die Siegerfreude. Dreihundert Meter unter uns taucht zum zweiten Male der totgeglaubte Serau wie ein Schemen wieder auf und wird zur gleichen Sekunde von den hängenden Dschungelmauern verschluckt...

Was bleibt uns anderes übrig, als unter Anspannung der letzten Kräfte die Wundfährte wieder aufzunehmen. Dieses Mal aber liegt es an mir, zu führen und die Jäger, die wohl glauben, daß alles nicht mehr mit rechten Dingen zugeht, anzufeuern. — Blasiger Lungenschweiß, der in dicken Fladen über der Fährte liegt, erleichtert mir die Arbeit, aber aus hundert werden bald fünfhundert Meter, bis der Urwald in hohe Felsdome übergeht, die fast senkrecht zum tobenden Fluß hinabstürzen. — Aber ohne sich niederzutun ist der Serau durch dieses mörderische Gelände hindurchgezogen — mein Hoffnungsbarometer beginnt wieder zu fallen. — Jeder Fehltritt, jedes Straucheln bedeutet hier den Absturz... und damit sicheren Tod. Also heißt es ganz vorsichtig von Felsspitze zu Felsspitze zu klettern, bis ich nicht mehr weiter kann und der Fährtensucher erneut die Führung übernimmt.

Nach geraumer Zeit das gleiche Brechen und Knacken dicht vor uns... — Steil setzt das Wild hinab. Zwei, drei Sprünge mit schußfertiger Büchse an den gähnenden Abgrund, und gerade kann ich noch erkennen, wie tief drunten die Wellen des Flusses über dem Serau zusammenschlagen. — Verloren, aus! Verzweifelt schaue ich in den grausigen Abgrund. Da — was ist das? Ein Spuk?

Drüben der Kopf des Seraus mit dem Mordsgehörn ... langsam schiebt sich der zottige Körper aus silberweißen Strudeln nach.

Ich schätze die Entfernung; es ist ein kinderleichter Schuß, und schon hebt sich die Büchse.

Verdammt, da gibt der Boden unter meinen Füßen nach — der Serau ist nichts, das Leben alles.

Polternd bricht der verwitterte Fels. Ein Seitensprung ... und der knorrige Wurzelstock eines Alpenrosenbaumes wird mir zum Retter. Schweratmend suche ich nach Halt.

Nun gerade nicht. In erbitterter Wut folge ich nach unten, erreiche den Fluß, finde einen gefallenen Stamm, halb morsch schon und sehr hoch über dem brausenden Schwall. Wohl keiner von uns hätte diesen Übergang bei anderer Gelegenheit gewagt. Jetzt aber geht es um das Ganze. Ein kurzes Zaudern nur, wir turnen hoch, keiner verliert die Balance, und nur der dünne Stamm schwankt gewaltig hin und her.

Drüben die Fährte und verwässerter Schweiß; Sprühschauer übergießen uns, aufsteilende Wände zwängen den Fluß zur Klamm. Die Fährte ist nicht mehr zu halten.

Teufel ... die glatten Wände hinauf wäre selbst einem gesunden Serau zu viel, bleibt also nur die Möglichkeit, daß das Wild noch einmal das tosende Wasser durchrann. Dieses Mal macht es uns ein frisch gefallener Urwaldriese leicht, den Fluß zu queren und tatsächlich, drüben steht nagelfrisch die Fährte im feuchten weichen Moos. Jetzt aber folgen aalglatte Wände, in deren Rissen und Spalten nur wenige Büsche von Stecheichen und knorrigen Rhododendren verankert sind. Fährten halten ist unmöglich! Unter uns das Wasser, über uns der Fels. Weiter, nur weiter, das Wild kann ja nur vor uns sein. Wang führt. Plötzlich sinkt er dicht vor mir zusammen. — Ein letzter Sprung — mit entsicherter Büchse bin ich bei ihm, mache mich lang und luge über die Felsennase hinweg. Ja, dort im dichten Gesträuch eingeschoben eine dunkle Masse. Das breite Haupt mit den gefürchteten Waffen gegen uns gerichtet, steht der Serau. Zum Angriff aber kommt er nicht mehr, im Strahl sinkt er zusammen, schlägt über die Felsen, rumpelt, stürzt und klatscht ins Wasser.

Wie Panther springen wir nach, der reißenden Strömung zuvorzukommen. Dann wuchten wir den leblosen Körper an Land und verbringen Stunden reinster Jägerfreude zwischen den hohen Felsen am dumpf brausenden Fluß. — Beim Zerwirken des mächtigen Wildkörpers stellen wir fest, daß nicht weniger als vier Kugeln den Körper des Tieres durchbohrten. Etwas Ähnliches an Zähigkeit habe ich nie wieder erlebt. — Die schwere Arbeit des Abtransportes füllt den Rest des Tages.

Die dritte und größte Bergantilope unseres Forschungsraumes ist der Takin, das „goldene Rind". Der Takin gehört zu den am wenigsten bekannten Großtierarten der Erde. Schon Marco Polo erwähnt ihn in seinen phantastischen Reiseberichten als ein wildes, gefährliches Tier der westchinesischen Grenzgebirge. Aber es vergingen viele Jahrhunderte, bis es dem ersten weißen Forscher gelang, das goldene Rind auf die Decke zu legen. —

Noch heute bildet der Takin ein stammesgeschichtliches und systematisches Rätsel und von seiner Lebensweise weiß man fast nichts. Sein merkwürdiger ramsnäsiger Schädel mit den röhrenartig vorspringenden Augenhöhlen erinnert an den Moschusochsen, die Muffel an die Gemse, aber der ganze übrige Körper ist rinderähnlich. Achthundert Pfund schwer wird das ungeschlachte Tier. Seine Läufe sind im Verhältnis zur enormen Masse des Körpers niedrig, muskelgepanzert und mit spreizbaren Hufen versehen, die das Tier befähigen, steilstes Gelände spielend zu überwinden.

Der Takin erinnert an ein vorsintflutliches Wesen. Seine Haltung ist imponierend und seine Färbung ein leuchtendes Gold. Es ist das „Goldene Vlies" unserer Expedition.

Von den steilsten Erosionsschluchten über die wuchtenden Urwälder bis hinauf zu den wildblühenden Tälern der Hochmatten führt der Takin ein unstetes Wanderdasein. Einem stolzen Bullen bin ich sogar hart an der Grenze des ewigen Schnees begegnet. Ohne Zweifel aber fühlt sich der Takin in den undurchdringlichen Rhododendronwäldern am sichersten. Hier kann er Standwild sein; doch einmal rege gemacht, bricht er sich tagelang seinen Weg durch Urwald und Busch, Täler und Höhen, um dem Bereich der Gefahr zu entrinnen.

Wiederum im Wassulande. Nach langen Regentagen jagen die Wolkenhexen empor, zerrinnen im Frühlicht der Sonne. — Endlich können wir an den großen Jagdzug denken. Frei und unabhängig voneinander, ungebunden von Zeit und Hauptlager wollen wir das „goldene Rind" erjagen.

In mühseliger Kraxelei steigen Wang, ein Träger und ich ein dicht bewachsenes Gletschertal hinan. Der Wassujäger ist kaum anderthalb Meter groß. Sein häßlicher Kopf mit der flachgedrückten Nase sitzt auf einem Hals, dessen Sehnenbänder wie Drahtseile hervorstehen. Er ist stark wie ein Bär und bei jedem Schritt, den er tut, um seine Last nach oben zu stemmen, wachsen die Beinmuskeln wie Eisenklumpen aus den Waden und Oberschenkeln hervor. Der ganze gorillaähnliche Mensch ist ein echtes Kind seines Landes, wie es nur solche Berge hervorbringen können. —

Solange wir uns anklammern können wie die Affen, geht es gut voran, aber sobald die Krummholzregion erreicht ist, deren Rhododendronwildnisse, durch die winterlichen Schneelasten plattgedrückt, nur noch der Takin zu durchbrechen vermag, müssen wir steile vegetationslose Schluchten überwinden und uns mit Händen und Füßen in den Boden einkrallen, so daß ich mich ständig um den übermäßig beladenen Träger sorgen muß. Aber dieser unglaublich zähe, tierhafte Mensch folgt uns stur und stumm. Unverdrossen krabbelt er auf allen Vieren und wenn wir, nach Atem ringend, stehen bleiben, kommt er schon nach wenigen Minuten angekeucht und lächelt uns zufrieden an.

Bald rücken die steilen, karstigen Kämme heran. Droben auf dem Grat, in mehr als 4000 Meter Höhe, fegt eisiger Wind, und schneller, als wir ahnen, fällt drohend die Dämmerung über uns herein. — Da tasten wir uns auf schmaler Scheide naßgeschwitzt und hundemüde weiter voran, bis uns der erste Schnee entgegenleuchtet. Nun können wir mit dem schmutzigen Naß wenigstens unsere Gaumen netzen und es mundet uns wie köstlichster Wein.

Die Lasten fliegen zu Boden, knorrige Rhododendronstämme werden gesammelt, ein notdürftiger Lagerplatz planiert, und nach wenigen Minuten steht das Zelt, flackert das Feuer, werden die Waffen einer gründlichen Reinigung unterzogen. — Langsam beginnen wir uns geborgen zu fühlen. Wohlig schlägt die Rotglut in unsere Gesichter, bis das Abendmahl im Schneewasser bereitet ist: Eine Mischung aus gelbem Maismehl, braunen Maggiwürfeln und halbgarem Fleisch.

Nachdem auch die letzten Reste der angebrannten Suppe ausgelöffelt sind, geht die Pfeife, wie es im Wassulande üblich, reihum.

Den Göttern dieser Berge scheint unser unerwarteter Besuch nicht ganz willkommen! Jedenfalls endet unsere Gratromantik in wildem Gewittersturm, und während die rasenden Blitze wie Drachen durch die Wolken jagen, suchen wir Schutz im sturmgeblähten Zelt. Zu jeder Seite einen meiner Getreuen, übermannt mich der Schlaf. —

Ob es die spitzen Steine sind, die sich wie Stacheln in meinen Körper bohren, oder die kleinen Insekten, die von meinen Mitschläfern zu mir hinübergewechselt sind, um sich am Europäerblut zu delektieren, vermag ich nicht zu entscheiden. Jedenfalls wache ich gegen zwei Uhr morgens auf. Meine beiden Kameraden sind schon damit beschäftigt, das Feuer in Gang zu bringen. Ich zwänge mich aus dem Zelt hervor und stehe betroffen von der Schönheit, die mich umgibt: Fast taghell ist es draußen. Vom gleißenden Firnenschnee in tausendfachen Reflexen widergespiegelt, sickert das Mondlicht vom hohen Gebirge hinab in die tiefen schwarzen Schründe. Mondlichtübergossenes Bergpanorama verzaubert vom Wolkenmeer. Darüber, schwarz und dämonisch die Umrisse der Wälder, vom Abglanz gleißender Gletscher überspielt. — Ich stehe gebannt inmitten der unfaßbaren Schönheit ... aber das Aneinanderschlagen der Feuersteine reißt mich wieder ins warme pulsende Leben zurück. — Schweigend sitzen wir um das prasselnde Feuer, bis die Sterne verlöschen, der Morgenwind frisch daherfegt, das Schloß meiner Büchse rasselt und ein schwerer Tag beginnt. —

Durch dick und dünn, kreuz und quer geht es in das Labyrinth dieser Berge. Das Gelände ist in einem Maße schwierig, daß wir nicht nur die einzige Takinfährte, sondern auch unseren Träger wieder verlieren. Also verbringen wir die nächste Nacht frierend im Halbschlaf, während wieder eine wahre Sintflut herniederprasselt. — Erst am übernächsten Morgen stößt, naß wie eine Katze und völlig erschöpft, der Wassu wieder zu uns. Er war die ganze Nacht herumgeirrt, sah beim Morgengrauen die Rauchschwaden unseres Feuers durch die Urwaldbäume ziehen und hat sich nun wieder eingefunden.

Tags darauf erreichen wir ein salzführendes Rinnsal. Ringsumher ist die Erde wie von einer Kuhherde zertrampelt. Büsche und Bäume sind zerfetzt und zerrieben und der Boden ist von kuhfladenähnlicher Takinlosung bedeckt.

Nach den letzten Tagen des Mißerfolgs kann ich es kaum glauben, daß das wilde Chaos um die Sulze vom Wilde, das wir suchen, stammen soll. — Bald hüllen uns wieder die Nebel ein, so daß wir unverrichteter Dinge den Rückmarsch antreten müssen, auf dem sich Wang zu allem Unglück noch eine schwere Knöchelverletzung zuzieht, da ein morscher Baumstamm bricht und er kopfüber ins Wasser stürzt.

Binnen kurzem geht es wieder bei Nebel und fauchendem Wind bis zur tropfnassen Baumgrenze empor. Eine majestätische Landschaft aus gigantischen Felsbalustraden umfängt uns. Wie von ungeheuerlichen Blasebälgen gefacht, steigen Wolkenmassen aus tiefen Schründen empor. — Wir tappen wie im Dunkeln blindlings dahin. Ohne Anfang und ohne Ende ist diese Welt hier oben.

Inmitten dieser Einsamkeit kommen uns ab und zu schillernde Glanzfasanen zu Gesicht. Mit angelegten Schwingen werfen sich die Tiere vom ragenden Gefels in unabsehbare Tiefen; dabei stoßen sie gellende Schreie aus.

Leider kommt von der Trägerkolonne die Nachricht, daß die meisten von ihnen bergkrank geworden sind und damit unfähig, das gesteckte Ziel zu erreichen. So endet dieser Tag mit einer improvisierten Rettungsaktion, die uns wenigstens die Genugtuung verschafft, kein Menschenleben verloren zu haben.

Aber nun folgen herrliche Tage wahren Hochalpenglückes in der höchsten Zone unseres Forschungsraumes. — Morgens, wenn die einsamen Hochtäler im Sonnenlicht baden, funkeln alle Hälmchen und Rosetten der Polsterpflanzen von Millionen und Abermillionen glitzernder Tauperlen. Grandalas, starengroße Hochalpenvögel, die ihre azurblaue Farbe direkt vom Himmel liehen, umschwärmen uns wie Edelsteine. — Dann wechseln wieder Schönheit und Gewalt; eben noch strahlende Helle... plötzlich wild sich ballende und rasend näherrückende Wolkenungeheuer. — Felsenhühner drücken sich furchtsam in Ritzen und Spalten. — Von unerklärlicher Angst befallen streben wir im Laufschritt einer schützenden Felswand entgegen, während die Dunkelheit rapide zunimmt. Windböen heben uns an, der Schweiß läuft aus allen Poren — so stürmen wir weiter.

Dann überfällt uns der Schneesturm so dicht, daß uns Augen und Ohren im Nu verkleben, bis die Wand dicht vor uns auftaucht und wir uns in eine Felsennische einschieben können. Wir lehnen gegen den tropfnassen Fels, wischen uns den Schnee aus den Gesichtern, zittern vor Kälte und lassen das erzürnte Element an uns vorübertoben.

Nach einer Viertelstunde bricht sich das Licht wieder Bahn und wir stapfen in Strohsandalen, den Tsau-heitse, wie man sie im Wassulande trägt, durch den weichen fußhohen Schnee. — Gelbe Alpenmohne, himmelblaue Enziane und unzählige Primelchen recken ihre zarten Blütenköpfchen wie aus einem Leichentuch hervor. Wir überschreiten einen Paß und stehen plötzlich inmitten einer blühenden Frühlingswiese. Das Erlebnis, in gleicher Minute aus tiefverschneiter Winterlandschaft in ein Meer von Blüten zu tauchen, ist für die gewaltigen Gegensätze dieses Landes symbolisch.

Behaglich lassen wir uns nieder. Die Sonne brennt, und die weite Landschaft wandert im starken Fernglas an meinen Augen vorüber — bis ich drüben auf Kilometerentfernung inmitten des toten Gesteins ein riesiges Tier erblicke, einen kapitalen Takinbullen, der auf scharfem Felsgrad steht. Wunderbar glänzt sein goldgelbes Vlies, unverwandt sichert er in die Tiefe wie ein König, dem ein Reich zu Füßen liegt.

Wir kriechen in Deckung, wir springen voran, keine Vorsichtsmaßnahme wird außer Acht gelassen, doch als wir den Grat nach mühseliger Pirsch endlich erreichen, ist er leer. —

Wir folgen, daß die Pulse fliegen, der Takin kann ja nur nach oben durchgebrochen sein. Schon nach fünfzig Metern reckt mir der Bulle sein gewaltiges Haupt entgegen. Ich stehe wie angewurzelt, strecke meine Hand nach hinten... aber die Büchse, die mir mein Wang so oft schon zureichte... die Büchse kommt nicht.

Wang liegt flach am Boden und zittert wie Espenlaub. Wütend entreiße ich ihm das Gewehr, aber der Takin ist längst verschwunden.

Alle Kleidungsstücke, allen entbehrlichen Ballast werfe ich hin und nehme die Verfolgung auf, bis hinauf zu einer hohen Firnschneemulde. Dort versinke ich im Schnee, während der Takin vor mir wie eine Dampfwalze mit ungestümer Kraft hindurchgefegt ist.

Um uns nur Fels und Schnee. Eisiger Gletscherwind höhnt. So treten wir abermals den schmählichen Rückzug an. —

Hunderte von Metern tiefer, als wir vor Einbruch der Dämmerung gerade dabei sind, eine Felsenhöhle zu suchen, treiben uns die nagelfrischen Fährten einer ganzen Takinherde erneut bis auf annähernd 5 500 Meter hinauf.

Natürlich verlieren wir die Fährten ... doch nicht genug der Rachsucht der Dämonen: Urplötzlich prustet und schnarcht es laut und ein Steinschlag geht nieder ... Ungesehen entkommen die goldenen Rinder im Schutze der tarnenden Wolken.

Fauchend fegen die Nebelschwaden in unpersönlicher Feindschaft über uns hin. Dann dröhnt die Luft, ein großer Bergrutsch fährt in die Tiefe, und der Donner nachstürzender Felsmassen klingt uns noch lange in den Ohren.

An diesem Abend schwöre ich mir in eisiger Felsenhöhle, wie schon so oft nicht locker zu lassen, bis das Ziel erreicht sein wird.

So aber habe ich meinen ersten starken Takinbullen bekommen:

Es begann ganz prosaisch. Im lichten Alpenrosenwald finden wir seine Fährte, armstarke Bäume, die wie Streichhölzer geknickt sind. Wir folgen, und ich erwäge schon, im lichten Talgrund einen Ansitzplatz zu bauen. Plötzlich deutet Wang nach oben. Inmitten des Dschungels auf steiler Halde erkenne ich eine Bewegung ... Dreihundert Meter vielleicht, und schon jage ich einen Schnappschuß hinüber, ohne jedoch im mindesten an einen Treffer zu glauben.

Wang wird zum Anschuß geschickt. Aber seltsam: kurze Zeit darauf kommt er zurück und bittet um meine Begleitung. Er habe keine Waffe, das Tier könne angeschossen sein, sagt er mit jenem sicheren Instinkt des Naturkindes, der uns immer ein Rätsel bleiben wird.

Nun gebe ich dem Jäger energischen Befehl, schicke ihn abermals los.

Wang aber bleibt stehen ... also meinetwegen, denke ich mir, schultere meine Büchse und gehe mit.

Nach einer Viertelstunde steilen keuchenden Anstiegs bückt sich Wang, hebt etwas auf ... und verschwindet wie ein Schweißhund auf allen Vieren im dichten Busch, während ich meine Büchse entsichere und nach einem festen Stand suche.

Minutenlanges Schweigen, dann wüstes Prusten, Krachen, Bambussplittern, und mit weitaufgerissenen Augen kommt mir mein Jäger förmlich aus der Dickung entgegengeflogen.

Hinter ihm der Takin mit gesenktem Gehörn.

Wang wirft sich zu Boden und rollt mir entgegen.

Stolz erhobenen Hauptes steht der Takin, im Angriff innehaltend, nun fast senkrecht über mir: Ein großes, wildes Tier, für das es nur Tod und Vernichtung seines Feindes gibt.

Ruhig hebt sich die Büchse. Ich genieße den Anblick, solange ich kann, und erst als sich der Kopf zum Angriff senkt, bricht mein Schuß.

Der Takin rollt mir entgegen, kommt wieder hoch, nimmt an.

Da setze ich ihm auf nur einen Meter Entfernung die Kugel auf den Hals. Mit gewaltigem Schlag sinkt das schwere Tier zusammen, doch als ich in wilder Freude das klotzige Haupt emporwuchte, geht ein letztes Zittern über die goldene Decke. Noch einmal überschlägt sich der Takin, und polternd saust er an uns vorbei in die grausige Tiefe.

Wir stehen erstarrt. Jetzt scheint alles verloren. Aber dann stürzen wir über die Steinschlaghalde nach, dem Talgrund entgegen, wo wir die Beute völlig unverletzt vorfinden. Auf grünes Moos gebettet, gerade als ob er sich dort selbst zur letzten Ruhe niedergetan, liegt der Bulle.

Nach Stunden der Totenwacht folgt die schwere, blutige Arbeit, und später benötigen wir zehn Kulis, um Wildbret und Decke abzutransportieren.

Die ganze zauberhafte Urwaldnacht hindurch rösten sich gebückte Gestalten vor Zelten und Bambuswigwams saftiges Takinfleisch am Spieß. Siegestrunken lasse ich die Lagerromantik auf mich wirken, und ein vorweltliches Gefühl bemächtigt sich meiner. Es ist die Stimmung völliger Abgeschlossenheit, die Stimmung der Wildnis.

Unsere erste Takinausbeute reichte nicht aus, die wissenschaftlichen Probleme zu klären. —

Jahre sind vergangen, bis ich endlich wieder das Zauberreich des „goldenen Rindes" betrete, um große Ernte zu halten.

Von Tatsien-lu aus sind wir in die hohen Berge eingedrungen. Von Stunde zu Stunde rücken uns Baumgrenze und Schneefelder näher. Gletscher und höchste Gipfelketten liegen in wallenden Wolken. Streng schaut das ewige Gesicht des Hochgebirgs auf uns herab.

Zur Linken säumen riesige Grashalden das öde Tal, rechts aber ragen scharfe, aus mächtigen Granitrippen bestehende Grate aus dem dunklen Grün der Rhododendronwälder hervor.

Hier und dort leuchtet noch eine purpurfarbige Blüte. Dem Wild-

bach folgend bin ich der Karawane weit vorausgeeilt, meine Pulse fliegen und bei jeder Flußüberschreitung schlürfe ich gierig erquickendes Naß in meinen dampfenden Körper hinein. Geheimnisvolle Stimmen treiben mich voran, Vorahnung hat Besitz von mir ergriffen, es ist die Unrast des ewigen Jägers und ich fühle dumpf, daß irgendetwas bevorsteht.

Aber noch ehe ich einen klaren Gedanken fassen kann, steht urplötzlich auf hohem Felsensockel ein mächtiges Tier. Hocherhobenen Hauptes sichert der Takinbulle auf mich herab.

Auf alles wäre ich gefaßt gewesen in dieser Sekunde... und über einen Bären würde ich mich nicht im mindesten gewundert haben.

Aber ein Takin?

Eisstarrende Gipfel recken rundum ihre Häupter gen Himmel. Wie wunderbar ist das alles!

Ich prüfe den Wind und krieche, die kleinste Deckung nutzend, im Bachbett näher heran. Als ich wieder aufschaue, ist der Felsen leer. Während ich noch verzweifelt suche, taucht über mir ein zweiter Takin auf und äugt auf mich herab. Noch ehe auch er — vielleicht auf Nimmerwiedersehen — vom Alpenrosenmeer verschluckt wird, springt zitternd

84

das Fadenkreuz aufs mächtige Ziel. Obwohl es kein Kinderspiel ist, auf 4 000 Meter Höhe nach raschem Anstieg ruhig zu schießen, höre ich deutlich den Kugelschlag, sehe im Feuer vier schlagende Läufe in der Luft und weiß, daß die kleine Kugel den rechten Fleck fand.

Während der Donner des Schusses noch an den Wänden verrollt, steht der erste Takin wieder wie eine Bildsäule auf seinem Felsen, in drohender Haltung, mit weit herabgesenktem Haupt. Schon sitzt ihm der Zielstachel auf dem Hals und im Strahl saust er frei durch die Luft nach unten. Ein grausiges Bild! Zwanzig Meter tiefer zerschlägt er die Krone eines Alpenrosenbaumes und verschwindet.

Nun aber bricht die Hölle erst los! Der ganze Berghang vor mir wird lebendig. Ein Krachen und Splittern hebt an ... und eine riesige Takinherde, die sich im Schutze der Alpenrosendickungen niedergetan hatte, rast, ungestüm vorwärts drängend, in fürchterlicher Panik bergan. Vorerst aber kann ich nicht mehr sehen, als das unter dem Anprall vieler mächtiger Körper hin und her schwankende Dach der Rhododendronwildnis.

Wie getarnte Ungeheuer dieser Bergwelt stürmen die Takins der nebelumwogten Hochalpenzone entgegen, ohne in der Dumpfheit der flechtenbehangenen Wildnis zu ahnen, daß eine langläufige Büchse jeder ihrer Bewegungen folgt. Ihre Schaleneingriffe aber werden noch monatelang Zeugnis geben vom größten Drama, das wohl je über eine Takinherde hereinbrach.

Noch immer kann ich nichts sehen. Meine Nerven sind bis zum Bersten gespannt. Aber dann kommt eine kahle Felsenrippe und mit ihr jener Augenblick, der sich unauslöschlich in mein Gedächtnis gräbt: Mit ungeheuerlicher Wucht brechen die Takins auf einmal aus dem Dunkel hervor. Die wenigen Meter kahlen Gesteins ... leuchtend erheben sich die goldenen Leiber über dem Harnisch der Dickung.

Da spricht meine Büchse.

Wie das bäumende Sachsenroß steht der Führertakin zwischen Himmel und Fels, zum letzten Male Herrscher über dem Nebelreich der Alpenrosen ... und königlich, wie er aufstieg im Todeskampf, bricht er zusammen und rollt, sich viele Male überschlagend, dem dunklen Abgrund entgegen.

Unheimlich ist es im echoverhallenden Hochtal. Kalt starrt der Wald — das Rudel steht, in peinigendem Schreck zurückgeprallt, daß der große Bulle seine Todesfahrt antrat.

Dann aber wälzen sich die Tiere weiter über die zerrissenen Felsen, daß die Fetzen fliegen und Blöcke in die Tiefe rollen. Wieder donnert meine Büchse, und ein goldhalsiger Bulle schlägt mir mit ungeheurer

Wucht bis dicht vor die Füße. Ehe ich mich versehen habe, kommt das todwunde Tier unter blasendem Schnauben wieder hoch und stürzt sich auf mich ... aber da hat ihm schon die nächste Kugel den Halswirbel zerschlagen.

Endlich ist das grausige Spiel vorüber. Der Lauf meiner Büchse ist glühendheiß. Ich sinke zusammen und weiß in diesem Augenblick nicht, ob alles nur Einbildung war — so wie damals in den stillen Stunden dürstender Sehnsucht nach diesem wundervollen Lande, da ich mir erträumte, noch einmal mit einem jener sagenhaften Takinrudel zusammenstoßen zu dürfen.

Etwas wie Scham wallt in mir auf. Immer wieder habe ich das erschütternde Nachbild stürzender Riesentiere vor meinen Augen.

Dann ruft die Tat. Das kostbare Wild will geborgen sein, und die Nachsuche muß daher mit aller Peinlichkeit durchgeführt werden. Es ist eine mühselige Arbeit, da die Schlangenleiber der kriechenden Alpenrosen alles durchfilzen. Schritt für Schritt, die Büchse schußfertig in der Faust, folge ich einem angeschweißten Bullen im Halbdunkel einer geisterhaft erstarrten, bartflechtenüberhangenen, tropfnassen Wildnis.

Dann dröhnt der Boden, und ein wildes, fast pferdeähnliches Schnauben wird hörbar. Zu sehen ist nichts, aber ich backe an, den drohenden Angriff abzuwehren. Nichts erfolgt. Der Takin bricht davon. So rasch ich mich durchs schlüpfrige Astgewirr hochstemmen kann, erklimme ich einen Rhododendronbaum und, den Oberkörper frei über die Dickung erhebend, halte ich die Felswand im Auge, die der Takin passieren muß. Schon biegen sich die Äste und der schwere Rücken erscheint. Gewaltig und grotesk erscheint das schwarzgoldene Tier mit der ungeheuerlichen Ramsnase, den kleinen hochliegenden Lichtern unterm wuchtigen, scharfgebogenen Gehörn. Auf die kurze Entfernung erkenne ich deutlich, wie das alte Winterhaar noch in dichten Strähnen am plumpen Körper herunterhängt. Anscheinend mit noch völlig ungeminderter Kraft steigt der Takin in die Wand. Ich nehme das Maß, und im Schuß schlägt der Wildkörper dumpf und hohl über die Felsen.

Aller Schwierigkeiten ungeachtet führe ich die Nachsuche fort, bis alle Takins zur Strecke sind; es folgen Tage harter Präparationsarbeit, bis die kostbaren Beutestücke der wissenschaftlichen Bearbeitung gesichert sind. —

Nach Jahresfrist sind meine Takins wieder zu neuem Leben erwacht. In einem riesigen Diorama in der Academy of Natural Sciences zu Philadelphia, USA, geben sie dem Beschauer einen Eindruck von der Kraft und Wildheit des edelsten Wildtieres der westchinesischen Gebirgswelt.

Eines der größten Probleme, dessen Lösung mir am Herzen lag, war die noch ungeklärte Hirschfrage. In unserem Forschungsgebiet nämlich kommen nicht weniger als sieben nach Herkunft und stammesgeschichtlichem Alter verschiedene Arten von Hirschen vor. Einige von ihnen aber beanspruchen nicht allein großes wissenschaftliches Interesse, sondern auch das höchste jagdliche Können.

Von einem dieser Hirsche, dessen Nachweis mir nach jahrelangen Bemühungen gelang, will ich hier erzählen. Es handelt sich um den „roten Sagenhirsch", der in der wissenschaftlichen Welt auch „Weißlippenhirsch" genannt wird. In der Größe steht der rote Sagenhirsch zwischen den europäischen Rothirschen und den amerikanischen Wapitis; aber er zeichnet sich in seinem Körperbau durch Eigenschaften aus, die ihm eine absolute Sonderstellung unter dem Geschlecht der Großhirsche einräumen. Für Osttibet war das außerordentlich seltene Tier noch völlig neu, und daher schwebte mir seine Erlegung als höchstes und erstrebenswertestes Ziel vor Augen. Ich will aufzeichnen, wie ich es erreicht habe:

In der kleinen weltabgeschiedenen Missionsanstalt von Tatsien-lu, wo uns die britischen Seelsorger eine vorübergehende Heimstatt schufen, herrscht seit Tagen Hochbetrieb. Ohne Unterlaß strömen die Menschen ein und aus. Aber sie wollen nicht den christlichen Segen erflehen, sondern nur die Trophäen unserer Takins bestaunen, die im Missionshof zum Trocknen aufgestellt sind. Dabei mache ich die Bekanntschaft eines tibetischen Jägers, der die roten Sagenhirsche zu kennen vorgibt. Er hat zwar nur ein Auge im Kopfe — das andere verlor er im Kampf — und sein linkes Ohr ist nur noch zur Hälfte vorhanden, aber Räuber oder nicht Räuber — wir schließen Freundschaft und wenige Tage später brechen wir im Frühnebel zum Dahaitse auf. Der Dahaitse ist ein kleiner Gletschersee, der irgendwo auf mehr als 4000 Meter Höhe zwischen den gewaltigen Nordketten liegen soll. Unsere kleine Karawane besteht nur aus sieben Trägern, dem Koch, einem Präparator, Wang, dem einäugigen Jäger und mir. Fünf Stunden lang ziehen wir durch strömenden Regen bis zur kleinen Ortschaft Sandaudjau. Dort wollen uns die Eingeborenen, die vielleicht von unseren eigenen Trägern bestochen wurden, davon abhalten, zum Dahaitse vorzudringen: erstens läge er zu weit und zweitens gäbe es dort hunderte von wilden Räubern, die nichts anderes im Sinne hätten, als uns den Garaus zu machen.

Ich jage das Gesindel zum Teufel und gebe strikten Befehl zum Weitermarsch. Am nächsten Morgen klettern wir in steilen Serpentinen bis in die Nähe der Baumgrenze empor, wo uns die Nebelhexen wieder ihre weißen Schleier über die Augen werfen und wir gezwungen sind,

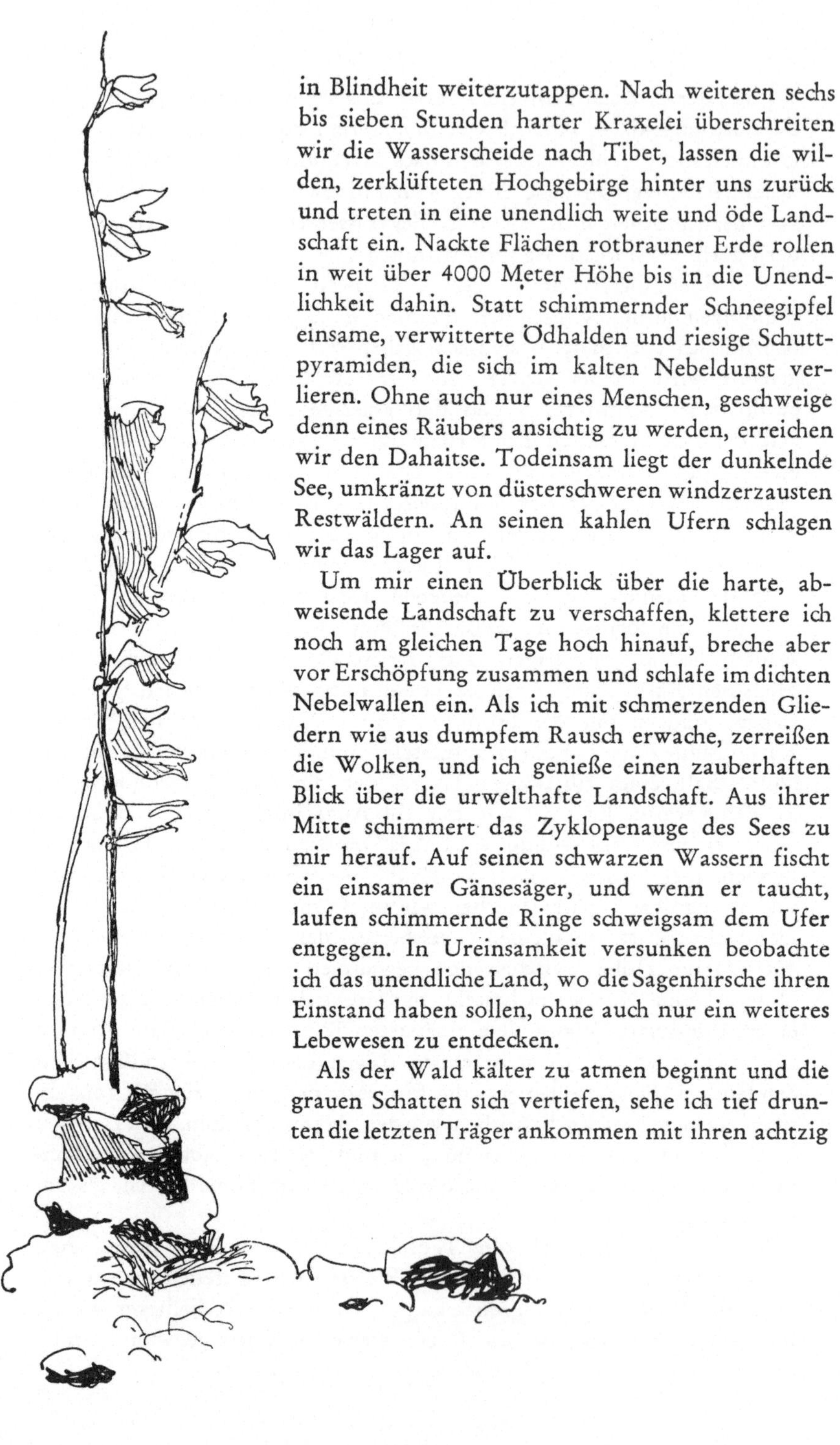

in Blindheit weiterzutappen. Nach weiteren sechs bis sieben Stunden harter Kraxelei überschreiten wir die Wasserscheide nach Tibet, lassen die wilden, zerklüfteten Hochgebirge hinter uns zurück und treten in eine unendlich weite und öde Landschaft ein. Nackte Flächen rotbrauner Erde rollen in weit über 4000 Meter Höhe bis in die Unendlichkeit dahin. Statt schimmernder Schneegipfel einsame, verwitterte Ödhalden und riesige Schuttpyramiden, die sich im kalten Nebeldunst verlieren. Ohne auch nur eines Menschen, geschweige denn eines Räubers ansichtig zu werden, erreichen wir den Dahaitse. Todeinsam liegt der dunkelnde See, umkränzt von düsterschweren windzerzausten Restwäldern. An seinen kahlen Ufern schlagen wir das Lager auf.

Um mir einen Überblick über die harte, abweisende Landschaft zu verschaffen, klettere ich noch am gleichen Tage hoch hinauf, breche aber vor Erschöpfung zusammen und schlafe im dichten Nebelwallen ein. Als ich mit schmerzenden Gliedern wie aus dumpfem Rausch erwache, zerreißen die Wolken, und ich genieße einen zauberhaften Blick über die urwelthafte Landschaft. Aus ihrer Mitte schimmert das Zyklopenauge des Sees zu mir herauf. Auf seinen schwarzen Wassern fischt ein einsamer Gänsesäger, und wenn er taucht, laufen schimmernde Ringe schweigsam dem Ufer entgegen. In Ureinsamkeit versunken beobachte ich das unendliche Land, wo die Sagenhirsche ihren Einstand haben sollen, ohne auch nur ein weiteres Lebewesen zu entdecken.

Als der Wald kälter zu atmen beginnt und die grauen Schatten sich vertiefen, sehe ich tief drunten die letzten Träger ankommen mit ihren achtzig

Pfund schweren Lasten. Ich steige ab, und bald spielt der flammende Schein unseres Lagerfeuers über den düsteren Wassern.

Bei Tageserwachen sind wir hoch, werfen einen Blick auf das Wolkenmeer in den tieferen Schrunden und steigen über die kahlen Halden einem alten Gletscherzirkus entgegen. Unbeschreiblich ist diese Hochgebirgsszenerie mit ihren gigantischen Maßstäben, die alle Entfernungen verwischen. Auch die Höhenlage unterschätzen wir, und so kommt es, daß meine beiden Jäger schon nach wenigen Stunden über starke Kopfschmerzen zu klagen beginnen und wir ein langsameres Tempo einschlagen müssen.

Totenstille lastet über der gipfelumrahmten Einöde, kein Tierlaut ist zu vernehmen, und nur der Wind bläst in den Gewehrläufen eine girrende Musik. Fragend blicke ich meinen einäugigen Jäger an. Sollte er Mitglied jener Räuberbande sein und mich absichtlich in die Irre führen, daß wir das Lager leerfinden, wenn wir am Abend zurückkehren?

Diese Hirschjagd in einer Bergwüste, wo keines Vogels Laut ertönt, ist Wahnsinn, heller Wahnsinn — ja! ... Und nein! Aber ich muß das Rätsel doch lösen. Vielleicht sind diese edlen Hochlandhirsche, die noch keines weißen Mannes Büchse je bekümmert hat, ruhelose Wanderer, so wie ich selbst einer bin. Irgendwo im Schutze der wallenden Wolken werden sie heute ihren Einstand haben und morgen über alle Berge sein. Immer wieder zittert das Wüstland achtmal vergrößert an meinen Augen vorüber. Höher klettern wir hinauf, bis mein Blick auf den Boden fällt ... und erstarrt. Dort steht der Fährtenabdruck eines riesigen Hirschen, so groß und so breit, daß ich die ganze Hand hineinlegen kann.

Also doch nicht umsonst. —

Mein einäugiger Jäger wirft mir einen triumphierenden Blick zu.

Jetzt nur durchhalten ... durchhalten! Häufig können die Hirsche nicht sein in diesen äsungarmen Gefilden. Das ist klar wie die Luft dieser Berge! Zudem ist die Fährte alt, Wochen alt vielleicht schon, und nur das enorme Gewicht des riesigen Tieres hat ihre Umrisse gewahrt bis zum heutigen Tage.

„Die Hirsche sind in den Wolken," sagt der Einaug, und dann baut er aus kleinen Steinen ein großes Obo, an dessen oberster Zacke er ein Fetzlein seines Schafpelzes befestigt.

„Um den Göttern zu danken, weil sie uns das erste Zeichen ihrer Schutzbefohlenen gesandt haben."

Mit neuer Kraft geht es weiter, über tiefe Spalten hinweg, wo die Bergdämonen im dumpfen Dämmer ihre Nornenfäden spinnen und unsichtbare Tropfen fallen. Das Schweigen ist so unheimlich, daß es

wie Donnerschläge dröhnt, wenn wir unvorsichtigerweise ein Felsstück
lösen. Überall Gletscherschliff, Moränenwälle und tiefausgehobelte
Rinnen und Tröge, die wie riesige Tanzböden wirken mit ihren leuchtenden Kristallen aus weißem Felsspat und schimmerndem Quarz. Diese
chaotische Welt hält uns bis zum Abend gefangen, ohne daß wir unserem Ziel auch nur um Haaresbreite näherkämen.

Vier weitere Tage folgen — so wie auf der Suche nach den Hirschen
schon ein halbes Hundert vorausgingen — und am fünften fällt Schnee
— im August —.

Wie die Heringe hocken wir, der Läuse ungeachtet, im kleinen Zelt.
Von der Decke tropft es, und der Bettsack um meinen Körper saugt
sich voll eisigen Wassers. Aber meine Leute bringen trotzdem ein Feuer
in Gang, bis der Wettergott ein Einsehen hat und heulender Gratwind
die Wolken zerreißt. Sogleich steigen wir an, aber auf 4600 Meter bricht
einer meiner Begleiter hoffnungslos zusammen, so daß ich ihn zum
Lager zurückschicken muß.

An diesem Tage finden wir, an einen Felsen angeklebt, das erste kostbare Haar des Geisterhirsches. Obwohl die blauen Enziane ihre Blüten-
kelche geschlossen haben und der Nebel alle Sicht verhindert, treibe ich,
gegen den Willen meiner Jäger, zum Weitermarsch an, bis wir wieder
Fährten finden, die nur tagalt sind. Höher, immer höher, trotz Regens
und eisiger Graupeln. Dann lehnen wir an einer Felswand, und ich versuche meine verzweifelten Begleiter aufzumuntern. Aber ihre Blicke
verlöschen wie die langen Glutzäpfchen unserer feuchten Zigaretten.
Schließlich flehen sie mich an, die Hirsche zu lassen und zum Lager
zurückzukehren.

Ich aber will nicht. Heute gibt es kein Zurück, ich will es erzwingen.
Trotz Schüttelfrost und wundgestoßener Beine geht es zum höchsten
Kamm empor. Dort erscheint die Sonne als weißleuchtende Scheibe über
uns, und dann peitscht der Wind die aufbäumenden Wolkenrosse mit
gellendem Pfeifen vor sich her.

Der Vorhang hebt sich und unter uns öffnet sich ein Felstal von so
packender Wildheit, so vielversprechend, daß ich blind in die Falle
hineinstolpere, die mir der Berggeist stellt.

Um es kurz zu machen: Die Pirsch schlägt fehl. Als ich endlich meinen
Fehler einsehe und das Zeichen zum Rückmarsch gebe, geraten wir in
ein Labyrinth zackiger Granitklüfte, aus denen es keinen Ausweg gibt.
Kalte Nebelfäuste halten uns gefangen, die Zerklüftung des Geländes
macht jegliche Orientierung unmöglich und gleichzeitig dämmert mir
die schreckliche Gewißheit, daß wir nach Süden abgestiegen sind, anstatt
nach Norden.

90

Da wir hier oben erfrieren würden, nehme ich mir vor, wenigstens die 4000-Metergrenze zu erreichen. Mit verzerrten Gesichtern kämpfen sich die Jäger hinter mir her, und als die Dämmerung kommt, schlägt selbst der Versuch, eine Höhle zu finden, wo wir notdürftig nächtigen könnten, jämmerlich fehl. So müssen wir uns denn mit zwei übereinander lagernden Felsplatten begnügen, die ein ständig tropfendes Gewölbe bilden, während die Wände schon von blankem Eis glitzern.

Einer holt Wasser im Lederfutteral des Zielfernrohres, ein anderer bricht Rhododendronzweige, um das gemeinsame „Bett“ zu bereiten, und dann rauchen wir alle zusammen noch eine Zigarette, die das Abendmahl ersetzt. Auf „Alpenrosen“ gebettet kringeln wir uns zusammen und was folgt, ist bis zum heutigen Tage die abscheulichste Nacht meines Lebens geblieben.

Zähneklappernd, mit zusammengefrorenen Kleidern, höre ich die Tropfenuhr, lausche den schweren, röchelnden Atemzügen meiner Getreuen und verdämmere Stunde um Stunde im Halbschlaf, ohne mich regen oder rühren zu können.

Drei schwache Menschenherzen ringen unterm Felsblock gegen den Frost. Aber die Hirsche..., die Hirsche, um die das alles geschieht, steigen in meiner Achtung nur noch mehr.

Nach Mitternacht versuchen wir ein Feuer in Gang zu bringen. Gegen jegliche Voraussicht gelingt es. Als wir dann im Halbkreis um die krachenden Rhododendronäste sitzen und uns die Asche aus den Gesichtern reiben, sind wir wieder ein Herz und eine Seele. Rauh hatte ich die Kerle angefaßt und kein Wort des Mitleides war über meine Lippen gekommen, aber die Augen, die mir nun durch die Glut entgegenleuchten, sprechen nur von Treue und Hingebung.

Tanzende Schatten laufen an den glitzernden Wänden entlang. Eng aneinandergekuschelt wachen wir in bester Bergkameradschaft dem grauenden Morgen entgegen.

Als dann die hohen Felsendome zu schimmern und zu leuchten beginnen, dehnt sich meine Brust wie nie zuvor. Wie zur Belohnung folgt ein Sonnentag, wie er im Märchen nicht schöner sein könnte. Aller Hunger ist vergessen und Minja-Gongkar, höchster Gipfelriese des östlichen Tibet, entfaltet in berauschender Schönheit seine makellose Pracht. Stunden später sind wir wieder am gleichen Passe angelangt, der uns gestern im Nebelbrauen zum Verhängnis wurde.

Da schicke ich die Jäger zum Lager zurück, um dem Koch, dessen Herz schon klein war, meine Ankunft zu melden.

Ich selbst aber bewundere den Tag und folge der Fährte des roten Hirsches, bis die Sonne sich zum zweitenmal senkt. Jetzt erst steige ich zum dunkelnden See hinab, damit auch der Körper zu seinem Recht komme, denn ich habe mittlerweile mehr als vierundzwanzig Stunden nichts mehr gegessen.

Die Tage vergehen, unsere Vorräte schmelzen zusammen, und von roten Hirschen habe ich keinen Schatten gesehen. Da gebe ich schweren Herzens den Befehl zum Rückmarsch. Schweigend schnüren wir unsere Lasten und nehmen Abschied vom Dahaitse. Über uns im flutenden Frühlicht zieht ein Steinadler seine majestätischen Kreise.

Es ist September geworden, des hirschgerechten Waidmannes große Zeit, wenn sich in den heimatlichen Forsten das Laub verfärbt und die Wälder vom Orgellied der Hirsche dröhnen. Uns aber halten die tibetischen Gespensterhirsche noch weiterhin zum Narren.

Inzwischen sind wir mit Roß und Mann über den Yalung hinweg tief nach Tibet hineingezogen. Neuland umgibt uns wieder und der prickelnde Reiz des unkartierten Landes, der Zauber jener „weißen Flecke" spornt uns an.

Südlich von Litang, tief im Lande der Molaschi, liegen verborgene Wälder und gletscherfunkelnde Gebirge, die keines Forschers Auge je geschaut. Dürstende Erwartung treibt uns diesem Lande entgegen, von dem die Eingeborenen behaupten, daß es voll von Räubern sei.

In diesen Tagen wird mir ein Geweih mit elfenbeinschimmernder Schaufelkrone gebracht, weit ausladend und von klotzigem Gewicht. Das sollte, sagte der Nomade, vom roten Hirschen fern aus dem Waldlande von Molaschi stammen.

Aber kein Tibeter will uns dorthin begleiten. Es hält schwer, eine geeignete Mannschaft anzuheuern. Schließlich gelingt es uns doch. Eines Morgens stehen die besten Pferde, die wir um Litang auftreiben konnten, mit geblähten Nüstern stampfend vor unserem „Hauptquartier".

Alle Mann sind mit Militärgewehren ausgerüstet. Ich möchte die Bande sehen, die es wagen wollte, uns anzugreifen. In der Tat habe ich niemals eine schnellere Karawane gehabt und nie eine Mannschaft, die so sicher war, ihr Ziel zu erreichen.

Am ersten Tag setzen wir in einem einzigen Gewaltritt über die südlich Litang sich breitenden Steppen hinweg, schlagen eine Kolonne Berittener spielend in die Flucht und tauchen in die düsteren Wälder von Molaschi hinab, in das Land von „Übermorgen", wie Dolan es bald nennen sollte.

Tagtäglich dringen wir tiefer ein, tagtäglich finden wir Fährten, aber es ist, als ob die Hirsche Tarnkappen trügen. Fehlpirsch reiht sich an Fehlpirsch, und unser Hoffnungsbarometer beginnt von neuem zu fallen.

Eines Abends aber finden wir im Talboden eine nagelfrische Fährte, deren Größe allein schon Ehrfurcht gebietet. Die Trittspur steht ein kleines Seitental hinauf. Äußerste Vorsicht ist geboten. So pirschen wir wie auf Samtsohlen dahin, und als die Dämmerung heranschleicht, lassen wir uns nieder, um das Gelände rundum mit den Gläsern abzusuchen.

Da, am gegenüberliegenden Hang, auf schätzungsweise fünfhundert Meter Entfernung eine leise, gleichsam schattenhafte Bewegung. Als ich mit dem Glas den dunklen Punkt fixiere, wird mir fast schwindelig. Dort steht wie ein Waldgeist der Hirsch und über seinem Haupte schimmert fahlweiß ein riesiges Geweih, wie ich es nie im Leben vorher schaute. Wenn das Hubertuskreuz zwischen diesen Stangen aufgeleuchtet hätte, es hätte mich nicht verwundert!

Ich kämpfe die plötzliche Erregung nieder und entschließe mich trotz viel zu weiter Entfernung rasch zum Schuß. Scharf sichert der Geweihte zu uns herab, und als ich hinter einem Felsen Deckung und Auflage suche, wirft er das Geweih in den Nacken und trollt davon. Jetzt heißt es handeln —. Ich ziehe mit: Die erste Kugel schlägt zu tief, die zweite hüllt den Hirsch in eine Wolke von Staub, den Einschlag der dritten kann ich nicht feststellen, die vierte Kugel verläßt den Lauf, als der Hirsch gerade den Kamm überfällt, um im nächsten Tal unterzutauchen.

Ich stehe wie ein begossener Pudel. Aus, durch eigene Schuld und Voreiligkeit restlos verpatzt! Es ist zum Haarausraufen.

Bleibt als einziger Trost die Angabe meiner Tibeter, daß die letzte Kugel doch noch gefaßt habe —. Schließlich glaube ich es beinahe selbst.

Nach halbdurchwachter Nacht ziehen wir mit allen irgendwie entbehrlichen Leuten zur Nachsuche aus. Die Hänge sind so steil, daß wir ums Haar ein gutes Pferd verlieren. Dreimal der Länge nach sich überschlagend saust es über eine Klippe, landet aber glücklicherweise auf allen Vieren und beginnt, als ob es keine Nerven hätte, sogleich wieder zu grasen.

Droben am Anschuß finden wir nur einen Kugeleinschlag und dann wird die unbeschreiblich mühselige Nachsuche mit peinlicher Gewissenhaftigkeit über zwei weite Täler hinweg bei strömendem Regen durchgeführt, bis sich die Fährte des Gespensterhirsches im steinigen Hang verliert und ich sicher bin, ihm kein Haar gekrümmt zu haben.

Volle vierzehn Tage verbringen wir im Molaschilande, immer noch in der Hoffnung, die Scharte wieder auswetzen zu können und das fadenscheinige Glück zu erzwingen. Aber es ist alles vergebens. Als Geschlagene kehren wir nach Litang zurück.

Nun erst recht, sage ich mir — und suche nach neuen Möglichkeiten.

Von den flachen Dächern der großen Steppensiedlung erblickt man fern am Horizont wilde, zackige Bergpyramiden, die sich an klaren

Tagen wie eine Himmelssäge gegen das Firmament abzeichnen. Es sind die Heiligen Berge von Litang, die unter dem Schutz des Klosterabtes und lebenden Buddhas stehen.

Dort, wo kein tibetischer Jäger sich hingetraut, so raunen mir alte, mit Rosenkränzen behängte Tibeter zu, gäbe es „viele Hirsche"; grauenhafte Strafen stünden auf der Erlegung der heiligen Tiere; Arme und Beine würden den Frevlern abgehackt, flüssiges Silber in ihre Ohren gegossen und ihre Augen mit glühenden Nadeln geblendet.

Obwohl der Braten ohne Zweifel etwas faul riecht, kann ich Dolan doch sogleich für den Plan gewinnen. Wir bereiten den Angriff auf die Heiligen Berge in allen Einzelheiten vor — allerdings nicht, ohne vorher den Söhnen der Steppe, die uns die Nachricht brachten, unsere helle Empörung über ihr Ansinnen zum Ausdruck gebracht zu haben.

Tatsächlich gelingt es uns, das Vorhaben so lange geheimzuhalten, bis die Inspektionsritte, deren Zweck es war, geeignete Anstiegsmöglichkeiten zu finden, einen befriedigenden Abschluß gefunden haben. Erst am Vorabend des gewagten Unternehmens wird die Mannschaft eingeweiht. In aller Stille und Heimlichkeit brechen wir auf. Nur ein eingeborener Jäger, dessen Zuverlässigkeit wir schon vorher erprobt haben und der uns sein vorzügliches Pferd zur Verfügung stellt, gibt uns ein Stück Weges das Geleit. Mitzureiten, fehlt ihm der Schneid.

Zu fünf, auf starken wilden Pferden, so durchbrechen wir nächtlich die Wachen von Litang. Die ängstliche chinesische Soldateska hält uns in der Finsternis für Räuber und schlägt Alarm. Aber es kommt glücklicherweise zu keiner Schießerei, die unser Programm zuschanden gemacht hätte.

Endlich geht es in die froststarrende, sternüberfunkelte Steppe hinaus. Stumm reiten wir dahin, bis der glitzernde Reif über den weitgedehnten Sümpfen im ersten Frühlicht zu schimmern beginnt und die Gipfelzacken der Heiligen Berge in düsterem Purpur erstrahlen. Kalte Nebelschleier ziehen über den Fluß, von dem uns noch ein breiter Moorgürtel trennt. Mit allem Bedacht gehen wir daran, ihn zu überqueren, aber bald beginnt der trügerische Boden unter uns in weitem Umkreis zu schwanken. Rundum gurgelt und quillt es, und aus der teigartigen Masse blubbern stinkende Blasen widerwärtigen Sumpfgases empor. Angstschnaubend blähen die Pferde die Nüstern, kleine Tümpel bilden sich um die schweren Tiere. Unter Anstrengung aller Kräfte reißen wir die sich dumpf in ihr Schicksal ergebenden Gäule zurück, trotzdem aber brechen sie durch und versuchen, sich in unbeholfenen Bocksprüngen aus dem zähen Schlamm zu befreien. Sie verfärben sich im Nu zu frischlackierten Rappen.

94

Obschon wir selbst knietief im Morast stehen, gelingt es uns endlich, die Tiere aus dem Gefahrenbereich herauszulotsen, doch als wir den Übergang an einer anderen Stelle probieren, sackt Dolans Gaul bis zum Halse durch.

Es ist, als ob uns der lebende Buddha von Litang alle bösen Geister auf die Fährte gehetzt hätte, um unser Unternehmen noch vor seinem Beginn zum Scheitern zu bringen. Aber auch diesmal können wir das Tier retten, und als wir endlich den Fluß erreicht haben und ich ohne langes Besinnen ins Wasser hineinreite, verliert mein Gaul sogleich den Grund unter den Hufen.

Hoffnungslos treibt er ab, den in mächtigen Schollen abgebrochenen, gegenüberliegenden Uferbänken entgegen. Mein schwerer Schafspelz saugt sich im Nu voll Wasser, eisige Flut legt sich lähmend um den Körper. Verzweifelt richte ich mich auf, schleudere die Büchse über den Kopf des Pferdes an Land und versuche, den röchelnden Gaul in die Strömung zurückzureißen. Ein Strudel erfaßt uns — wir tauchen unter, und als das Pferd mit angelegten Ohren wieder hochkommt, hält es, völlig kopflos geworden, auf eine halbversunkene unterhöhlte Scholle zu. Die Vorderhufe in die wasserdurchdrängte Grasnarbe gestemmt, steht es fast senkrecht im Wasser, während ich mich wie ein Zirkusreiter in den Bügeln halte und krampfhaft die Mähne umklammere.

Das Unvermeidliche tritt ein, die Scholle kippt, und rückwärts schlagen wir einen vorschriftsmäßigen Salto mortale. Dann schwimmen wir wieder nebeneinander her, bis es mir endlich gelingt, den Gaul längsseits an die Uferwand zu drücken, mich wie eine Robbe an Land zu wälzen und das prustende Pferd am Zügel nachzuziehen.

Sogleich reiße ich mir die Kleider vom Leib und breite den verwässerten Inhalt der Satteltaschen samt Kamera und Tagebuch in der kalten Frühsonne aus.

Dolan im Schafspelz auf der einen, ich im Adamskostüm auf der anderen Seite des Flusses schütteln uns vor Lachen. Unsere Tibeter aber, die alle nicht schwimmen können, zeigen eine seltsame Färbung, die von hellbraun nach fahlgrau hinüberspielt.

Schließlich aber findet Dolan eine leichte Furt und alle Mann kommen heil hinüber.

Das ist der Anfang unserer Hirschjagd in den Heiligen Bergen von Litang. Nach kurzer Rast, die ich dazu benutze, meine Kleider auszuwringen, geht es auf getrennten Wegen in die hohen Granitmassive hinein. Steile, spärlich mit Rhododendronbüschen bestandene Geröllhalden müssen überquert werden; Schlucht auf Schlucht und Tal nach Tal öffnen sich. Zehn lange Stunden dauert die berittene Pirsch, aber wir bekommen kein einziges Mal die Fährte des gesuchten Wildes zu Gesicht.

Die Tibeter haben uns wieder einmal zum Narren gehalten, und traurig kehren wir am späten Abend nach Litang zurück.

September geht zu Ende, Oktober kommt, wir überwinden die Räuberblockade und treten bei Batang wieder in den Strombereich des Jangtsekiang, des Schicksalsflusses unserer Expedition, ein.

Hier mache ich den nächsten Versuch, der nun endlich ... endlich ...

Festen Willens, wenn es sein muß, Monate in den großen Höhenlagen oberhalb der Baumgrenze auszuhalten, habe ich von Dolan, der sein Glück weiter nördlich versuchen will, Abschied genommen: „I'll try my best" sind meine letzten Worte gewesen.

Beweglichkeit bis zum äußersten ist dieses Mal Trumpf. Ich will den Hirschen auf der Fährte bleiben, bis der Erfolg errungen ist. Meine Mannschaft besteht aus zwei Führern, Tibetern, die ich in Batang warb, und nur dreien meiner eigenen Leute. Wir sind alle beritten. Unsere sonstige Ausrüstung beschränkt sich neben den wichtigsten Lebensmitteln wie Butter, Salz, Tee und Tsamba nur auf ein kleines Zelt, Wolldecken, meine Gummimatratze, den Schlafsack und einen dicken Sack voll warmer Kleidung.

Wir haben die tiefeingeschnittene Trockentalzone, die weitgedehnten Stecheichendickungen und die düsteren Koniferenurwälder längst unter uns gelassen und befinden uns nun schon seit acht Tagen in Höhenlagen zwischen 3500 und 5000 Metern im trostlos kahlen Hochgebirge von Lakagintok.

Das Wild ist spärlich und von den Hirschen haben wir bisher nur uralte Fährten gefunden, die im ausgetrockneten Schlamm der Gletscherseen wie eingemeißelt standen. Aber nach der Anzahl der Trittsiegel zu urteilen, müssen hier vor Wochen oder Monaten gewaltige Rudel der Gespensterhirsche durchgezogen sein.

Wo werden sie jetzt ihren Einstand haben?

Die Nächte sind bitterkalt, die Tage aber klar und offen. Tief unter uns prangen Lärchenwälder im Goldkleid ihrer sterbenden Nadeln, und eines Tages, am 30. Oktober, finde ich im Schutze eines hohen Felsens sogar noch einen blühenden Rhododendronstrauch. Zart rot schimmern seine wächsernen Kelche in verlorener Pracht, während die Büsche rundum ihre Blätter schon winterlich eingerollt haben, um der Kälte besser zu trotzen.

Tag für Tag reiten wir weglos und steglos zu den kahlen vegetationslosen Hochkämmen empor, deren luftige Grate uns den besten Überblick über die meilenweit sich dehnenden Gletschertäler gestatten.

Abends aber, wenn die Schneegipfel im fernen Dunst verglühen und die nächtlichen Schatten sich bleischwer herniedersenken, geht es wieder hinab, dem letzten Baumwuchs entgegen, wo sich unter phantastisch geformten Felsen unsere flüchtigen Lager befinden.

Manchmal, wenn das Fleisch knapp wird, jagen wir auf Blauschafe. Es ist die einzige Wildart jener weltabgeschiedenen Gebirge, die uns am Leben erhält.

Wenn die Täler noch im tiefen Schatten liegen, winden wir uns Schritt für Schritt in stundenlanger Arbeit hangauf, ohne auch nur eines Lebewesens ansichtig zu werden. Droben bläst eisiger Sturm. Er läßt meinen Bart zu einem Eisklumpen gefrieren. Als ich gegen Mittag einen Adler ausmache, der hoch im blauen Äther kühne Kreise schwingt, möchte ich jubeln: Endlich ein Zeichen des Lebens in dieser schauerlichen Einöde.

Lange Reihen vorzeitlicher Moränenwälle und kleiner Seen gruppieren sich im weiten Rund. Langsam, behutsam suchen wir das Gelände ab ... und dann, in einem scharfeingeschnittenen Seitental, die markante Silhouette eines Wildschafes. Klar hebt sich der Dreieckskopf gegen eine dunkle, weitgedehnte Trümmerhalde ab. Ein einzelnes Schaf? — Wie seltsam! Schon versuche ich anzuschleichen, da wird plötzlich halblinks die ganze Lehne lebendig.

In wilder Flucht prescht das starke Blauschafrudel davon. Instinktiv mitfahrend, suche ich im Zielfernrohr nach dem stärksten Gehörn, halte gut vor, und im Dampf rollt uns der schwere Widder entgegen, bis ein Felsen ihn auffängt. Auch die zweite, flüchtig geschossene Kugel findet ihr Ziel: Wie von unsichtbarer Peitsche getroffen, schnellt der Bock senkrecht empor und schlägt dann kopfüber die Felsen hinunter.

Irr rast das Rudel davon, doch noch ehe der letzte gute Bock die Grenze des Schußbereiches meiner Büchse überfällt, erreicht auch ihn sein Schicksal.

Dröhnend sausen Steinlawinen in die Tiefe ... das flüchtige Rudel wird von den Bergen verschluckt ... wir aber haben wieder Wildbret genug, um den Hirschen noch viele Tage zu folgen.

Täler und Höhen, gleich trostlos und gleich leer, fordern Tag für Tag neue Opfer und neue Enttäuschungen. Trotzdem bin ich glücklich, denn der Blick über die fernen Gipfelreihen bringt mir das stolze Gefühl der absoluten Freiheit, die zugleich auch eine tiefe Schwermut in sich birgt.

Die Zeit gilt mir schon lange nichts mehr, und beinahe habe ich meine Freude daran, von dieser großzügigsten aller Erdenlandschaften immer wieder auf die Folter gespannt und immer wieder enttäuscht zu werden.

Willig folgen meine Tibeter. Der unheimliche Zauber der Landschaft hat auch von ihnen Besitz ergriffen.

Zuweilen, wenn wir müde sind vom großen und vom kleinen „Nichts": von der Leere der Landschaft und von jenem Wörtchen, das wir nach jedem Paßübergang vor uns hersagen, kommt die Reaktion auf alle Mühsale und Entbehrungen, die dieses harte Leben mit sich bringen. Dann klagen meine Männer über rasenden Kopfschmerz, und das Blut dringt ihnen aus der Nase, um zu roten, wunderlichen Perlen zu gefrieren.

Auch mir machen Kälte und Höhenlage, mehr als mir lieb ist, zu schaffen, und meine Zähne beginnen fürchterlich zu schmerzen.

Aber es hilft nichts, wir müssen weiter.

An einem jener unglückseligen Tage beim Überschreiten eines namenlosen Passes ist mir so übel, daß ich alle gewohnte Vorsicht außer acht lasse und mich nicht einmal zum Absitzen bequeme, um das Neuland mit dem Glase abzusuchen.

Da haben die Dämonen wieder einmal ihre Hand im Spiele.

Während ich noch apathisch im Sattel hänge, ragen plötzlich aus wildem Chaos übereinandergetürmter Granitblöcke zwei dunkle Häupter mit riesigen, schneeweißleuchtenden Geweihen auf.

Ich bringe nur noch einen leisen Fluch über die Lippen ... und schon ist es zu spät. Wie Gespenster verschwinden die Hirsche. Zwar peitschen wir unsere Pferde zu letzter Leistung an, aber mein Gaul bricht zusammen, und schließlich setzt Schneesturm ein. Wieder einmal ist alles vergeblich, versinkt alles im Nichts.

Nachdem das Wetter vorübergebraust ist, suchen wir weiter, aber die Berge haben die Hirsche verschluckt.

In den nächsten Tagen muß ich mich sehr in der Gewalt halten, um nicht wunderlich zu werden, denn die knorrigen Äste der aus dem Schnee hervorschauenden Rhododendronbüsche täuschen mir immer wieder Hirschgeweihe vor. Die Erkenntnis schließlich, daß die Erlegung eines dieser Hirsche Zufall ist, zermürbt meine Nerven noch mehr. Nie bin ich innerlich einem Zusammenbruch näher gewesen.

Endlich wissen auch meine beiden Batangjäger weder ein noch aus. Im Südosten zwar wälzen sich noch gewaltige Bergketten Glied an Glied dem dunklen Horizonte entgegen, aber ihre Kämme sind zu schroff, ihre Talschründe zu zerklüftet, als daß wir es wagen könnten, dorthin vorzudringen. Unsere ermatteten Tiere würden dort den sicheren Tod finden. — Was nützten uns auch die Hirsche, wenn wir ihre Trophäen nicht nach Batang zurückbringen könnten.

So zerschellen alle unsere Pläne an der einfachen Tatsache, daß wir keine Flügel haben. In tiefer Niedergeschlagenheit folgen sich die Abende am Lagerfeuer mit den fettigen Blauschafknochen in der Faust und der brennenden Sehnsucht im Herzen.

Oft schweift mein Blick aus diesen Tälern der Öde und Verzweiflung über die grausige Erosionsschlucht des Jangtse hinüber nach Westen, wo weiße Wolken ihren stillen Weg gen Lhasa ziehen.

„Wollen wir den großen Fluß überqueren und drüben weitersuchen?" frage ich. Aber die Antwort meiner Tibeter lautet: „Nein, Herr, das ist unmöglich, denn die Berge dort drüben sind von Gespenstern bewohnt, und die Menschen, die in ihren Tälern wohnen, sind unsere Feinde. Sie haben weder Führer noch Fürsten. Es sind wilde Barbaren — und keiner von uns würde aus ihrem Lande zurückkehren."

Nun, das sind unfruchtbare Gespräche. Meine Mannschaft ist krank. Aber, was viel schlimmer ist, auch ich selbst beginne mich plötzlich wieder nach den Menschen zu sehnen. Über einen Monat bin ich nun schon von meinem amerikanischen Kameraden getrennt.

Aus solcher Stimmung entspringt mein Entschluß, in Richtung auf den Jangtse abzusteigen. Dort unten in den steilen Hängen nämlich soll es Siedlungen geben, sollen Menschen leben, die uns vielleicht etwas über die Hirsche sagen können.

Tief unten in der Schlucht wälzt der „Fluß des goldenen Sandes" seine türkisblauen Wasser auf kaum 2500 Meter dahin, und die Niveaudifferenz zwischen Talverlauf und Hochkämmen beträgt an dieser Stelle annähernd 4000 Meter. Durch dieses Berglabyrinth führt kein Ariadnefaden hindurch, kein Karawanenpfad, und so muß sich unsere kleine Jagdkarawane an die Wildwechsel halten, bis wir eines Abends nach scharfem Abstieg eine verlassene Siedlung erreichen.

Dort umfängt uns ein Bild weltabgeschiedener Trostlosigkeit und Armut. Obwohl ebener Boden und abgeerntete Feldbreiten dazu einladen, das Lager aufzuschlagen, ist mir der Platz doch zu unheimlich und die Atmosphäre zu düster.

Trotz sinkender Sonne, die letzte, glutfarbene Bänder über die hohen Gipfelmassive spielen läßt, ziehen wir weiter. Nach kurzer Zeit gewahren wir die Silhouetten dreier menschlicher Gestalten, die schwarzumrissen gegen den abendlichen Himmel stehen. Als sie uns erkennen, ergreifen sie sogleich die Flucht. Nun rufen ihnen meine Diener zu, daß wir weder Räuber seien noch sonstwie Böses im Schilde führten, worauf sie uns zögernd entgegenkommen.

Die drei sind grauenhaft schmutzig und nur in Ziegenfelle gekleidet. Mit ihrem strähnigen Haar und den butterverschmierten Gesichtern machen sie einen erbarmungswürdig verwahrlosten, hilfebedürftigen Eindruck. Aber sie sind überaus höflich und führen mein Pferd in das Erdgeschoß ihres verfallenen Hauses. Dann laden sie uns ein, uns in der Umgebung des Grauens häuslich einzurichten.

Von den Männern meiner Gefolgschaft rings umgeben, nehme ich am rasch entfachten Feuer Platz. Dann beginnen die drei Tibeter eine blutrünstige Geschichte zu erzählen, die sich erst vor wenigen Tagen in dieser Bergeinsamkeit abspielte.

Mitten in der Nacht erschienen die Räuber, umzingelten die Siedlung und schlugen neun der zwölf Eingeborenen tot. Frauen- und kinderlos sind die drei die einzig Überlebenden.

Nachdem sie ihre Toten verbrannt und sich einige Tage in den umliegenden Wäldern herumgetrieben hatten, kehrten sie erst heute zur Stätte ihres Unglücks zurück, um nachzuschauen, ob noch etwas von der letzten Ernte zu retten sei. Tibeterschicksal! Ich bin vom Mitleid überwältigt, aber doch froh, einige ortskundige Menschen gefunden zu haben. So verdinge ich mir den kräftigsten der drei als Bergführer, und da er die Hirsche kennt, lasse ich augenblicklich wieder satteln, um abermals in die kalten Hochregionen vorzustoßen.

Nach vielen harten Tagen stoßen wir am Abend des 11. November unvermittelt wieder auf die frischen Fährten eines Rudels der Ge-

100

spensterhirsche. Mit neuerwachten Lebensgeistern nehmen wir den ganzen nächsten Tag die Verfolgung auf. Durch dick und dünn geht es, wir holen letzte Kraftreserven aus uns und den Tieren, und dann, am Nachmittag, da wir flankenbebend die Baumgrenze erreichen, sende ich in verzweifelter Hoffnung ein Stoßgebet gen Himmel: „Hubertus hilf!"

Die Hirsche haben die goldflechtenverhangenen Waldungen verlassen. Sie sind ins freie Hochland eingetreten. Tief wie eingemeißelt steht die Trittspur des Haupthirsches im verharschten Schnee.

Nachdem der Lagerplatz bestimmt wurde, reite ich höher hinauf, um das Gelände für den morgigen Tag zu rekognoszieren. Droben, in einer Wüste von Stein und Fels, warte ich ab, bis die Sonne sinkt und leise Purpurschleier die Landschaft verklären. Eisklirrend senkt sich die Mondnacht über die stille Welt des Hochgebirges. — Später strecke ich mich im Kreise meiner pelzvermummten Getreuen am prasselnden Feuer lang aus. Ich bin ganz ruhig. Das Gefühl einer Vorahnung läßt meinen Geist hoch hinauswandern zu den ewig kreisenden Sternen.

„Morgen klappt es mit den Hirschen", will ich sagen, aber das Wort bleibt mir im Munde stecken.

Eine unsichtbare Hand hat mich berührt. Alle Jäger sind abergläubisch, und der richtige Waidmann, der mit seinem Wilde denkt und fühlt, darf nicht aussprechen, was er ahnt, denn aller Zauber fliegt mit dem gesprochenen Wort spurlos dahin. Ich liebe solche Atmosphäre!

Als ich endlich ins Zelt krieche und die Feuer schon verlöschen, glitzert mattes Mondlicht an den eisüberzuckerten Wänden. Lange noch liege ich im Wachtraum, und mein Geist eilt voraus zu den Hirschen, ich bin ihnen ganz nahe. Irgendwo im eisigen Geklüft haben sie zur Nacht ihren Einstand gesucht.

Glorreich erhebt sich der Tag des 13. November über den Batangalpen. Noch hat der Frühgoldschein die höchsten Gipfelzacken nicht erreicht, noch weben nächtliche Geister. Da schlage ich die kältesteifen Glieder warm, und in wenigen Minuten lodert das Feuer. Tsambabrei und Blauschaffett in Eile verschlungen, Pferde gekoppelt und Augen weit voraus, die Einstiegsmöglichkeiten überprüfend: so vergehen die nächsten Minuten, dann der Sprung in den Sattel, und aufwärts geht es zu den schimmernden Felsbastionen, wo ich die Fährtenfolge gestern abbrach.

Noch ein bis zwei Kilometer können wir die Trittspuren mühelos ausreiten, dann stehen sie scharf nach links, in eine unbezwingbare, zwei Schründe trennende Felswand hinein. Zwei Möglichkeiten standen dem Wilde offen... in zwei verschiedene Hochtäler konnten die Hirsche hinüberwechseln. — Was tun?

Der Blick des Jägers läßt mich rasch entscheiden: „Nach rechts", und abermals werfen wir uns dem Zufall in die Arme, und der Verstand, der alte Besserwisser, beginnt aufs neue zu zweifeln. Also suchen wir den ganzen Vormittag ein Hochtal nach dem anderen ab, sehen unsere Schatten mit steigender Sonne schrumpfen, überqueren Scharte und Pässe, werden vom Gratwind durchfaucht und fühlen, wie unsere Füße langsam erstarren. Auf den übersteilen, nur mit dürren Polstergewächsen bestandenen Halden, rutschen die Pferde bei jedem Tritt, und es besteht Gefahr, von den stürzenden Tieren in die Tiefe gerissen zu werden. Schließlich, auf hohem Steilgrat angekommen, umheult uns der Sturm und peitscht uns Pulverschnee in die Gesichter. Unendliche Trümmerhalden von Granit dehnen sich vor uns, lebensfeindlich und abweisend. Soweit das Auge reicht, erfüllt nur Eis und Fels und kalter Schnee die hohe Landschaft. Da alle bisherige Kletterarbeit umsonst scheint, stellen wir die dampfenden, weißüberkrusteten Pferde in Windschutz und greifen zu den Feldflaschen, um unseren Mittagsimbiß abzuhalten. Aber der Tee ist zu einem Eisklumpen gefroren, und das Blauschaffleisch knirscht zwischen den schmerzenden Zähnen.

Höher geht es hinauf, noch tiefer in die Region des weißen Todes hinein; und während die Pferde durch den hohen Schnee stapfen, klingt plötzlich silberhell die Stimme eines Felsengimpels. Da sitzt er auch schon auf schneebedecktem Stein, der herrlichste aller Hochalpenfinken. Seine blutigrote, silbergeperlte Brust leuchtet wie ein Juwel. Lange lausche ich dem Gesang des kleinen Vogels, und mit neuer Hoffnung suchen wir uns steil nach unten von Felsetappe zu Felsetappe Bahn zu brechen. Schon öffnet sich ein Wannental, an dessen kahlgefegten Hängen braune mit Vegetation bedeckte Flecken sichtbar werden.

Ganz vorsichtig, der eine ziehend, der andere schweifhaltend, lotsen wir die Tiere über die halsbrecherische Bahn. Schon scheints geschafft, da stürzt mein Pferd, überschlägt sich, rollt und bleibt in einer Felsspalte hängen. In qualvoller Arbeit schlagen wir das eingekeilte Tier wieder frei, aber das Blut läuft ihm in Strömen am rechten Hinterlauf hinunter. Der Kräfteverlust des Tieres ist so groß, daß mir Zweifel kommen, ob wir das Lager überhaupt noch erreichen.

Ein Schwindelgefühl umnebelt meine Sinne, und mein Jäger stößt einen seltsamen Seufzer aus.

Zurück . . . zurück!

Die Hirsche haben wir längst aufgegeben.

Ich fühle, daß ich hundeschlapp bin, daß meine Beine zu versagen drohen, daß Füße, Strümpfe und Kletterschuhe zu einem einzigen Eisklotz zusammengefroren sind.

Was aber soll geschehen, wenn wir nicht zurückfinden sollten? Wie Hunde verrecken? Bei minus zwanzig Grad erfrieren?

Ein widerwärtiger Gedanke, wie ihn nur brutaler Selbsterhaltungstrieb auslösen kann, dämmert herauf: Pferde töten, ausweiden und in den warmen Eingeweidehöhlen während der kommenden Nacht Schutz suchen?

Im gleichen Augenblick aber habe ich den Gedanken schon wieder verworfen und streichle meinem armen Pferdchen den Hals. Wir werden, wir müssen es schaffen. Ganz, ganz langsam führe ich das leidende Tier hinter dem Tibeter her, der wegbahnend schon zwanzig oder dreißig Meter voraus ist.

Gewaltig breitet sich das tiefausgehobelte Gletschertal zu unseren Füßen aus. Wie immer, wenn man nicht selbst führt, kommen die bösen Gedanken, und so mache ich mir nun die bittersten Vorwürfe, Mensch und Tier in solch sinnloses Abenteuer gestürzt zu haben. Unverantwortlich scheint mir das alles.

Schon sinkt der Abend, meine Schläfen hämmern, meine Füße sind erledigt, mein ganzer Körper schmerzt. Apathisch wanke ich dahin, wie eine Memme komme ich mir vor. Ich bin längst kein Forscher mehr, der sich anmaßte, das Rätsel des Sagenhirsches zu lösen.

... aber was ist das? ... Ich sehe den Jäger plötzlich vor mir zusammensinken. Flach preßt er sich dem Felsen an ... und nun kriecht er in halbgebückter Haltung zurück.

Was ist? Die Augen des Tibeters sind weit vorgequollen! Ist er wahnsinnig geworden? Was plant der Kerl? Aber jetzt sehe ich, daß er ganz fiebernder Aufregung ist ... und noch ehe ich das erste Flüsterwort vernehme, wallt auch mein Blut ... ich beginne zu begreifen, ich umklammere die Büchse fester.

„Was gibt es?" hauche ich dem völlig Aufgelösten entgegen.

„Herr, die Hirsche!"

„Das ganze Rudel?"

„Ja, das ganze Rudel ... Sie haben mich nicht eräugt ... sie stehen weit."

In diesem Augenblick sind alle Leiden vergessen. Mein Gott, mein Gott, Hubertus hilf!

Jetzt nur nicht wieder versagen, nur die Nerven bewahren. Als ob es darum ginge, das Leben einzusetzen, schleiche ich von Block zu Block voran. Dort, von der Felsnase, muß ich Einblick gewinnen. Zentimeter um Zentimeter, die Pelzkappe tief ins Gesicht gezogen, schiebe ich den Kopf über die Brüstung. Ja, dort stehen sie!

Auf mehr als doppelte Büchsenschußentfernung und mindestens dreihundert Meter über unserem Standort, auf rund fünftausend Meter Höhe also, sichert das Rudel der roten Sagenhirsche scharf und bewegungslos auf mich herab.

Schon saugt sich das Glas an ihnen fest. Schwere, gedrungene, wahrhaft urige Gestalten sind diese Felsenhirsche ... und über den Köpfen der weiblichen Stücke erhebt sich tiefschwarz das Haupt des Kapitalen. Gespenstisch hell, fast weiß, leuchtet sein mächtiges Geweih.

Es ist derselbe Hirsch, den wir vorgestern schon, wohl fünfzig Kilometer entfernt, gespürt haben.

Während ich das Bild noch in mich einsauge, schmiede ich den Plan. Rasch heißt es handeln, denn die Dämmerstunde naht, und harte Kletterarbeit wird nötig sein, um die Hirsche zu umschlagen, zu übersteigen, oder doch ungesehen auf gleiche Höhe mit ihnen zu gelangen. Der Wind steht gut.

Ich lasse den Tibeter mit der strikten Weisung, sich nicht zu rühren, bei den Pferden zurück, stopfe mir die Taschen voll Patronen, kontrolliere die Büchse, nehme alle Kraft zusammen und steige los. Ich rechne mit einer guten halben Stunde Steigearbeit, einer endlosen Zeitspanne also, während der ich nichts von den Hirschen zu sehen bekomme und mich ganz auf meinen Ortssinn, auf all die vorher eingeprägten Risse, Zacken, Wände und Klüfte verlassen muß.

Im Chaos solcher Berge versteigt man sich leicht. Es wird eine halbe Stunde des Hoffens und des Bangens, eine der peinigendsten meines Forscherlebens.

Unter mir dröhnt das Eis eines kleinen Gletschersees. Sind es die warnenden Berggeister, die mich abermals um den Lohn meiner Mühe betrügen wollen? Unheimlich, wie aus verwunschenen Lamaklöstern, klingt die Musik.

Aber das Dröhnen des Eises kommt mir zu Hilfe, es übertönt das Fallen der Steine, die mein matter Körper löst. Schon nach den ersten hundert Metern glüht mir der Kopf, und alle Poren springen auf. Ich muß langsamer, regelmäßiger atmen, aber trotz allem rinnt mir der Schweiß in Bächen vom Körper. Rasch entledige ich mich aller irgendwie entbehrlicher Kleidungsstücke, lasse Mütze und Pelzjacke einfach liegen. So bebend, krallend, ziehend, geben die Lungen das letzte her.

Kleiner wird der Moränensee unter mir, steiler noch das Gelände, dann endlich erheben sich unmittelbar vor mir die hohen Granitdome. Der schwierigste Teil der Pirsch liegt also hinter mir.

Es können kaum noch vierhundert Meter sein, die mich vom Wilde trennen.

Kurze Atempause, dann gehts mit schußbereiter Büchse parallel zum

Hang über griffiges, scharfkantiges Gefels und steile Granitrippen. Trotz seiner Steilheit ist das Gelände gut gangbar, und ich werde meiner Sache immer sicherer. Auch der Wind steht steil hinab. Somit liegen alle Chancen auf meiner Seite.

Schlucht folgt auf Schlucht. Rippe auf Rippe wird, vorsichtig spähend, überwunden. Nun muß es bald soweit sein... aber immer wieder täuscht mich das Gelände. — Sollte ich einer Vision zum Opfer gefallen sein, den Fieberphantasien meiner aufgepeitschten Nerven? Es kann nicht sein. Aber trotz allem beginnt der Zweifel von neuem zu nagen.

Wieder kommt ein schwarzer Seitenkamm in Sicht. Vor mir ist der Schnee zerwühlt: Die Fährten... und ganz frisch sind sie alle. Hier müssen die Hirsche Stunden vorher schon gestanden haben. Dann Losung... noch weich... nur außen ist sie von einer feinen Eisschicht überzogen.

Jetzt gilts also. Atem überprüfen, einstechen, anbacken, und langsam, raubtierartig luge ich hinüber.

Auf etwa siebzig Meter eine braune Masse wuchtiger Leiber, über der das weit ausladende Kapitalgeweih des Haupthirsches emporwächst.

Dunkelrotbraun steht das Rudel der weiblichen Tiere. Der Körper des Hirsches aber ist verdeckt. Nur das schaufelförmig abgeflachte Geweih und der pechschwarze Grind überragen die Mauer des Kahlwildes.

Der Anblick ist überwältigend... und niederschmetternd zugleich.

Alle Stücke sichern auf mich. So stehe ich auf kürzeste Entfernung Auge in Auge mit dem Kapitalen... und kann nicht schießen. Nicht einmal den Hals des Hirsches habe ich frei!

Verzweiflungsvolle Sekunden folgen, schon will ich den unwaidmännischen Wageschuß zwischen die Lichter probieren... da, schlagartig werfen sich die Tiere herum, ein Schieben beginnt, ein Rumpeln und Drängen — dann poltert das ganze Rudel in voller Flucht davon, dem schützenden Steilfels entgegen.

Ist alles verloren? Von den Leibern des Kahlwildes gedeckt rast der Hirsch in hochbäumenden Fluchten talab. Instinktmäßig halte ich zwei Meter vor, und als der Hirsch zu erneuter Hochflucht ansetzt, bricht der Schuß.

Im gleichen Augenblick erscheint der Körper des Hirsches über dem Rudel. Wild springt er mitten in die Kugel hinein, wird steif im Sprung... und ganz lang.

Ein gellender Jauchzer aus tiefer Brust... und während das Echo noch an den Wänden verhallt, sinkt der Gespensterhirsch leblos verlöschend in sich zusammen.

Jetzt gilt es den Augenblick zu nutzen!

Irr sprengt das Rudel davon, verschwindet hinter der nächsten Granitmauer. Repetierend springe ich auf einen Felsblock. Dort auf hundertfünfzig Meter muß das Rudel noch einmal erscheinen. Büchse an der Backe ... und als das erste Alttier auftaucht, werfe ich die zweite Kugel hinaus. Blitzartig überschlägt sich das fast dreihundert Pfund schwere Stück. Steil geht die Fahrt dem Abgrund entgegen!

Wird es sich fangen? Zu spät, über alle Hindernisse hinweg rollt die schwere Masse, und mit dumpfem Aufschlag und leider völlig zertrümmertem Schädel landet das Tier zweihundert Meter tiefer auf einer Geröllhalde.

Noch eine dritte Kugel bringe ich an, als das Rudel gerade verschwindet. Ich höre deutlich Kugelschlag, und nach einer guten Viertelstunde wird auch dieses Stück meine Beute.

Inzwischen rase ich hinüber zum Hirsch. Tödliches Schweigen rundum. Nur der Moränensee in der Tiefe heult dumpf und hohl.

Da liegt er.

Glückselig knie ich nieder, aber ich wage es kaum, den Koloß zu berühren.

Ja, da liegt er nun, steif und tot. Liebkosend streichelt der Blick das Haupt des Kapitalen ... und schließlich greife ich in die Stangen. Kalt sinkt die Dämmerung hernieder. Zufrieden, dankbar, glücklich warte ich auf meinen Tibeter.

Es folgt eine kurze Nachsuche nach den beiden anderen Stücken, dann wird das Wild verblendet, während der Tag verlischt. Eisig strahlt der bestirnte Himmel über uns, ehe wir an den Rückmarsch zum Lager denken können.

Rasch orientieren wir uns: Dort der Große Bär, fünfmal verlängert den Abstand der Achsensterne — der Kleine Bär — der glitzernde Polarstern.

Westwärts müssen wir halten. Das ist die Hauptrichtung. Es beginnt ein nächtlicher Geisterritt auf kranken Pferden durch schauriges Gebirg, aber wir schaffen es. Gegen Mitternacht leuchtet uns aus tiefer Schlucht der anheimelnde Schein unserer Wachtfeuer entgegen.

Den Rest der Nacht wälze ich mich auf meinem Lager hin und her. Vor Übermüdung kann ich keinen Schlaf finden. Ich sehe Wölfe, Luchse, Leoparden, die meine kostbare Beute zerreißen. Eine Stunde vor Hellwerden schicke ich den tibetischen Jäger wieder los. Auch wir anderen folgen mit sechs Pferden noch im Sternenglanz. Heute gibt es keine Ruhepause.

Wir finden das Wild unberührt, und nach mehrstündiger Arbeit liegt die Decke des Kapitalen ausgebreitet im hohen Schnee. Gierig schlürfen die Tibeter den geronnenen Schweiß aus der noch warmen Brusthöhle. Dann gehts zum nächsten Stück, und gegen Abend ist die schwere, blutige Arbeit beendet.

Schnee treibt, Wind heult, mich aber kann nichts hindern, glücklich zu sein.

Des heftigen Schneegestöbers ungeachtet wird der Rückmarsch angetreten. Im Sternengefunkel begann der Tag, im Mondglanz wird er beendet.

Ich habe die Trophäe am Feuer aufbauen lassen, Schneeflocken umtanzen sie — wieder ist eines unserer Ziele erreicht!

In der gewaltig tiefen Schlucht des Jangtsekiang, südlich von Batang, finde ich noch eine andere Kostbarkeit, das „Zwergblauschaf", ein Tier, das seinem auf den Hochgebirgskämmen lebenden Vetter außerordentlich nahe verwandt ist und doch eine durch extreme Umweltverhältnisse geschaffene Sonderform darstellt. Es aufgefunden und erbeutet zu haben, ist ein kleines Abenteuer für sich.

Mit Ausbeute schwer beladen, haben wir die Hirschregion verlassen und steigen stolz und freudetrunken ins Jangtsetal hinab, um nach Batang zurückzukehren.

Doch es sollte ganz anders kommen. Es ist wieder einmal die berühmte Duplizität der Fälle.

Während des Abstieges schieße ich auf weite Entfernung einen starken Moschusbock, einen Klein-Hirsch mit langen, dolchähnlichen Haken, von dem wir auch erst ganz wenige Exemplare in der Sammlung besitzen. Der Moschusbock bringt uns weit vom „Wege" ab, und nun sitze ich mit meinen Jägern hoch überm meergrünschimmernden Fluß. Wie leises Raunen klingt das Donnern der Stromschnellen bis zu uns herauf. Still genießen wir die großzügig zerrissene Tallandschaft. Behutsam schleichen wir weiter und achten nach Indianerart auf alle Zeichen und Spuren. Dort, auf quadrischem, weit über die Schlucht hinausragendem Felsblock liegt etwas Graues, eine undefinierbare Masse eingetrockneter und schon halbverwitterter Haare. Es ist alte Leopardenlosung, die ich gewohnheitsmäßig zerpflücke, um sie an Ort und Stelle auf ihre Bestandteile zu untersuchen.

Auf Goralhaar hatte ich getippt, aber was ich finde — ist etwas ganz anderes. Seltsam ... seltsam, die Haare sind viel länger, viel heller, viel brüchiger ... ohne Zweifel sind es Schafhaare — Blauschafhaare.

Das macht mich stutzig. Droben im Gebiet des langschwänzigen silbergrauen Schneeleoparden hätte es mich nicht gewundert. Aber hier, unterhalb der Baumgrenze, im trockenen, tiefeingeschnittenen „Heißluftkanal“ des großen Flusses, zweitausend Meter unterhalb des eigentlichen Blauschafreviers, wo es doch nur den gewöhnlichen Leoparden gibt, bleibt dieser Fund ein Rätsel.

Wie können Blauschafe in diese tiefen Schluchten hineinkommen?

Helläugig pirschen wir weiter, und am Abend im Lager gibt es eine lebhafte Debatte, die mich erst recht aufhorchen läßt. Meine beiden Batangjäger, denen ich letzten Endes auch die roten Hirsche verdanke, behaupten nämlich steif und fest, daß es in den mächtigen Schluchten Wildschafe gäbe. Ja, sie seien den Blauschafen der Hochgebirge sehr ähnlich, doch bedeutend schwächer im Wildbret, von viel dunklerer Färbung und runderem, schnuckenähnlicherem und ausgeschwungenerem Gehörn.

Absichtlich widerspreche ich, aber die Übereinstimmung des Berichtes mit dem Losungsbefund am Nachmittage läßt eine glückliche Ahnung in mir aufdämmern.

Jetzt nach Batang zurückkehren? Nie und nimmer ... erst muß auch dieses Rätsel seine Lösung finden.

So will ich nur einen Teil der Mannschaft mit der wertvollen Hirschausbeute nach Batang zurückziehen lassen, um mit dem Rest die Schluchten nach den Rätsel-Schafen abzusuchen.

Nun aber, da sie meinen neuen Entschluß hören, reagieren meine beiden Batang-Tibeter, die sich nach ihren Familien sehnen, völlig negativ. Jetzt behaupten sie nämlich, daß sie von den kleinen Schafen ja nur „gehört“ hätten, daß diese Tiere äußerst selten seien und daß wir nie und nimmer zum Schuß kommen würden. Da ich den Braten rieche, gebe ich scharfe Befehle und ordne den sofortigen Weitermarsch an.

Wird es mir gelingen, die Existenz der rätselhaften Zwergschafe nachzuweisen?

Während der nun folgenden Tage verzweifelten Suchens zieht mich die Bergschlucht in ihren magischen Bann. Aber der einzige Anhaltspunkt, den ich finde, ist eine keilförmige Fährte, die sechshundert Meter über dem Fluß auf einer steilen Grashalde steht. Da der Goral ein langes und gespreiztes Fährtenbild hinterläßt, kann das gefundene nur von einem Wildschaf stammen.

Das genügt.

Noch am gleichen Abend geht ein Reiter jangtseaufwärts nach Batang, um Dolan zu melden, daß ich „ein neues Schaf“ gefunden habe. Brieflich bitte ich meinen Kameraden, der inzwischen erneutes Pech gehabt und einen starken Hirsch gefehlt hat, unverzüglich zu kommen und mir bei der Erjagung des neuen Tieres behilflich zu sein.

Doch der Amerikaner antwortet, daß er an das Vorhandensein des

Zwergblauschafes nicht glaube, an Fußvereiterungen leide und nicht kommen könne. Glücklicherweise schickt mir Dolan jedoch so viel Proviant, daß ich es noch acht bis vierzehn Tage in der Schlucht aushalten kann.

Während ich tagsüber die Steilhänge vom Schluchtenboden bis zu den hohen Urwäldern hinauf durchstreife, tastet sich meine kleine Karawane von Siedlung zu Siedlung gen Süden. Vorerst aber gelingt es mir nicht, auch nur ein einziges Stück des unbekannten Schluchtenwildes zu Gesicht zu bekommen. Zudem sind meine Leute wieder einmal stark eingeschüchtert, da vor wenigen Tagen drei Tibeter ganz in der Nähe unseres Lagers von Räubern erschossen wurden. Eines Abends ist dann unser Koch verschwunden ... aber die ganze Aufregung ist nichtig, denn nach zwanzigstündiger Abwesenheit stellt sich der Meister der Küche wieder ein. Der arme Kerl ist völlig ausgehungert. Er hatte sich lediglich verlaufen. Nun ist er dem Hohngelächter der ganzen Mannschaft preisgegeben. Aber die allgemeine Überreizung geht doch so weit, daß sich zwischen Wang und dem Koch ein wüster Streit entspinnt, der damit endet, daß mir der Koch auf flacher Hand zwei ausgeschlagene Zähne wimmernd präsentiert. Rasch lege ich ein paar silberne Rupien hinzu, und auch dieser Fall ist ausgestanden.

Im weiteren Vordringen nach Süden stoßen wir auf völlig unpassierbare Schluchtenhänge und sehen uns gezwungen, aus der tiefen Trockentalzone abermals bis zur Baumgrenze hinaufzusteigen. Dort finden wir wieder gangbares Gelände und neue Weidegründe für unsere ausgehungerten Tiere.

So gelangen wir, einem schmalen Spurpfad folgend, zu einem einsamen Weiler, wo arme kropfbehaftete Menschen unter ständiger Räubergefahr ihr bißchen Leben fristen.

Hier erzählt man mir von einem tibetischen Jäger, der noch tiefer im Tale wohne und der schon mehrere Zwergblauschafe erbeutet haben soll. Alle anderen Tibeter kennen das flüchtige Wild nur vom Hörensagen.

Also lasse ich auf der Stelle das Lager aufschlagen und beauftrage zwei Tibeter, mir den Jäger auf schnellstem Wege herbeizuholen ... und nach kaum zehn Stunden steht strahlend und lachend ein junger hochgewachsener Bursche vor mir, der schon auf den ersten Blick einen vorzüglichen Eindruck macht und sogleich in meine Dienste gestellt wird.

Ich verspreche ihm eine hohe Belohnung, wenn es ihm glücken sollte, mich zum Schuß auf das Rätselwild zu bringen, gebe ihm Handgeld und schicke ihn zu Tal, damit er seine Vorbereitungen treffen und sich von seiner Familie verabschieden kann.

Am nächsten Tage wollen wir ihn in seiner Behausung abholen, damit er uns auf Geheimpfaden in die südlich angrenzenden Schluchten führt.

Der Jäger verläßt uns im letzten Abendschein. Ich habe ihn nie wiedergesehen.

Später machte ich mir bitterste Vorwürfe, daß ich den Mann nicht gleich bei mir behielt. Wie aber hätte ich ahnen können, was am nächsten Tage geschah!

Wie verabredet, brechen wir in aller Herrgottsfrühe auf und schlängeln uns, die Herzen voller Hoffnung, einen steilen Saumpfad hinab.

Plötzlich hallen Schüsse. Erst zwei-, dann fünf- und schließlich etwa fünfzehnmal rollt das Echo aus der Schlucht herauf.

Entgeistert starren wir uns an. Daß Tibeter auf Wild keine fünfzehn Schüsse hintereinander abgeben, ist sicher. In einem Lande, wo man Kugelpatronen mit blankem Silber aufzuwiegen pflegt, ist das gänzlich unmöglich.

Räuber also, ein Überfall, jeder Zweifel ist ausgeschlossen!

In volle Deckung gehend, beginnen wir sogleich die steilen Hänge und Halden, die sich unter uns dehnen, mit den Gläsern abzusuchen, auch laden wir Vollmantel in unsere Büchsen und schwere Posten in die Flinten.

Die Tragtiere werden abseits des Saumpfades gut getarnt, und einige der besten Schützen bleiben zu ihrer Verteidigung und derjenigen des Gepäckes im Schutze der Felsen zurück, während wir anderen voranschleichen.

Bald erblicken wir eine kleine, schwerbeladene Jakkarawane. Fünf Männer, die Vorderladerbüchsen in den Fäusten haltend, begleiten sie. Die Entfernung mag vierhundert Meter betragen. Durch mein starkes Fernglas erkenne ich in der klaren Morgenluft, wie feine Rauchwölkchen von den Gewehren aufsteigen. Die Lunten brennen also, ein sicheres Zeichen, daß wir Räuber vor uns haben, die versuchen, ihre Beute in die hohen Berge zu treiben. — Was tun?

Es wäre uns ein leichtes, die ganze Bande wegzurasieren. Auch könnten wir ihr den Rückzug verlegen.

Aber habe ich ein Recht hierzu? Bin ich nicht Gast in diesem fremden Lande, wo die Gesetze andere sind als bei uns?

Von Zweifeln hin- und hergerissen, entschließe ich mich endlich, den Räubern wenigstens die Beute abzujagen. Unter keinen Umständen aber wollen wir einen Menschen töten, solange wir nicht selbst angegriffen werden.

Vielleicht auch rührten die Detonationen, die wir hörten, nur von Schreckschüssen her, die die Räuber abgaben, um die Siedler davonzutreiben und sich in den sicheren Besitz der Beute zu bringen.

Oder sollten die fünf Männer mit den glimmenden Lunten an ihren Gabelflinten vielleicht doch nur harmlose Tibeter sein, die ihr Vieh in Schutz bringen? — Sicherlich nicht, denn fünf Feuerwaffen gibt es einfach nicht in einer so kleinen, weltabgeschiedenen Siedlung.

Wie kann ich wissen, daß ich Mörder vor mir habe, die vor wenigen Minuten meinen erst gestern angeheuerten Jäger meuchlings zu Tode brachten?

Also entscheide ich mich folgendermaßen: Während ich selbst mit vieren meiner Leute die Deckung halte, springen zwei andere vor und jodeln den Kriegsruf der Ngoloks über das Tal.

Augenblicklich werfen sich die Banditen zu Boden und kriechen in Deckung. Dann schwärmen sie aus, als ob sie uns trotz der unsinnigen Entfernung unter Feuer nehmen wollten. Schließlich aber hauen sie nur gewaltig auf ihre Tiere ein, um sie felswärts in Sicherheit zu bringen.

Darauf gebe ich zweien meiner Schützen, von denen ich bestimmt weiß, daß sie nicht treffen werden, Feuererlaubnis. Als den Banditen die ersten Kugeln um die Ohren spritzen, ergreifen sie die Flucht. Nun zeigen wir uns in voller Stärke und jagen, ohne zu zielen, noch eine Schrecksalve hinterdrein. Zu unserer großen Freude bricht das geraubte Vieh nun in Richtung auf die Siedlung durch ... und ist gerettet.

Das Ärgste vermutend, jagen wir nun durch den dunklen felsübersäten Urwald steil nach unten und gelangen nach kurzer Zeit zur Stätte des Unglücks. Erst kommen uns geflüchtete Frauen mit ihren Kindern entgegen. Sie halten uns selbst für Räuber und versuchen zu entfliehen. Doch als wir ihnen Zeichen geben, verlieren sie die Furcht und geleiten uns zu einer kleinen Siedlung, wo uns ein Anblick wüster Zerstörung empfängt.

Anscheinend hatten die Räuber im Schutze der Dunkelheit den Weiler umzingelt, und in dem Glauben, daß der junge Jäger, der einzige übrigens, der eine Schußwaffe besaß, nicht anwesend sei, den Überfall nach Hellwerden durchgeführt.

Als der Jäger sich zur Wehr setzte, erhielt er eine schwere Bleikugel in den Rücken, die seinen augenblicklichen Tod herbeiführte.

Darauf stürmten die Räuber vor, überwältigten die Männer im Nahkampf und banden sie an Pfosten und Pfähle, wo sie sie mit Knüppeln und Kolben besinnungslos schlugen.

Dann erst begann die eigentliche Plünderung. Während die Weiber mit den Kindern im nahen Urwald Zuflucht suchten, trieben die Räuber das Vieh von den Weiden zusammen, errafften alles, was ihnen wertvoll erschien, banden es den Tieren auf und verschwanden bergwärts in den Felsen.

Als erstes binden wir die gefesselten Männer, die trotz starken Blutverlustes eine bewunderungswürdige Fassung an den Tag legen, von ihren Marterpfählen los und bahren den Leichnam des ermordeten Jägers auf.

Während meine eigenen Leute das den Räubern abgejagte Vieh einholen, beginnt das Klagegeheul der Weiber und Kinder, die um die junge Witwe des Jägers sitzen und die in Tränenströmen aufgelöst ist. Auch die Männer versammeln sich im Halbkreis und murmeln im traurigen Rhythmus ihre „Om Wani Padme Aums".

Das erschütterndste Bild aber bietet der greise, weißhaarige Vater des Ermordeten, der den Tod seines Sohnes nicht fassen kann und sich den ganzen Tag über, den wir lindernd und helfend noch in der Siedlung verbringen, wie ein Besessener benimmt.

Erst am nächsten Morgen, nachdem ich eine kleine Meuterei in der eigenen Mannschaft niedergeschlagen habe, ziehen wir auf der Jagd nach den kleinen Schafen weiter. Da wir nun den einzigen Mann, der die gesuchten Tiere wirklich kannte, auf solche tragische Weise verloren haben, müssen wir auf eigene Faust unser Glück versuchen. Jagd- und Karawanenabteilung bleiben von nun an in ständiger Sichtverbindung, damit wir uns bei drohender Gefahr gegenseitig Hilfe leisten können.

Die phantastischen Formen der Schlucht mit ihren himmelwärts drängenden Felsen, den tiefen Runsen und den dürren Grashängen, werden immer bizarrer, je weiter wir vordringen. In den frühen Morgenstunden, wenn die Schründe noch im kalten Schatten liegen und die Bergrisse das verworrene Gelände wie schwarze Riesenschlangen durchziehen, beginnt unser mühseliges Tagewerk. Wenn sich auch die markanten Trittbilder der kleinen Schafe zu häufen beginnen, so sind wir doch, der Steilheit des Geländes wegen, meist nicht in der Lage zu folgen — und der Erfolg bleibt aus.

Erst wenn die Nachtwinde riesige Wolken goldenen Sandes in Wirbeln jangtseaufwärts treiben, steigen wir ab, um die Nächte, gegen Räubersicht gut getarnt, dicht am Fluß zu verbringen. Obwohl wir tagelang keines Menschen ansichtig werden, so gewinnen wir doch einen guten Überblick über die kleinen Bergsiedlungen und Terrassenfelder auf der gegenüberliegenden Seite des Jangtse. Jedes Fleckchen ebener Erde ist dort ausgenutzt. Aus der Vogelschau betrachtet, gleichen Weiler und übereinandergeschichtete Feldbreiten winzigen Puppengärten.

Eines Tages aber, da ich schon beinahe wieder alle Hoffnung aufgegeben habe, machen wir in unerreichbarer Felsenwirrnis sechs dunkelgraue Tiere aus, die weitgeschweifte Gehörne tragen — es sind sechs Widder des gesuchten Rätselschafes.

112

Lange Zeit stehen sie unbeweglich, wie Bildsäulen. Dann, schemenhaft, einer hinter dem anderen, verschwinden sie über dem nächsten Seitenkamm. Sofort nehme ich die Verfolgung auf. Nach halbstündiger, lebensgefährlicher Kletterei, steinelt es plötzlich über mir ... und auf dreihundert Meter Entfernung jagen die flüchtigen Widder davon. Übereilt schieße ich ... und starre entgeistert in die leeren Wände.

Selbst zum Fluchen fehlt mir diesmal die Kraft. In tiefer Depression erreichen wir das Lager.

An diesem Abend frage ich meine Männer, ob sie, angesichts des großen Pechs, das mich verfolgt, nach Batang zurückzukehren wünschen. Aber die einstimmige Antwort lautet, daß sie bleiben.

Langsam beginnen die Kerls zu begreifen, worauf es mir ankommt.

In der Nacht fällt Schnee, und ein glanzfrostiger Morgen läßt die ganze gewaltige Schlucht wie überzuckert erscheinen. Abermals Anstieg, abermals Enttäuschung. Gegen Mittag überkommt mich eine ungewollte Müdigkeit, erschöpft sinke ich zusammen.

So kanns nicht weitergehen! Mitten im hohen Gefels rücke ich mir ein paar Brocken zurecht und schlafe ein. Prallheiß knallt die subtropische Sonne auf meinen ausgemergelten Körper. Als ich durch Windstoß wieder erwache, finde ich meinen Tibeter, der die umliegenden Felsen beobachten sollte, ebenfalls in tiefem Schlaf.

Bedächtig steigen wir weiter ... drei, vier Rinnen noch, dann eine Steilwand, die es vorsichtig zu durchhangeln gilt. Tief unten gähnen die Schründe.

Plötzlich sinken wir beide reflexartig zusammen. Drüben, noch weit außerhalb der Reichweite meiner Büchse, kleben vier Wildschafe in einer senkrecht erscheinenden Wand. Jetzt also gilts. Nach langer Umgehungspirsch erreichen wir einen steilen Nadelkamm und lugen vorsichtig hinüber.

Ja, da sind sie! Und ein guter Widder ist auch dabei. Den einen Fuß im Felsenspalt verankernd und den anderen unters Kinn ziehend, visiere ich über den Abgrund.

Es müßte gehen. Tief atmen, festsaugen und schießen sind eins. Hoch steilt der Widder auf, schlägt Luft, überrollt sich, kommt wieder auf die Läufe und rast mit den übrigen Tieren in Richtung auf den gähnenden Schrund. Vom Fieber gepackt ziehe ich mit, und als die Büchse zum zweiten Male spricht, schlägt der Widder dem Abgrund entgegen.

Mitschwingen ... vorhalten ... Peng ... eine Geiß überschlägt sich — noch einmal ... klatsch, und ein Jährlingswidder fährt in die Tiefe.

Toll vor Freude springe, rutsche, falle ich hinter der Beute her, finde die schweißbedeckte Todesbahn des Widders und stehe nach wenigen

Minuten vor meiner hart erkämpften Beute. Auch die beiden anderen Stücke kommen zur Strecke.

Am nächsten Tage geht es in Eilmärschen nach Batang zurück, wo ich Dolan an Hand der Felle und Schädel endlich überzeugen kann. Freudig beglückwünscht mich der neidlose Amerikaner. Dann schließt er sich sogleich meiner nächsten Fahrt in die wilden Schluchten des Jangtse begeistert an, um selbst sein Glück zu versuchen.

Wenige Tage später ziehen wir mit einer neuen Karawane los. Da ich mich mittlerweile mit den Lebensgewohnheiten der seltenen Tiere vertraut gemacht habe und das Eis gebrochen ist, klappt es bei mir Schlag auf Schlag, während Dolan noch viel Lehrgeld bezahlen muß.

Eines Nachmittags machen Wang und ich wieder einmal fünf starke Schafe aus. Ein Gehörnträger ist darunter, wie ich zuvor noch keinen sah. Die Teufelsschnecken hoch erhoben, äugt der Kapitalwidder wie der leibhaftige Satan zu uns herauf. Eine Ewigkeit steht er, und wir können uns nicht rühren. Endlich windet er mit kreiselndem Windfang ein paarmal in die Runde ... und dann hält er genau auf uns zu, steil nach oben seinem Einstand entgegen. Von des Paschas Neugierde mitgezogen, folgt steinelnd das Rudel. Rasch wische ich den Staub vom Objektiv des Zielfernrohrs und mache mich fertig.

Abwartend lehne ich über den Felsrand ... wo wird er erscheinen? Ein Felsblock springt, ich höre steineln. Was nun folgt, geschieht in rasender Eile. Der Widder taucht auf, majestätisch hebt er sich gegen die sonnüberstrahlten, rubinrot leuchtenden Wände ab ... und kommt mir mit wuchtenden Sätzen entgegen. Da wirft ihn die Kugel auch schon über die Klippen hinaus ins Leere.

Starr ragt der Fels.

Es wird Zeit, an die Nachsuche zu denken, denn drunten, wo der Widder liegen muß, kreist schon ein riesengroßer Lämmergeier. Zweihundertfünfzig Meter tiefer finden wir die Beute. Der goldgehämmerte Vogel wies uns den Weg.

Da das Gelände zu mörderisch ist, mache ich Wang den Vorschlag, den Bock aus der Decke zu schlagen und nur Kopf, Trophäe und etwas Wildbret zum Lager mitzunehmen.

Hätten wir es doch getan, so manches wäre uns erspart geblieben.

Unterdessen fängt mein Magen gewaltig zu knurren an, und so kommen wir überein, die frische Leber zu rösten.

„Glaubst du ein Feuer entfachen zu können, ohne daß die ganze Schlucht in Flammen aufgeht?" frage ich Wang.

Die gelben, steilanstrebenden Graslehnen erscheinen mir allzu trocken.

„Nichts kann passieren", sagt Wang und beginnt Gras zu rupfen, um das Feuer isolieren zu können. Ich sitze abseits und häute kunstgerecht die Leber.

Dann züngeln die ersten Flammen, und ehe wir dazu kommen, den Braten in die Glut zu geben, schlägt uns lodernder Qualm ins Gesicht. Eine Windböe trägt das Feuer in rasender Eile davon, heiße Luft raubt uns den Atem, ehe wir uns versehen, stehen wir in einem lodernden Meere schlangenartig sich ausbreitender Flammen. Bock, Tagebücher, Glas und Gewehr an uns reißend, flüchten wir in die Tiefe, den kahlen Felswänden entgegen ... aber auch dem Abgrund, wo es keinen Ausweg mehr gibt. Kohlschwarz, versengt, dampfend, den siebzig Pfund schweren Bock über die stämmigen Schultern geworfen, steht Wang vor mir — und wir beide lachen.

Die Feuerrosse aber springen fessellos dahin, entfachen den Sturmwind, rasen in die Breite und jagen in verheerender Bahn nach oben, bis sie die Waldgrenze hoch über uns erreichen.

Schwaden dicken Qualmes kämpfen gegen das Licht und verdunkeln die Sonne. Jetzt wird es gefährlich! Erst sausen Steine, dann Felsbrocken und schließlich kompakte Massen schweren Gerölls auf uns hernieder. In einer Ausdehnung von mehreren hundert Metern donnern die durch die verbrennenden Büsche freigewordenen Steine wie glühender Auswurf eines Vulkans die Hänge hinab. Im Rollen der Aufschläge zerplatzen die Brocken. Andere werden vom schwelenden Grund abgefedert, reißen weitere Steine mit und pfeifen unberechenbar an unseren Köpfen vorbei in die Tiefe. Frei, deckungslos, sprunggewärtig, in höchster Alarmbereitschaft stehen wir, starren den steinernen Geschossen entgegen, weichen durch geschickte Seitensprünge aus oder werfen uns, wenn es zu dicht über uns hinzieht, flach auf den Boden. So kämpfen wir gegen die Steinlawinen an, bis der Brand sich entfernt und nur noch hoch droben im Urwald tobt. Es fallen zwar noch einzelne Steine, aber die akute Gefahr ist vorbei.

Während Wang in aller Ruhe den Bock schultert, erzählt er mir vom Tode eines Freundes, den die Flammen auf ebensolche Art verzehrten, trotz des Amulettkästchens, das er um den Hals trug und das von einem heiligen Lama gesegnet war.

Wang trägt den schweren Widder wie einen leichten Rucksack schräg nach unten durch die Schroffen, und bei dunkler Nacht erreichen wir das Lager. Der Himmel aber leuchtet noch immer blutrot vom Widerschein des „Feuerchens", das zwei hungrige Mägen entfachten!

Tags darauf schwelt die Glut noch in den hohen Wäldern. Daher entschließen wir uns, das Lager jangtseabwärts zu verlegen. Wir jagen an diesem Tage nur in der untersten Schluchtenzone, und am Abend bläst ein fürchterlicher Wind, der Wolken gelben Sandes durch das Engtal jagt und unsere Zelte zum Platzen bringt. Wir suchen hinter einem Steinwall Schutz, und als der Sturm sich gelegt hat, gibt es zum ersten Male Wildbret vom gestern erlegten Widder, dem Brandbock, der den Teufel in sich haben soll!

Das Fleisch ist zäh. Nach seinem Genuß beginnen wir uns seltsam schlapp zu fühlen. Keiner bequemt sich dazu, Tagebuch zu schreiben, wie es sonst unsere Gewohnheit ist. Die Lust an allem ist uns vergangen. Ohne ein weiteres Wort zu verlieren, hauen wir uns hin. Plötzlich beginnt Dolan zu röcheln, springt auf, rennt ins Freie und erbricht sich. Wenige Minuten darauf folge ich nach ... und dann die ganze Mannschaft. Während der langen Nacht stöhnt und röchelt das Lager. In dieser Situation raffen Dolan und ich unsere letzten Kräfte zusammen, um nach der Ursache der Vergiftung zu forschen. Aber wir können nichts Positives ausfindig machen. Irgendwelche entgiftenden Medikamente, und wenn es nur Milch oder Tierkohle wäre, haben wir nicht bei uns. Die liegen in Batang, im großen „Medizinkoffer".

Am folgenden Morgen fühlen wir uns hundsmiserabel — aber es will keiner als Schwächling gelten. Als Dolan mich fragt, wie ich mich fühle, sage ich „fein", und als ich ihn frage, antwortet er „excellent". So lügen wir uns gegenseitig etwas vor, erzwingen den Weitermarsch und kommen vom Regen in die Traufe.

Obwohl unsere Mägen längst leer sein müssen, hält der Brechreiz den ganzen Tag über an und wir brechen uns im wahrsten Sinne die Galle aus dem Halse: Eine grünlichgelbe, schleimige, entsetzlich stinkende Masse. Mein Kopf brennt wie Feuer, mein Bauch wird von Krämpfen eingeschnürt, meine Eingeweide versagen den Dienst, und ein Schüttelfrost nach dem anderen jagt mir über den Körper.

Da wir den neuen Lagerplatz auf Sicht festgelegt haben, marschieren wir, wie üblich, getrennt.

Wieder kann ich es nicht lassen: Erst ein seltener Schopffasan, den ich als Beweisstück für die Sammlung brauche, und dann ein Sambarhirsch. Sie bringen mich hoffnungslos vom Wege ab — und als ich endlich am späten Nachmittag das neue Lager schon erkennen kann, klappe ich restlos zusammen.

Ich rufe um Hilfe, aber es erschallt keine Antwort. Das Lager ist wie ausgestorben. Schließlich kommt mir Dendru, einer unserer stämmigsten Tibeter, zu Hilfe. In qualvoller Arbeit lotst er mich zum Lager empor. Dort bietet sich mir ein grauenvoller Anblick. Stumm, fahl und ohne sich zu rühren, sitzen die Männer ums Feuer: Eine sterbende Mannschaft.

Dolan fehlt.

Wenn das so weitergeht, werden wir alle verrecken! Als es ganz dunkel geworden ist, lasse ich Holz aufwerfen und alle zehn Minuten einen Schuß abfeuern. Einer, der noch leidlich auf dem Posten ist, wird zu Dolans Hilfe ausgesandt. Doch kommt er schon bald entmutigt zurück.

Spät hallt ein Büchsenschuß durch die kalte Dezembernacht — wir geben Antwort — dann noch einmal, und kurze Zeit darauf betritt der Amerikaner mit wachsgelbem Gesicht das Zelt.

„Der verdammteste Tag meines Lebens!" faucht er mich mit schwacher, zornbebender Stimme an, „Narr, verdammter, ohne Sinn für Weg und Zeit!"

„Wenn deine verweichlichten Därme nicht wollen, kann ich es nicht ändern, Esel, blöder!"

Ein neuer Anfall raubt uns die Worte. Besser so, wir müssen unsere Kräfte sparen. Weiß der Teufel, ob wir Batang wiedersehen!

Dann lachen wir uns schmerzlich an und haben uns die ungezügelten Worte längst vergeben. Nachtragend ist keiner von uns, und schließlich sind wir froh, alle beisammen zu sein. So läßt es sich besser ertragen.

Bald wird es ruhig im Lager.

Nacht, klare, kalte Hochlandnacht läßt funkelnde Sternbilder kreisen ... aber im Morgendämmern sind wir kaum in der Lage, das niedergebrannte Feuer wieder in Gang zu bringen.

Der Anblick der in sich zusammengerollten, im Fieberschlaf röchelnden Männer mit den gelben, aufgedunsenen, so völlig entstellten Gesichtern ist niederschmetternd. Aus kraftstrotzenden, immer zu lustigen Streichen aufgelegten Tibetern sind dahinwelkende Greise geworden.

Drei volle Tage noch verbringen wir in einer Art Dämmerzustand und verunreinigen die letzten Wäschestücke, die wir haben. Drei Tage nehmen wir keine Nahrung zu uns, sondern trinken nur Tee. Hilflos sind wir an den Platz gebannt, ohne zu wissen, ob wir durchkommen oder nicht.

Schließlich aber beginnen wir uns vor uns selbst zu ekeln. Das ist das erste Zeichen der Besserung. Am fünften Tage kochen wir uns wieder das erste Reissüppchen, und ein Mann wird nach Batang abgesandt, um Medikamente zu holen. Schließlich gibt es in direkter Lagerumgebung herrliche, triefend fette Fasanen, die beste Krankennahrung, die man sich denken kann, und am übernächsten Tage kommt die Medizin. Die Schmerzen hören auf, und wir sind alle gerettet.

Expeditionsweihnacht verleben wir in Batang, aber dann ziehe ich wieder hinein in die wilden Schluchten des Jangtse, um noch weitere Exemplare des kleinen Teufelsschafes zu sammeln.

VIERTAUSEND KILOMETER JANGTSEKIANG

Von der Küste nach Batang

Zum zweiten Male in meinem Leben habe ich fernöstlichen Boden betreten. Graubraun und gewaltig wälzt Chinas Riesenstrom seine Fluten zwischen fruchtbarem, menschenwimmelndem Land dem Gelben Meere entgegen.

Ich fahre mit dem Flußdampfer von Schanghai nach Tschungking tief ins Innere des unermeßlichen Landes, um mit Dolan wiederum nach Tibet vorzudringen.

Schon in den ersten Tagen habe ich auf dem Riesenstrom ein seltsames Erlebnis, das zu erklären ich auch heute noch nicht imstande bin.

Es ist das gleiche Schiff, mit dem ich schon vor Jahren einmal ins Innere Chinas fuhr.

An Bord treffe ich einen alten Bekannten, den Funker des Schiffes, einen Russen, mit abgehärmtem Leidensgesicht.

Er erzählt mir gleich am ersten Abend von dem rätselhaften Schicksal des britischen Kapitäns, der Mitte Juli vor drei Jahren von der Brücke spurlos verschwand und nie mehr auftauchte.

Ein Jahr später, als der riesige Strom wieder seine Hochwassergrenze erreicht hatte und die „Itschang" abermals ins Innere dampfte, gellte um Mitternacht ein Angstschrei durch das Schiff ... und der Steuermann blieb verschollen.

Als aber in einer heißen Julinacht des Vorjahres das dritte Opfer spurlos verschwand, erzählte man sich gruselige Geschichten vom „Jangtse-Teufel", der auf der „Itschang" umgehe. An dem Tage, da mir der Russe dies berichtet, schreiben wir den 10. Juli. „Es ist ein Rätsel, aber Sie werden ja selbst sehen", sagt der Mann mit dem Leidensgesicht.

Ich zweifle nicht, daß es sich bei der Schauergeschichte um maßlose Übertreibung handelt ... schließlich leben wir im zwanzigsten Jahrhundert.

Trotz allem bewegt mich ein seltsames Gefühl.

Am 15. Juli sitzen wir nach dem Dinner beim Whisky und spotten über den „Jangtse-Teufel". Da taucht plötzlich ein roter Haushahn auf, huscht zwischen den Fingern hindurch und verschwindet unter den Tischen. Im gleichen Augenblick sitzen die Damen auf dem Sofa, ziehen die Knie unters Kinn und rufen um Hilfe.

Der chinesische Steward öffnet den Speiseaufzug, und mit einem einzigen Satz verschwindet der Hahn auf Nimmerwiedersehen in der schwarzen Luke.

Alles beruhigt sich wieder, wir spotten und lachen, aber der Steward ist ganz verstört und bleibt bei seiner Meinung, daß der rote Hahn nichts anderes als der „Jangtse-Teufel" gewesen sei. Später, am Abend, liegen wir an Deck, sehen zyklopische Mauern uralter Städte und halbverfallene Pagoden im nächtlichen Halblicht vorübergleiten und sind ganz schweigsam.

Wir lehnen in bequemen Sesseln, haben die Füße über die Reling gelehnt und träumen in die geisterhafte Nacht hinaus.

Urplötzlich wilder Aufruhr im ganzen Schiff. Ein Schrei ... dann wimmernde Laute, ein Aufklatschen im Wasser — und weiter stampft die „Itschang" durch die Nacht. Der „Jangtse-Teufel" hat sich wieder sein Opfer geholt. Wahrscheinlich aber hatte eine jener chinesischen Geheimbanden ihre Hand im Spiel.

Nanking, die Hauptstadt, gleitet vorüber, und dann auch Hankow. Nach glutheißen Tagen versinkt die Sonne allabendlich blutigrot hinter dunstigen Bergen, in denen wir schon die Vorzeichen der eisgepanzerten Gipfelriesen unseres Traumlandes wittern. Die Nächte, wenn man die Tropfen zählen kann, die über den triefenden Körper rieseln, und man keinen Schlaf findet vor Hitze, werden zur Qual.

Dann kommt Itschang, und hinter der mächtigen Chinesenstadt türmen sich nun tatsächlich die ersten Ausläufer der tibetischen Gebirgssysteme, durch die der Riesenstrom vor undenklichen Zeiten sein wildes Bett gegraben. Das sind die „Gorges", die riesigen Schluchten mit den wilden Stromschnellen, die den Jangtsekiang zwischen Itschang und Tschungking zu einer der gefährlichsten Strecken der Binnenschiffahrt auf der ganzen Erde machen.

Hier hat sich der Fluß zwischen himmelragenden Gebirgsmauern bis auf Meeresniveau eingeschnitten und ist kaum hundert Meter breit, während er oberhalb und unterhalb noch kilometerweite Ausdehnung besitzt.

Ein deutsches Schiff war es, die „Sui-hsiang", von Rickmers um die Jahrhundertwende eigens erbaut und mit besonders starken Maschinen ausgerüstet, das die erste, wenn auch unglückliche Pionierfahrt unternahm, um die Handelsschiffahrt zwischen dem mittleren China und der fruchtbaren Szetschwang-Provinz im westlichen Reich der Mitte zu eröffnen.

Breitag, einer der erfahrensten Jangtse-Kapitäne, unternahm den kühnen Versuch, die Schluchten zu überwinden, und die Augen der Welt waren auf die „Sui-hsiang" gerichtet. Mitten in den Stromschnellen riß eine verborgene Klippe den stählernen Leib des Schiffes entzwei. Es sank in die Tiefe, wo sein Wrack noch heute fünfzig Meter unter der Niedrigwassergrenze liegen soll. Die gefürchtetsten Klippen wurden im Laufe der Jahre gesprengt, und die Verbindung zwischen Itschang und Tschungking wird seit Jahrzehnten von chinesischen und europäischen Dampfern regelmäßig befahren.

Volldampf voraus, steuern wir eines Morgens in die wilden „Gorges" hinein, schlingernd, stoßend und stampfend.

Wir sehen die Brecher über das Vordeck brausen und sind begeistert von dem wunderbaren Spiel der wilden Wasser und dem Anblick der himmelragenden Felsdome.

Diese Schluchten des Jangtse stellen in ihrer grandiosen Wildheit alle europäischen Hochgebirge in den Schatten.

Nach einer Flußfahrt von etwa vierzehn Tagen wird Tschungking, die große Handelsmetropole Szetschwangs, erreicht.

Wir befinden uns nun schon 2000 Kilometer von der Küste entfernt. Auf hochragenden Sockeln und Säulen rotbunten Sandsteins erhebt sich düster und gewaltig ein dumpfes Gewirr eng zusammengepferchter Häusermassen, die Millionenstadt im Herzen Chinas.

Auf einer neuerbauten, zwar noch etwas primitiven Autostraße geht es in einem einzigen Tag von Tschungking quer durch die fruchtbare Reislandschaft des „Roten Beckens" nach Tschöngtu, der alten Hauptstadt dieser Sechzig-Millionen-Provinz.

In Tschöngtu, wo wir einige Tage bei freundlichen amerikanischen und kanadischen Missionaren zu Gast sind, sagen wir der europäischen Zivilisation endgültig Lebewohl, um für volle achtzehn Monate in der Wildnis unterzutauchen.

Vor uns im Westen, kaum eine Tagereise entfernt, türmen sich die gewaltigen Hsifan-Gebirge, die das eigentliche China von Hochtibet trennen.

Dieses extremwilde Bergland, dessen höchste Erhebungen über 7500 Meter hinaufreichen, gilt es nun in westlicher Richtung zu durchstoßen. Es ist eine Landschaft größter Maßstäbe, ein Labyrinth schaurig-tiefer Schluchtentäler, ragender Felsdome, düsterer Urwälder, meilenweit sich dehnender Alpenrosenwildnisse und funkelnder Gletschermassive.

Voll schwellender Hoffnung brechen wir an einem schwülheißen Hochsommertag auf und stehen schon am Abend vor Yachow, der letzten großen Etappenstation vor den düsterwilden Hochgebirgsblockaden.

Aber es scheint wieder, als ob sich alle Teufel dieser Berge gegen uns verschworen hätten, um uns den Einzug nach Tibet zu verwehren.

An jenem Abend drängen schwarze Wolkenungeheuer, ein unheimliches Heer von Dämonen, aus den Bergen hervor, und ein Wolkenbruch, wie ich ihn vor- und nachher nie wieder erlebte, bricht über unser Häuflein herein. Die ganze lange, fürchterliche Nacht hindurch sind alle Schleusen des Himmels geöffnet, und der verzweiflungsvolle Ruf: „Sui lei la, sui lei la" — „Das Wasser kommt, das Wasser schwillt" — gellt uns aus hundert verängstigten Kehlen in den Ohren.

Am nächsten Morgen ist der Ya-Fluß, der uns noch von der Stadt trennt, um volle fünfzehn Meter gestiegen, so daß wir kaum noch Zeit finden, den fluchtartigen Rückzug auf eine schon von Menschen wimmelnde Bergkuppe anzutreten.

Man muß China einmal von dieser Seite erlebt haben, um das Ausmaß der gewaltigen Naturkatastrophen zu begreifen, von denen uns ab und zu die Zeitungen berichten.

Die Reisfelder, die gestern noch friedlich grünend zwischen den schimmernden Hügeln lagen, gleichen überschwemmten Schilfseen, und hinter ihnen tobt und tost in turmhoch sich überschlagenden Wellen der braune Fluß mit unglaublicher Geschwindigkeit dahin. Häuser und ganze Ortschaften reißt er mit sich fort und tausende von entwurzelten Baumriesen jagen auf seinen donnernden Fluten dahin.

Ich sehe einen Stamm, in dessen Krone sich ein lebendiger Mensch befindet. Strudel reißen ihn in die Tiefe, Wogen richten ihn wieder auf, und für Augenblicke steht der Baum aufrecht im brausenden Element. Dann schlägt er unter einer riesigen Sturzwelle um, und als er wieder zum Vorschein kommt, hängt der Mensch noch immer in der Krone.

Ich kenne die Wildheit der tibetischen Flüsse, habe sie auf schwankenden Seilbrücken überquert, sauste an Bambusgeflechten freischwebend über ihren brausenden Gischt oder stand verzweifelnd an felsigen Ufern, wenn unsere Karawanentiere in den gurgelnden Schründen verschwanden. Aber der Anblick dieses einen verzweifelt um sein Leben ringenden Menschen im brausenden Inferno des Stromes überbietet alles, was ich bisher sah. Erneute Sturzflut zieht den Baumstamm in die Tiefe. Als er wieder auftaucht, ist die Krone leer.

Noch einen ganzen Tag gießt es in Strömen.

In dieser Katastrophenzeit wachsen wir mit unseren prächtigen chinesischen Dienern, die wir in Tschungking und Tschöngtu warben und die uns teilweise schon auf früheren Reisen begleiteten, um so inniger zusammen.

Oft kommt es mir vor, als ob sie Mitleid mit uns hätten, mit uns, den Weißen, die alles erzwingen wollen. Immer beherrscht und immer lachend stehen sie uns gegenüber und sagen beschwichtigend: „Jetzt nichts tun können, jetzt nur warten, dann alles gut." —

Und nachdem in der Umgebung Yachows „nur" einige dreißigtausend Menschen ertrunken sind, wird auch alles gut.

So erreichen wir die Stadt, stellen eine aus über hundert Tieren bestehende Maultierkarawane zusammen, machen uns selbst auf zähen, chinesischen Gebirgsponys beritten, und ziehen in die Berge.

Unsere Karawanenführer sträuben sich jedoch schon nach dem ersten Tagesmarsch weiterzuziehen, weil gemeldet wird, daß eine Reihe von Handelskarawanen durch Bergrutsche und Schlammströme verschüttet sein soll.

Wir erzwingen den Weitermarsch.

Es ist ein wunderbares, erhebendes Gefühl, endlich das eigentliche China hinter sich zu wissen.

Aus dem Halbdunkel modernder farn- und moosverschlungener Subtropendschungel steigen wir in berauschenden Höhenerlebnissen durch dämmernde Urwälder in das Chaos der Berge.

In wilden Katarakten jagen die Flüsse dahin, und die Auswirkungen der täglichen, wolkenbruchartigen Regenfälle machen sich von Stunde zu Stunde unangenehmer bemerkbar.

Vielerorten ist der schmale, holprige Karawanenpfad durch Muren unterbrochen, und manchmal sind ganze Bergteile in die Tiefe gefahren. Schwarzgähnende, von lawinenähnlichen Schlammströmen erfüllte Erosionsrinnen müssen überwunden werden.

Wir kommen nur unendlich langsam voran, da ein Bergrutsch nach dem anderen passiert werden muß und sich Menschen und Tiere in dauernder Gefahr befinden, in Abgründe geschleudert zu werden.

Glücklicherweise sind unsere westchinesischen Bergmaultiere geschickt wie Wiesel und gelenkig wie Katzen, so daß wir vorerst keine Verluste erleiden.

Nur die Pferde brechen ab und zu einmal unter ihren Lasten zusammen, bis sie durch harten Zugriff wieder auf die Beine gestellt und aus dem zähflüssigen Schlammbrei herausgewuchtet werden.

An einer Stelle hat ein alles vernichtender Schlammstrom eine etwa fünfhundert Meter lange, schnurgerade Bahn durch den Urwald geschnitten. Steil fällt er nach unten und bietet ein kaum zu überwindendes

Hindernis: wo früher der Weg verlief, gähnt jetzt der Abgrund, und noch immer quillt und quillt der Brei, um hundert Meter tiefer in den gischtenden Bergstrom zu stürzen.

Äußerste Vorsicht ist geboten.

Während alle Lasten abgeladen und von einem rasch eingesetzten Pioniertrupp unter Lebensgefahr durch den zäh fließenden Schlick getragen werden, versammeln wir die Tiere und jagen sie dann einzeln über die steile, gefährliche Bahn.

Ein Tag nach dem anderen vergeht, und die Qualen wollen kein Ende nehmen. Schon zeigen sich bei Mensch und Tier die ersten Zeichen von Ermüdung und Erschöpfung. Oft muß hart zugepackt werden: Schläge und Hiebe sind manchmal das einzige Mittel, um die verschüchterten Tiere zu retten.

Abscheulichkeiten werden zur Gewohnheit, aber sie machen uns härter für das Schwere, das uns noch bevorsteht, wenn Tibet erst erreicht sein wird.

Unverzagt gehts weiter und tiefer in die wolkenverhängten Gebirgslabyrinthe hinein.

Abends erreichen wir schmutzige und verwanzte Herbergen, und nachts werden wir vom Ungeziefer fast aufgefressen.

Aber die Siedlungsdichte wird schon spärlicher und die Landschaft wilder.

Trotz aller Härten bietet dieser Durchbruch durch das Hsifan-Gebirge einen wahrhaft zauberhaften Reiz, und manchmal, wenn die Wolkenungeheuer auseinanderweichen, kühler Gipfelwind den Pferden durch die Mähnen weht und die zackigen, noch im Namenlosen dämmernden, schneeweißen Gipfelketten aufleuchten, möchten wir vor Freude jubeln und jauchzen.

Aber im großen und ganzen bietet sich nur wenig Gelegenheit zu poetischer Betrachtung. Im kalten Sprühregen reitend, sehen wir tagelang nicht viel mehr als aus dem Nebel auftauchende und im Nebel wieder verschwindende Urwaldriesen und nackte, kahle Felsen.

Den einzigen Anhaltspunkt, daß wir uns Tibet nähern, bieten Fauna und Flora, die immer alpiner werden — und unsere Höhenmesser, die schon auf 3000 Meter weisen.

Manchmal werden über 1000 Meter Höhenunterschiede an einem einzigen Tage geschafft. Da müssen Mensch und Tier in ununterbrochener Kletterarbeit ihr Letztes hergeben.

Bald erreichen wir die Grenze der Urgesteinsformationen. Die Wildflüsse schäumen nun in blendendweißen Kaskaden über glitzerndem Granit.

Ein unheimlich packendes Bild ist es, die Karawane an schwindelnden Hängen wie eine Raupe entlangziehen zu sehen.

Die Luft ist kalt geworden, und trotz mangelnder Aussicht und dauernder Nässe schwelgen wir in ahnenden, beglückenden und berauschenden Bergerlebnissen.

Beim Überqueren einer Erosionsrunse, die steil zum Fluß hinabfällt, hat unser guter Koch mehr Glück als Verstand. Mit dem Steigbügel an einer Felsenzacke hängenbleibend, stürzt er rücklings vom Pferd und hängt kopfunten über dem gähnenden Schrund.

Einer unserer Karawanentreiber rettet den schlotternden „Meister der Küche".

Glücklicherweise hat mein Hengst, der sich in den ersten Tagen gar zu übermütig gebärdete und mich daher des öfteren in Gefahr brachte, nun eine ganz ungewöhnliche Bergsicherheit erworben. Am liebsten trabt der kleine Geselle direkt am Rande des Abgrunds, so daß ich über die Steigbügel hinweg das gurgelnde Wasser sehen kann.

Leider aber bleiben die Verluste nicht aus. Eines Abends brechen uns zwei Tiere in Felsspalten zusammen und werden, ehe Hilfskräfte zupacken können, in den Abgrund geschleudert, wo sie fünfzig Meter tiefer mit gebrochenen Hälsen liegenbleiben. Nur die Lasten, die sich im Sturz von den Tieren gelöst hatten, können geborgen werden.

Dann verlieren wir das dritte, das vierte und fünfte Tier. Wir sind zu einer Leidenskarawane geworden.

Teilweise überrollen sich die Tiere und reißen im Sturz noch andere mit in die Tiefe, wo sie mit donnerndem Aufschlag zerschellen.

In diesen Tagen bricht auch mein Hengst einmal unter mir zusammen, doch gelingt es mir, rechtzeitig abzuspringen, so daß ich das Tier an der Mähne halten kann, bis Hilfe naht.

Dann wieder erscheinen überm Meer der Wolken funkelnd die Kristallpyramiden der Siebentausender, die den letzten Grenzwall zwischen China und dem „Dach der Erde" bilden.

Von nun an steckt uns die Vorahnung Tibets wie ein Fieber in den Knochen, und mit magischer Gewalt zieht es uns voran. Wir beneiden die mächtigen Himalaja- und die goldgehämmerten Lämmergeier, die nun schon täglich ihre erhabenen Kreise über der Karawanenstraße ziehen. Sie brauchten nur ihre Schwingen zu breiten, um in wenigen Stunden in Tibet zu sein. Wir aber, Würmer der Erdkruste, werden noch viele Tage benötigen, um durch die tiefen Falten des grandiosen Gebirgslandes bis Tatsien-lu, der Grenzfeste, hinaufzusteigen.

Noch immer gehen nächtliche Gewitter über den Hochtälern nieder, und der Regen peitscht durch die papierverklebten Fensterluken der verwanzten Herbergen, in denen wir Unterschlupf finden. Unsere Waffen verrosten, und die so schwer errungene Ausbeute, die wir auf langen Marschtagen sammelten, droht zu verfaulen. Wenn wir nachts bei flackerndem Kerzenlicht sitzen, um die wissenschaftlichen Sammlungen zu ordnen und die Tagebücher nachzutragen, tritt die Reaktion ein. In äußerster Niedergeschlagenheit und Ermattung quälen uns die vielen kleinen Teufel des Zweifels. Dann fragen wir uns, warum wir das mühelose Leben und alle die vielen Annehmlichkeiten der Zivilisation hintanstellen, um für Jahre, einem Phantom nachjagend, in die unberührte Wildnis zu ziehen.

Aber wenn dann am Morgen der Weckruf erschallt und der frische Bergwind uns den Nebeldunst um die Ohren weht, wenn wir munter und ausgeschlafen wieder hinaustreten, dann wissen wir, warum das alles ist und wir gar nicht anders können.

So vergehen die letzten harten, aber herrlichen Tage im Hsifan-Berglande, genossen aus dem Kelch reinster Freude, in dem nur wenige bittere Wermutstropfen gemischt sind, ohne die das Forscherleben nun einmal nicht sein kann.

Tatsien-lu wird erreicht.

Diese alte Grenzstadt, die im Laufe ihrer Geschichte so manchen Sturm erlebte, liegt eingekeilt zwischen riesigen Bergen auf 2700 Meter Höhe am Zusammenfluß zweier mächtiger Wasseradern, die sich hier zu einem wildgischenden Bergfluß vereinigen.

Zum ersten Male wieder hünenhafte, grobknochige, schafspelzbekleidete Hochlandnomaden — und eisiger Schneewind.

Wie eine Offenbarung ist das alles.

Lawinendonner hallt die ganze Nacht von den Bergen. Schlaflos wälze ich mich in meinem Bett von Seite zu Seite und kann vor Aufregung kein Auge schließen. Tibet hat wieder Besitz von mir ergriffen. Ich kann die große Freude kaum fassen.

Das dumpfe Brausen des Flusses, der zwischen den engen Häuserreihen wie ein wildes Pferd dahinrast, zieht mich immer wieder hinaus in die mondglänzende Hochgebirgslandschaft, über der die Gletscherberge wie tausendzackige Platinkronen leuchten und funkeln.

„Wer da schlafen kann, ist es nicht wert, Tibet zu erleben", schreibe ich noch in dieser Nacht in mein Tagebuch, und rastlos irre ich stundenlang umher, bis mich endlich die Müdigkeit übermannt und ich in einen tiefen, seligen Schlaf sinke.

Tatsien-lu, wo wir unser großes Stand- und Sammellager aufschlagen, bringt uns die ersten wirklichen Erfolge.

Während Duncan, dem Dolmetscher und Karawanenführer, die Aufgabe zufällt, eine neue Karawane und tibetische Begleitmannschaften auszuheben, ziehen Dolan, der Führer der Expedition, und ich, der Zoologe, im weiten Rund durch die umliegenden Gebirgsmassive, um zu sammeln und zu jagen.

Alle Präparate gelangen im besten Zustand in unser Hauptlager. Erst nach wochenlanger Trennung kommen wir alle wieder zusammen.

Unsere nächste Aufgabe ist es nun, von Tatsien-lu in westlicher Richtung durch das Gebiet der meridionalen Stromfurchen nach Batang vorzudringen, wo wir die härtesten Wintermonate verbringen wollen, um im nächsten Jahr den Angriff auf die nördlichsten und wildesten Hochsteppen zu wagen.

Inzwischen ist es September geworden.

Eines Morgens versammeln sich sechzig ungestüme Jaks und fünfzehn wilde, berittene Tibeter im Hofe der Missionsanstalt. Dazu kommen unsere eigenen Reittiere und diejenigen unserer chinesischen Dienerschaft, der Dolmetscher, Diener, Jäger und Präparatoren.

Befehle schwirren durch die Luft, die Tiere werden beladen, und dann fliegen die Tore auf.

Es geht dem Unbekannten entgegen.

Schon der erste Tag beschert uns einen 4000 Meter hohen Paß. Es folgen meilenweite Hänge hochalpiner Alpenrosendickungen, die allmählich in weite, grasbewachsene Steppenberge übergehen.

Auf azurblauem Grund ziehen die schneeweißen Wolkenschiffe über uns dahin, und zu beiden Seiten des kleinen Silberbächleins breiten sich die unermeßlichen Weidegründe der hochtibetischen Nomaden. Viele tausende von grunzenden, schwarzen Jaks bedecken die weiten Flächen der flachgewölbten, uralten Gletschertäler.

Einige der wetterharten Hochlandrinder liegen breit und behäbig im eiskalten Fluß, um ein Vollbad zu nehmen.

Wilde Gesellen in speckigen Schafspelzen, die breiten Schwerter durch den Gürtel gezogen, werfen uns mißtrauische Blicke zu, und ihre pausbäckigen Frauen verschwinden bei unserem Anblick mit niedergeschlagenen Augen in ihren schwarzen Jakhaarzelten.

Alles kommt darauf an, mit diesen freien Hochlandbewohnern ein gutes Auskommen zu finden, und so teilen wir beim Lagerschlagen die ersten Geschenke aus, machen Gastbesuche und erkundigen uns nach der Sicherheit des vor uns liegenden Weges, denn das „Räuberland" hat begonnen.

In den nächsten Tagen geht es wieder in tiefe, von Stecheichen und Rhododendron bestandene Schluchttäler hinab, über denen die abgerundeten Kuppen und Kegel des unermeßlich weiten Graslandes thronen, das gipfelwärts in die Regionen des eigentlichen Hochgebirges übergeht.

Unbeschreiblich schöne, sonnendurchstrahlte Herbsttage erleben wir zwischen Baumgrenze und ewigem Schnee.

Noch blühen herrliche blaue Astern, Enziane und ungezählte Millionen flockigweißer Edelweißsterne über den Steppen.

Ohne größere Aufenthalte ziehen wir in tadelloser Marschordnung beobachtend, sammelnd und jagend dem tiefgekerbten Schluchttal des Yalung entgegen, erfreuen uns des letzten Grüns der Talwiesen und der sonnenüberstrahlten, in allen Farben leuchtenden Wälder. Es ist wie eine Atempause der Natur, und alles genießt vor Einbruch des Winters noch einmal das Leben.

Im Tale des Yalung, zu dessen beiden Seiten sich die Felsenhänge tausende von Metern erheben, erleben wir trotz der vorgerückten Jahreszeit noch fast subtropische Wärmegrade.

Ein ganzer Tag ist damit ausgefüllt, das Gepäck und die Tiere in mühseliger Arbeit über den etwa hundert Meter breiten Bergfluß zu rudern. Natürlich geht es ohne kleine Zwischenfälle nicht ab. Einige Kisten und Koffer rutschten ins Wasser, scheuende Pferde brennen durch und können erst nach langwierigem Hetzen am steinigen Ufer wieder eingefangen werden.

Schließlich bricht sogar inmitten des rasenden Flusses das Steuerruder, so daß das schwerbeladene Floß beinahe an den Klippen zerschellt.

Nach dem Übersetzen haben wir unsere Zelte kaum am westlichen Yalungufer aufgeschlagen, als uns die erste Hiobsbotschaft erreicht, die für das Schicksal der gesamten Expedition von größter Bedeutung ist.

Vor wenigen Tagen nämlich haben die wegen ihrer Tollkühnheit berüchtigten Schiang-schien-Räuber den Fürsten der Waschi-Nomaden auf greuliche Weise ermordet, und das ganze Stammesland um Litang, unserem nächsten Etappenziel, befindet sich in Aufruhr.

Von Nomadenlager zu Nomadenlager rast der Mord. Selbst von Hokow aus plant man einen Feldzug, um den erschlagenen Häuptling zu rächen.

Der tibetische Kommandant teilt uns mit, daß er von seinen Stammesbrüdern angehalten und gezwungen sei, vierzig schnelle Pferde herbeizuschaffen, um die Schiang-schien überwältigen zu helfen.

Als er Bedenken äußerte, weil die Tiere droben auf den Weiden wären, wurde er gefoltert.

Selbstverständlich lassen wir uns nicht zur geforderten Rückkehr bewegen, sondern teilen nach altbewährter Weise Geschenke aus und schärfen unserer Mannschaft ein, daß von nun an nur in voller Kleidung und mit der Waffe in der Hand geschlafen werde. Keinesfalls sind wir bereit, uns einschüchtern und uns von unserem ursprünglichen Vorhaben, über Litang nach Batang vorzudringen, abbringen zu lassen.

Wir haben allesamt schon einige Jahre Tibeterfahrungen hinter uns und wissen, daß Abenteuer oft nicht zu umgehen sind. Aber andererseits wissen wir auch, daß diese urwüchsigen Hochlandbewohner gar nicht so wild und gefährlich sind wie der Ruf, der ihnen vorausgeht.

Wenn man seine Nerven bewahrt und sich nicht ins Bockshorn jagen läßt, kann das Äußerste in den allermeisten Fällen vermieden werden.

Die tibetischen Räuber töten ja nicht, um zu töten. Eigentlich tun sie es nur dann, wenn es keinen anderen Ausweg für sie gibt, sich in den Besitz von Tieren, Lasten und vor allem von Waffen zu setzen. Das dümmste, was wir tun könnten, wäre es daher, uns als „Helden" aufzuspielen oder unser „Recht" zu fordern.

Hier hilft nur eines: sich Menschen und Situationen anpassen, die schwachen Seiten des Gegners erkennen und — ohne die eigene Würde zu verlieren — eine Verhandlungsbasis finden.

Deshalb ermahnen wir unsere Mannschaften immer wieder, daß bei etwaigen Überfällen kein Schuß abgefeuert werden dürfe, bevor wir nicht selbst den ausdrücklichen Befehl dazu gegeben haben. Oberstes Gesetz ist, unter allen Umständen zu vermeiden, Menschen zu töten; denn abgesehen von der Gewissensfrage und dem ethischen Gesetz wäre es die größte Torheit, die wir begehen könnten.

Was würde auch ein Sieg über eine einzelne Bande helfen, wenn die Rache des gesamten Stammes, also Verfolgung und Auslöschung der Expedition, die unausbleibliche Folge wäre? Das haben frühere Tibet-Expeditionen zur Genüge gezeigt.

Also, keine Furcht zeigen, von der Waffe erst im äußersten Notfall Gebrauch machen und sich der jeweiligen Lage anpassen! Mit dieser Losung, deren Befolgung eines der vielen ungeschriebenen Gesetze unserer Expedition wird, geht es nun wieder aus den tiefen, urwaldbedeckten Schluchttälern des Yalunggebietes den kalten, sonnenüberstrahlten Hochsteppen und damit Litang entgegen.

Als erstes planen wir, das Herbstlager des uns als friedfertig bekannten Schung-schi-Fürsten anzusteuern, um uns dort über die Lage in und um Litang und im Schiang-schien-Gebiet zu informieren.

Unter brausenden Herbstgewittern ziehen wir durch sturmtosende Urwälder, überschreiten den beinahe 5000 Meter hohen Ra-Ba-La, lassen das wilde, zerrissene Gebirgsland ostwärts im Rücken und sehen nach einigen Tagen die sechzig düsterschwarzen Zelte des Fürstenlagers von Schung-schi vor uns liegen.

Von einer Riesenmeute wilder, kohlrabenschwarzer Mastiffs umstellt und umkläfft, reiten wir in tadelloser Ordnung ein und werden mit Buttertee, dem tibetischen Nationalgetränk, auf das freundlichste bewirtet.

Schon während der ersten Stunde unserer Anwesenheit im Fürstenlager versammeln sich die vornehmsten und angesehensten Männer des Schung-schi-Stammes um uns.

Es sind kühne, hünenhafte Gestalten, ganz in Pelz gekleidet, mit dunklen, stechenden Augen, schmalen Gesichtern und langen, gebogenen  Adlernasen. Da die meisten von ihnen wohl noch nie in ihrem Leben einen weißen Mann mit eigenen Augen gesehen haben, berühren sie unsere Haut, unsere Kleider, betasten unsere Pistolen, lachen über Dolans blaue „Teufelsaugen" und streicheln uns abwechselnd über Haare und Bart. Nach dieser hochnotpeinlichen Untersuchung stellen sie mit Befriedigung fest, daß wir ebensowenig künstlich gemacht sind wie sie selbst. Dies alles scheinen die Notablen inzwischen ihrem Stammesoberhaupt gemeldet zu haben, denn kurze Zeit darauf werden wir zur Audienz in das riesige, wohl zwanzig Meter lange und fünfzehn Meter breite Zelt des Fürsten gebeten.

In malerischer Anordnung gruppieren sich rund ums Fürstenzelt die luftigen Behausungen der hohen Stammesträger, die Kloster- und Gerichtszelte und ein Frauenzelt, aus dem ab und zu die großen schwarzen Augen einer jungen, bildhübschen Tibeterin hervorlugen. Trotz mehrfacher Anfrage bleibt uns der Zutritt zu diesem privaten Heiligtum verwehrt, aber in das Gerichtszelt, wo der Fürst von goldenem, teppichgeschmücktem Throne über Leben und Tod seiner Untertanen Recht zu sprechen pflegt, dürfen wir einen kurzen Blick werfen.

Von der dominierenden Position, die das Fürstenzelt einnimmt, ist das weite Lagerrund mit seinem kunterbunten Gewimmel schwarzweißer, grunzender und blökender Zelttiere gut zu überblicken.

Das Ganze macht einen phantastischen, weltverlorenen Eindruck. Der Fürst selbst ist etwa dreißig Jahre alt, ein Riese von Gestalt, schlank, energisch, männlich, eine wahrhaft imponierende Erscheinung.

Er trägt einen seidenen, mit Leopardenfell verbrämten Umhang und hat einen langen Zopf um den Kopf gelegt.

Wir werden mit außergewöhnlicher Liebenswürdigkeit behandelt, können aber über den Steppenkrieg nur wenig in Erfahrung bringen, da der Fürst selbst keinerlei Verbindungen zu den kämpfenden Nachbarstämmen unterhält, um nach Möglichkeit nicht in den Bruderkrieg verwickelt zu werden.

Noch am gleichen Abend macht uns der Steppenfürst seinen Gegenbesuch und bleibt, da es ihm in unserer Gesellschaft gut gefällt, bis tief in die Nacht hinein unser Gast.

Als er endlich gegangen ist, bricht für den Rest der Nacht ein wahrer Höllenlärm los, da sämtliche freigelassenen Nomadenhunde ihre wilde Wut an uns Fremdlingen auslassen und bis zum frühen Morgen hinein unsere Zelte heulend und bellend umlagern. Erst bei Tageslicht stellen wir fest, daß die Bestien unser Gepäckzelt zerrissen, einige Kisten mit wertvoller zoologischer Ausbeute völlig zermalmt und die Beutestücke mit Stumpf und Stiel aufgefressen haben. Das Meisterstück, das diese Köter nächtlicherweise vollbrachten, aber ist, daß sie einem unserer schlafenden Diener die Stiefel von den Beinen rissen und sie mit Sohle und Absatz verschlangen.

Beim Abschied gibt uns der gastfreie Fürst noch einige wohlgemeinte Ratschläge hinsichtlich der drohenden Räubergefahr, doch haben wir uns längst entschlossen, keine größeren Umwege mehr zu machen und reiten daher in direkter Richtung auf Litang, wo wir nach vierundzwanzigstündigem Marsch unbelästigt und wohlbehalten einziehen.

Litang, eine uralte tibetische Steppensiedlung, zugleich eine der wichtigsten Städte Osttibets, ist, wie sich jeder Leser überzeugen mag, beinahe auf jedem anständigen Atlas verzeichnet. Bei einer Höhenlage von 4100 Meter ist die Ortschaft eine der höchsten, mit absoluter Gewißheit aber die schmutzigste menschliche Siedlung dieses Erdenballes.

Rundum von kahlen, ureinsamen Steppenbergen, die sich bis in die blaue Ferne dehnen, umsäumt und weit im Süden von einigen majestätischen Schneegipfeln übertürmt, fasziniert die trostlose Siedlung in ihrer Öde und Einsamkeit.

Von den nahen Berghängen leuchten die goldenen Zinnen des mächtigen und weit im Lande berühmten Litang-Klosters, um dessen trutzige Mauern sich Hunderte von schmutzstarrenden Nomadenzelten scharen. Ansonsten macht die Siedlung mit ihren in Armseligkeit erstickenden Häuserreihen, den tibetischen Ruinen, den alten Wällen und verfallenen Palästen ein denkbar trübseliges Bild grausamen Zerfalls.

Tibet und China mischen sich hier in geradezu grotesker Weise, und beide scheinen das Abträglichste ihrer Kulturen dazu gegeben zu haben, um zu dieser abscheulichen Kloake zu verschmelzen. Die wilde Freiheit des Steppentibeters hat sich hier dem Scheinleben einer festen Siedlung selbst zum Opfer gebracht, aber all die vielen Unbeschreiblichkeiten sind in diesem Pfuhl von Schmutz und Kot noch so packend, daß wir wie Traumwandler durch die von räudigen Hunden wimmelnden Straßen wandeln.

Wie eine wahre Metzgersiedlung mutet Litang zu dieser Jahreszeit an, denn überall hängen fette, ausgeschlachtete Jaks auf den Straßen, und das geronnene Blut der Schlachttiere fault in der sengenden Herbstsonne.

Draußen, vor den Toren der Stadt, werden die Tiere auf barbarische Weise vom Leben zum Tode gebracht. Da in Klosternähe in ganz Tibet nicht direkt getötet werden darf, haben die Tibeter, um dieses buddhistische Gebot zu umgehen, Mittel und Wege gefunden, den armen Schlachttieren auf indirekte Weise den Garaus zu machen, indem sie den gefesselten Tieren lederne Säcke fest über die Köpfe zusammenschnüren und sie auf diese Weise qualvoll ersticken.

Auch pflegt man den Schlachtopfern Schlingen um den Hals zu legen und sie an überhängende Klippen zu führen, wo man sie, durch den lieblichen Duft freischwebender Heubündel gelockt, zum Absturz bringt. So erhängen sie sich selbst, und der Mensch glaubt sich keine Gewissensbisse machen zu müssen, eine Todsünde begangen zu haben.

Volle vier Wochen lang bleibt Litang das feste Standlager unserer Expedition.

Von hier aus führen wir unsere Streifzüge in die nähere und weitere Umgebung durch, nicht allein, um unsere wissenschaftlichen Sammlungen zu vervollständigen, sondern um gleichzeitig alle Möglichkeiten für den Weitermarsch nach Batang auszukundschaften und genauestens zu überprüfen. Vor uns liegt zweifelsohne das räuberverseuchteste und im Augenblick gefürchtetste Gebiet ganz Osttibets.

Unsere nicht ganz einfache Aufgabe besteht darin, das Gebiet der Waschi-Nomaden, deren Stammesfürst ermordet wurde, zu durchqueren und uns zwischen den Schiang-schien-Räubern, die im Süden, und den gefürchteteren Linkei-schis, die nördlich der großen Karawanenstraße ansässig sind, hindurchzuschlängeln.

Während wir noch damit beschäftigt sind, alle unsere Überredungskünste aufzubieten, um unsere schon jetzt zur Meuterei neigende Mannschaft zusammenzuhalten, jagt eine Schreckensbotschaft die andere.

Wir erfahren Einzelheiten über die Ermordung des Waschi-Fürsten, die noch immer blutige Scharmützel zwischen Waschis und Schiangschiens im Gefolge hat.

Häufig werden von großkalibrigen Bleigeschossen grauenhaft zugerichtete Verwundete nach Litang gebracht, und wir tun alles, um mit Verbandzeug und Medikamenten auszuhelfen.

Aber nicht genug! Als nächster Schock kommt die Nachricht, daß der größte Lamatyrann Osttibets, der König von Muli, in dessen Kloster Kulu-gompa ich selbst einmal gefangengehalten wurde, von den Chinesen eben in dem gleichen Kulu-gompa umgarnt und niedergeschossen wurde.

So droht nun auch vom Süden her der Steppenbrand, und im höchsten Norden liegen die Natschuka- und die Njarong-Tibeter miteinander in heftigen Kämpfen.

Vor allem aber ist die nach Batang führende Karawanenstraße schon seit Monaten durch Räuberbanden der Linkei-schi vollständig blockiert, und eine Umgehung der gefährlichsten Gebiete erscheint wegen der sich überall in Aufruhr befindenden Stämme völlig unmöglich.

Wir sind also in eine Mausefalle geraten.

Aber sollen wir vor der Übermacht die Waffen strecken und den feigen Rückzug antreten — oder den Weitermarsch durchs Räuberland erzwingen?

Mag kommen, was immer da wolle: wir sind uns einig in dem Entschluß, durchzustoßen und nach tibetischem Sprichwort zu handeln: „Wenn du viele Läuse hast, so hat es keinen Zweck, zu kratzen, und wenn es viele Räuber gibt, so kannst du nichts daran ändern." Die Frage, vor der wir stehen, ist: Sollen wir, wie es uns am liebsten wäre, mit einer kleinen, möglichst beweglichen und schlagkräftigen Karawane den heimlichen Durchbruch versuchen? Oder wäre es nicht zweckmäßiger, mit einer großen und wohlbewaffneten Karawane die Hauptstraße zu wählen und den Räubern die Stirn zu bieten?

Aus Gründen der Tarnung verbreiten wir vorerst die Kunde, daß wir uns schon in kurzer Zeit wieder in Richtung auf die chinesische Grenze zurückziehen wollen, nehmen aber gleichzeitig geheime Verbindung mit Losung-Dendru, dem „Tugendsam-verständigen"-Räubergewaltigen des Linkei-schi-Stammes auf.

Aber Losung-Dendru schickt uns mit hoffärtiger Geste alle Geschenke zurück und läßt uns kundtun, daß ihm nichts an kleinen Spielereien, alles hingegen an unseren Gewehren und Pistolen gelegen sei, die er sich, wenn wir sie nicht freiwillig gäben, auch auf andere Weise zu beschaffen wisse. Das ist eine deutliche, unmißverständliche Sprache!

Mit einem Schlage sind wir aller Zweifel enthoben. Ein heimlicher Durchbruch würde nach Lage der Dinge mit an Sicherheit grenzende Wahrscheinlichkeit den Untergang unserer Expedition bedeuten.

Nun gehen wir aufs Ganze und verkünden daher mit der Stimme „ganz großer Männer", daß wir entschlossen seien, die Räuberblockade zu durchbrechen, um den Handelsweg nach Batang und Lhasa zum Wohle aller Bürger und Kaufleute wieder zu eröffnen. Das sei, so versichern wir den wehrfähigen Männern Litangs, die wir nun in unserem Lager versammeln, eine „ganz kleine Sache", wenn sie nur Disziplin wahren und sich unserem Oberbefehl unterordnen würden.

Sehr von Nutzen sind uns übrigens die Gerüchte, die über unsere Schießkünste im ganzen Lande kursieren.

Nun, da wir das Vertrauen der Bevölkerung besitzen, gelingt es uns in kürzester Zeit, eine starke, gut bewaffnete Begleitmannschaft anzuheuern.

Inzwischen haben unsere eigenen Diener und Getreuen in Erfahrung gebracht, daß Losung-Dendru einige seiner Räuber in unsere Eskorte einschmuggelte, um den Überfall in allen Einzelheiten vorbereiten zu können. Nachts, so wird uns berichtet, wolle man über unser Lager herfallen, die Zeltleinen kappen, uns Weiße ermorden und unsere chinesischen Diener als Geiseln in die Berge entführen.

Selbstverständlich schlagen wir diese warnenden Gerüchte nicht in den Wind und treffen unsere Vorkehrungen. Danach verschwinden die verdächtigen Elemente in unserer Eskorte auf Nimmerwiedersehen.

Aber Losung-Dendru läßt sich seinerseits nicht ins Bockshorn jagen. Am Tage darauf führt er, dicht bei Litang, einen Überfall auf drei Tibeter durch, die jedoch nicht getötet, sondern nur gefoltert, ausgepeitscht und ihrer Waffen beraubt werden.

In unserem Lager herrscht nun Hochbetrieb. Vom Morgen bis zum Abend werden Vorbereitungen getroffen. Der freudige Geist überträgt sich auf Mannschaft und Eskorte. So verwandelt sich das Lager einer wissenschaftlichen Expedition in einen Sammelplatz von Kriegsleuten und Abenteurern aller Art. Natürlich lassen wir es uns etwas kosten, geben Festessen, lassen Tänze aufführen und spendieren Reiswein. Alles schwingt mit und alles brennt darauf, die große Tat zu vollbringen. Sodann übermitteln wir allen chinesischen Kaufleuten, die in Litang nun schon seit Monaten auf die Wiedereröffnung der Karawanenstraße warten, die Einladung, daß sie herzlich willkommen seien, sich unserer wohlausgerüsteten und stark bewaffneten „Räuberabwehrsammelkarawane" anzuschließen.

Bald können wir uns vor Bewerbern kaum mehr retten und erleben tagtäglich die Genugtuung, einigen zaghaften und verängstigten chinesischen Handelsherren Hoffnung und neuen Mut geschenkt zu haben.

Das schönste aber ist, daß sich selbst der Sohn des chinesischen Kommandanten von Batang dem Schutze unserer Waffen anvertraut, so daß unsere Karawane schließlich einem kleinen Heerzug gleicht. Sechshundert schwerbeladene Jaks, fünfzig Pferde und fünfzig bis an die Zähne bewaffnete Männer stehen marschbereit.

In wohlgeordneten Abteilungen von je hundert Tieren setzen wir uns an einem strahlenden Herbstmorgen frisch und freudig in Bewegung und sind überzeugt, daß es selbst der „Tugendsam-Verständige" nicht wagen wird, diese mächtige Karawane zu überfallen. Der Sohn des Batang-Kommandanten und mehrere außerordentlich zuvorkommende chinesische Verwaltungsbeamte haben die Führung der Einzelkarawanen übernommen, während die etwas schüchternen Kaufleute, in dicke Pelzmäntel gehüllt und mit gelben und blauen Schneebrillen über ihren Wollmützen, in der wohlbeschützten Mitte der Hauptkarawane reiten.

Am Abend des ersten, gelungenen Marschtages schreibe ich in mein Tagebuch: „Die ganze Karawane, so wohlbewaffnet sie auch ist, gleicht einem Fastnachtszug. So, als wenn eine Kolonne alter Weiber dem Nordpol rasch einen Besuch abstatten wollte." Wenn ich auch keineswegs geneigt bin, die drohende Gefahr zu unterschätzen, so ist es doch nach meiner langjährigen Tibet-Erfahrung eine Tatsache, daß die guten Räuber, einer Luftspiegelung vergleichbar, im Nebeldunst verschwimmen, je näher man ihren berüchtigten Revieren rückt. Die wildesten Geschichten werden ja bekanntlich überall in den großen Siedlungen erzählt. In der Wildnis liegen die Dinge dann meist — doch nicht immer — einfacher, als man sie sich in der Ausmalung vorweggenommen hat.

So ziehen wir Tag für Tag in festgefügter Marschordnung immer in etwa 4000 Meter Höhe gen Westen und errichten allabendlich unsere kralartigen Lager an leicht zu verteidigenden Orten, stellen Wachen auf und wiegen uns inmitten des lodernden Kranzes nächtlicher Lagerfeuer in absoluter Sicherheit.

Wahrscheinlich haben wir es diesen mit peinlicher Genauigkeit beachteten Vorsichtsmaßnahmen zu verdanken, daß wir auf dem Gewaltmarsch nach Batang von den Räuberbanden Losung-Dendrus im großen und ganzen ungeschoren gelassen werden.

Einem schwarzen Lindwurm vergleichbar, nähert sich die schwerfällige Riesenkarawane dem Stammesgebiet der Waschi-Nomaden. Späher sind vorausgeschickt, Seitensicherungen schützen die Talflanken, und schließlich gelangen wir in ein Gebiet, wo der Talgrund über und über mit tiefen, trichterartigen Gruben bedeckt ist. Hier, so berichten uns die ortskundigen Führer, haben die wilden Waschis, die sich erst vor wenigen Generationen von den räuberischen Ngoloks abgezweigt und die Hochsteppengebiete zwischen Litang und Batang erobert haben, nach dem gelben Metall gesucht.

Tibet ist ein goldreiches Land, doch leben die gläubigen Lamaisten in der Vorstellung, daß das kostbare Metall den „Nagas" oder Erdgeistern zu eigen sei, weshalb man nur geringe Mengen Goldes heben dürfe. Auch sagt der Aberglaube, daß man größere Goldklumpen unter allen Umständen im Boden lassen müsse, da sich der Bestand im Ablauf der Zeiten aus diesem „Wurzelgold" von selbst erneuere.

Leider habe ich den seltsamen Glauben, solange ich auch an den goldführenden Flußufern suchte, niemals bestätigt gefunden.

Schon tauchen die ersten, weißleuchtenden Schafherden der Waschis an den weiten Hängen auf. Bald erreichen wir das erste Lager, das jedoch nur von verängstigten Weibern und Kindern, die bei unserem Anblick in die schwarzen Zelte flüchten, bewohnt zu sein scheint. Männer erblicken wir nicht und sind daher auf unserer Hut, denn es könnte sein, daß sie uns aus dem Hinterhalt mit blauen Bohnen bepflastern. Oder aber — und diese Mutmaßung dünkt uns am wahrscheinlichsten — sie kämpfen noch gegen die Schiang-schien, um Rache für die Bluttat an ihrem Stammeshäuptling zu nehmen.

Es versteht sich von selbst, daß unser Sammellager an diesem Tage mit besonderem Bedacht errichtet und die ganze Nacht über schärfstens bewacht wird.

Blausilbernes Mondlicht schweift über das einsame Hochlandlager, und langsam, unterbrochen nur vom Bellen der Hunde und dem langgezogenen Geheul der Wölfe, verrinnen die Stunden einer ängstlichen Nacht.

Es ist ein herrliches, wunderbares Leben in dieser urwüchsigen Wildnis.

Die „Wahrheit zu suchen" und der „Wissenschaft zu dienen" zogen wir aus, um uns selbst zu vergessen und im Namenlosen unterzutauchen.

Alles haben wir hinter uns gelassen, die Heimat, die Familien, wo wir ein gewisses gutes, bürgerliches Ansehen genossen, nur um hier in weltabgeschiedener Einsamkeit, einer selbst auferlegten Pflicht zu genügen.

Was aber ist diese Pflicht? Ein paar neue Tiere entdecken, wissenschaftliche Sammlungen anlegen und den Pfad ebnen für solche, die nach uns kommen, und die vielleicht die fragwürdigste aller Errungenschaften: die europäische Zivilisation bringen ... den „Fortschritt", und damit auch den Untergang.

Wenn wir nachts am Lagerfeuer sitzen, von vorn verbrannt, von rückwärts angefroren, und die flackernde Rotglut über unsere Gesichter spielt, ist die Stunde gekommen, wo wir in uns gehen und Rechenschaft ablegen.

Gewiß, wir glauben zu treiben, aber wir sind doch nur die Getriebenen. Wir glauben, neue Erkenntnisse mitzubringen und eröffnen durch unser ungestümes Treiben nur den Weg des Leides.

Es ist die tragische Schuld aller Forscher, daß sie glauben, dem Guten zu dienen. Aber es ist zu häufig nur Selbstbetrug, und in ihren Fährten folgt das Unglück, wie ein Rudel blutgieriger Wölfe den einsamen Karawanen, die über das Dach der Erde ziehen.

Es sind das alles sehr trübselige Gedanken, von denen ich mich gern befreien möchte, ohne es zu können, weil sie irgendwo eine tiefe Wahrheit in sich tragen.

Man sollte nur reisen und wandern um des Reisens und Wanderns willen, um aus der Unfreiheit Europas und allen festgefügten Gewohnheiten der Zivilisation, aus tausend Konventionen in den Urgrund des Lebens hinabzutauchen.

Das ist das Schönste am Forschen in der freien, von Europäern noch nicht geschändeten Wildnis, daß man in eine neue, freie, unendlich weitgedehnte Lebenssphäre eintritt, in der man nichts weiter als ein kleines Stück Leben ist.

Nach Batang, ins Land der Bären und der wilden Jaks, zu den Quellen des Jangtse!

Etwas, das wir mit dem klaren Verstand gar nicht zu fassen vermögen, treibt uns voran.

Was sind da Verdienst und Ruhm und Anerkennung bei den Menschen?

Ich glaube, daß die wirklichen Werte, um die es sich zu forschen und zu leben lohnt, von diesen Kunstbegriffen, die doch nur Vorwand sind für Gier und Macht, nicht einmal angerührt werden.

Was ist das Quellgebiet des Jangtsekiang, das wir vielleicht in vielen Monaten, vielleicht auch erst in Jahresfrist zu erreichen gedenken?

In Wahrheit doch nicht mehr als ein geographischer Punkt, ein sturmdurchbraustes, von himmelragenden, gletscherbewehrten Bergen umrahmtes Niemandsland, das noch im Namenlosen dämmert wie seit uralter Zeit, da es noch keine weißen Menschen gab mit ihrem Sternenwahn, ihrer Wissenschaft, ihrem Fortschritt und ihrer Eitelkeit.

So wandern wir weiter, Getriebene unserer selbst, ohne doch recht zu wissen, warum.

Dolan, der junge Amerikaner, der so seltsam in die Flammen starrt, hebt den Kopf. Wie schon so oft, sagt er: „To find the truth" — „Die Wahrheit zu finden", das sei der Grund, weshalb es ihm von Fortschrittswahn und Verbesserungsglauben des neuen Kontinents immer wieder in das alte Asien und nach Tibet zöge.

Aber später — wir werden die Zeit noch erleben —, da wir als Spione verdächtigt in Jekundo sitzen und die Gefangenschaft an unseren Nerven pocht, da sehnt sich Dolan nach den Vereinigten Staaten zurück und schreibt in seiner Verzweiflung ein Drama über Amerika, während seine Tibet-Tagebücher leere Seiten weisen.

So ist das Leben nun einmal.

Die „Wahrheit" kann es also auch nicht sein. Aber vielleicht ist es die Einsamkeit, das Suchen nach sich selbst, die Sehnsucht nach dem Einklang mit der eigenen Natur, die man weder in „Freundschaft" noch gar in „Kameradschaft" finden kann.

Das ist der glücklichste Zustand und vielleicht das schönste Ziel aller Reisen und Expeditionen, die in die Wildnis führen, daß man in der großen Einsamkeit versteht, daß der Sinn des Lebens in diesem selbst liegt.

So eng, und zu Zeiten auch offenherzig Freundschaften zwischen Menschenwesen und Expeditionskameraden auch sein mögen, ganz ehrlich und ganz echt meint es der Mensch nur mit sich selbst. Auf ehrliche Selbstorientierung aber kommt es an, um der Gemeinschaft aller Menschen, der wir nun einmal auf Gedeih und Verderb verbunden sind, dienen und auch opfern zu können.

Deshalb sollten die Staaten und Völker, in denen heute die Teufel der Technik rasen und den Menschen nicht mehr zur Selbstbesinnung kommen lassen, ihre Jugend dazu erziehen, Zugang zu ihrem eigenen Inneren zu finden und die Einsamkeit ertragen zu lernen. —

Langsam erlischt die Glut, und am nächsten Morgen reiten wir schon wieder weiter durch den klirrenden Frostmorgen.

Als sich das schluchtartige Tal gegen Mittag dann plötzlich weitet, liegt, von tausenden schwarzer Punkte übersät, eine öde, gewaltige Ebene vor uns, die Ebene der Waschi.

Zu unserer freudigen Überraschung werden wir von den Stammespriestern huldvoll aus den Sätteln gehoben und von einer bildschön gewachsenen, aristokratischen Tibeterin, die sich bald als die Witwe des erschlagenen Fürsten entpuppt, in ein riesiges Zelt geführt.

Die Fürstin und ihre beiden schon erwachsenen Töchter tragen über ihren feingeschnittenen Gesichtern schwere, goldene Geschmeide.

Wir werden äußerst freundlich bewirtet und hören zu unserem Erstaunen, daß die energische Frau nach dem Tode ihres Mannes die Herrschaft über die Waschi selbst übernommen hat, solange ihr Sohn, dessen Hauptquartier eine Tagereise entfernt liegt, die dreihundert Gewehrträger des Stammes auf dem Rachefeldzug gegen die Schiang-schien befehligt.

Das riesenhafte Lager ist völlig männerleer.

Solange sich die Fürstin in Trauer befindet, duldet sie, mit Ausnahme der heiligen Priester, die für die Seele und die baldige Wiedergeburt ihres verstorbenen Gemahls die vorgeschriebenen Offizien verrichten, keine anderen Männer in ihrer Umgebung. Selbst ihr eigener Sohn, so tut uns die Stammesfürstin kund, dürfe sich in der Zeit, bis der Stammesfürst nach neunundvierzig Tagen in einem kleinen Kinde wiedergeboren werden könne, nicht in ihrer unmittelbaren Umgebung aufhalten.

Aber sie legt uns mit unmißverständlichen Worten nahe, daß wir dem jungen Fürsten unter allen Umständen unsere Aufwartung machen müßten, wenn wir uns nicht der Gefahr aussetzen wollten, die Feindschaft der Waschis heraufzubeschwören.

Die ganze folgende Nacht über dröhnen die Trommeln und heulen die Posaunen ihre dumpfen, schauerlichen Weisen im monotonen Rhythmus über die mondbeschienenen Hochsteppen, um die unsterbliche Seele des verblichenen Stammesoberhauptes durch das nebelhafte Totenreich zu geleiten.

Den ganzen nächsten Tag verbringen wir im 4100 Meter hochgelegenen Weiberlager der Waschi, festigen unsere Freundschaft und ziehen erst im eisigkalten Morgenwind des übernächsten Tages, von der schönen Fürstin noch ein gutes Stück begleitet, in Richtung auf das Kriegslager des jungen Fürsten, dessen Schutz und Eskorte für den Weitermarsch nach Batang wir nach Möglichkeit erbitten möchten.

Da die Gefahr eines Überfalls zwischen den beiden Lagern nicht besteht, lassen wir unsere mächtige Karawane heute allein ihres Weges dahinziehen und legen die Strecke in fünf oder sechs Stunden scharfen Trabes spielend zurück, bis zur Mittagszeit die flaggenumwehte Zeltstadt des Kriegslagers der Waschi-Nomaden vor uns auftaucht.

In äußerster Spannung und Bereitschaft machen wir unsere Pistolen schußfertig, geben unseren Dienern noch genaue Anweisungen und galoppieren, tief atemholend, in Reih und Glied ins hohe Fürstenlager ein.

Hier, das merken wir schon, ehe die Pferde durchpariert sind, herrscht eine vom Frauenlager durchaus verschiedene Atmosphäre. Der Empfang ist frostig wie die winterliche Hochebene selbst, der Ton rauh und kühl, ja, wie wir zu unserem Schrecken bemerken, beinahe feindselig.

Wie ein drohender Hornissenschwarm stürzt sich eine ganze Bande schwerbewaffneter, ganz in Leder gekleideter Waschi-Männer mit wehenden Fuchspelzmützen auf unsere kleine Schar, ohne daß auch nur einer dieser wilden, kraftstrotzenden Krieger Anstalten macht, uns, wie es die gute Sitte vorschreibt, beim Absteigen behilflich zu sein.

Von den Pferden springend, nimmt uns sogleich ein in Leopardenfell geschmückter Edelmann ohne jedwede Formalität in Empfang und schlägt den Weg zum riesigen Fürstenzelte ein.

Rasch wechseln wir noch ein paar Blicke — und folgen. Wie es die Etikette bei einem „freundschaftlichen Besuch" erheischt, legen wir unsere Gewehre in die Obhut unserer Diener vor dem Zelte nieder und treten zwischen dunkelwallenden Jakhaarvorhängen hindurch vor den Thron des jungen Waschi-Fürsten.

Es ist eine wahrhaft unheimliche Begegnung, und wie wir uns nachträglich allesamt gestehen, beschleicht uns ein Gefühl von Unsicherheit, Furcht und drohender Gefahr.

Vor seinem ganz mit Bergleopardenfell ausgeschlagenen Thron befinden sich, griffbereit, Schwerter, Pistolen und Gewehre. Ohne unsere respektvollen Verbeugungen zu erwidern und uns auch nur im mindesten zu beachten, behandelt uns der breitgesichtig-brutale und sehr energisch wirkende Waschi-Fürst, dessen Alter wir auf höchstens dreißig Jahre schätzen, wie Luft.

Ohne sich auch nur im mindesten um die üblichen Höflichkeitsformen zu kümmern, ohne Gasttrunk und ohne Wort, gleiten seine kalten, hochmütigen Augen über uns hinweg, und je länger wir schweigend sitzen, desto grimmiger wird sein Gesicht.

Wir aber, die wir uns geschworen haben, die Freundschaft der jeweiligen Stammesoberhäupter zu gewinnen, lassen uns keineswegs ins Bockshorn jagen, machen gute Miene zum bösen Spiel und stecken uns lächelnd eine Zigarette ins Gesicht. Ohne den unheimlichen Gesellen auch nur zu befragen, versuche ich nun, eine Leica-Aufnahme zu machen und zücke die Kamera, die mir jedoch einer der Leibgardisten augenblicklich aus der Hand zu reißen versucht. Wang jedoch, der hinter mir Aufstellung genommen hat, wehrt ab, so daß ich die Aufnahme ohne weitere Störungen machen kann.

Nach einer langen Schweigeminute trägt Duncan unser Anliegen zwar höflich, aber nicht ohne kühle Förmlichkeit vor und fragt gleichzeitig nach den Wünschen und Anordnungen des Fürsten, der unsere Fragen jedoch geflissentlich überhört, seine Augenbrauen nur noch mehr zusammenzieht und uns sein brutales Kinn entgegenreckt, ohne auch nur eine Silbe zu äußern.

Ohne daß auch nur die geringste Unterhaltung zustande gekommen wäre, verlassen wir nach wenigen Minuten das ungastliche Zelt, werden jedoch kurz darauf vom Haushofmeister unterrichtet, daß der Fürst unsere Hunde haben wolle — eine Bitte, die unerfüllt bleibt — und daß es uns untersagt sei, im Waschi-Territorium auch nur einen Schuß abzugeben.

In ohnmächtiger Wut brechen wir daher sofort auf, stoßen nach längerem Ritt auf unsere große Karawane, schlagen an einer überfallsicheren Stelle das Lager auf und verbringen eine ängstliche Nacht, ohne daß die Waschis den von uns mit einigem Recht erwarteten Überfall durchführen.

Am nächsten Morgen reisen wir weiter, jagen und sammeln und sind heilfroh, das Gebiet des Waschi-Fürsten hinter uns zu bringen. Dann nähern wir uns dem zwischen den Linkei-schis im Norden und Schiangschiens im Süden gelegenen Niemandsland. Die zoologische Ausbeute ist so gut, daß ich manchen Abend bis Mitternacht im flackernden Kerzenschein sitze und die erlegten Vögel und Säugetiere präpariere.

Die körperlichen und nervlichen Anstrengungen bringen es mit sich, daß sich unser oft eine schwüle und gereizte Stimmung bemächtigt. Ganz für sich allein und in sich gekehrt sitzt jeder, trägt seine Tagebücher nach, und die einsilbigen Worte, die gewechselt werden, sind oft bitter, bis wir uns, zu später Stunde, in unseren Schlafsäcken verkriechen.

Es sind die ersten kritischen Tage, die auf keiner Wildnisexpedition ausbleiben. Aber wir kennen uns ja seit Jahren, wissen von dem zerrüttenden Einfluß des Hochlandklimas und richten uns danach. Manchmal, wenn uns wieder die Sehnsucht nach mitfühlenden und miterlebenden Seelen packt, verfluchen wir die Stunde, da wir der Zivilisation den Rücken kehrten. Aber wenn der Wildniskoller wieder verflogen ist, fühlen wir uns im freien Steppenrund den Göttern näher als den Menschen. So schwer die Prüfung auch sein mag, so sehr die Einsamkeit auch lastet: morgens, wenn wir unsere Pferde besteigen und hinausreiten in die strahlende Bergwelt, sind wir immer wieder glücklich.

Wenn es das Gelände zuläßt und die Sicherung der großen Karawane nicht gefährdet ist, mache ich mich nach dem Frühstück meist allein auf den Weg. Es ist oft besser, wenn kein anderer ahnt, was in einem vor sich geht. Dann schelte ich mich einen Narren, aber wenn ich beutebeladen zu den Kameraden zurückkehre, ist wieder alles gut und schön.

Schwer lastet der Rhythmus der Temperaturen von brennendheißen Tagen zu bitterkalten Nächten mit Unterschieden von oft mehr als dreißig Grad. Dieser ständige, extreme Wechsel von Hitze und Kälte bringt es mit sich, daß man sich tagsüber wie gerädert fühlt, während man nachts, wenn die Sternenbilder über den eisigen Hochsteppen dahinziehen, keinen Schlaf findet und sich ruhelos wälzt.

Aber der Marsch nach Westen vollzieht sich wider Erwarten ohne weitere Zwischenfälle, und die anfangs peinlich innegehaltenen Vorsichtsmaßnahmen werden bald gänzlich außer acht gelassen. Dies gilt besonders für die frühen Vormittage, wenn nach menschlichem Ermessen doch kein Überfall zu erwarten ist. Die Banden in Tibet pflegen ja zumeist erst bei Hereinbrechen der Dämmerung über ihre Opfer herzufallen, um das Raubgut im Schutze der Nacht in entlegene Täler zu entführen.

Heute gilt es, den hohen, an die 5000 Meter heranreichenden Chari-La zu nehmen. Bei der Verfolgung einer seltenen Prachtfinkenart, von der ich allzugern eine größere Serie erbeuten möchte, gerate ich mit meinem treuen Jäger weit abseits der Karawane. Paßwärts entschwindet sie unseren Blicken. Während ich selbst, nur mit der Schrotflinte bewaffnet, den flüchtigen Vögelchen nachjage, stellt Wang die Pferde in Deckung eines hohen Felsblockes ein und beobachtet routinemäßig das Gelände. An ein Zusammentreffen mit Räubern denkt an diesem schönen Morgen natürlich keiner von uns.

Plötzlich aber gellt Warnruf durchs wilde Tal. In der Verfolgung meines Wildes innehaltend, sehe ich Wang heftig gestikulierend nach oben zeigen und erkenne gleichzeitig eine Bande von etwa fünfzehn bewaffneten Tibetern, die, weit ausschwärmend, uns den Weg über den Paß abzuschneiden versuchen.

Ganz langsam begeben wir uns zu den gedeckt stehenden Pferden, stecken uns in Ruhe die Taschen voll Patronen, laden die Schrotflinten

mit Posten, schwingen uns in die Sättel und galoppieren los. Das letzte aus unseren Pferden herausholend, geht es schräg am Hang durch eine leidliche Deckung bietende Wildnis von Zwergrhododendron in Richtung auf den Paß. Schon nach wenigen hundert Metern haben wir die Gewähr, dem Schußfeld der Räuber entkommen zu sein. Die Schnelligkeit unserer braven Gäule hat uns gerettet. Nun aber, da wir uns in Sicherheit wähnen, brechen wir in schallendes Gelächter aus. Herr Losung-Dendru hatte die Rechnung ohne den Wirt gemacht. Also wird der hohe Paß ohne weitere Zwischenfälle genommen und, um eine Erfahrung reicher, vereinigen wir uns gegen Abend wieder mit der großen Karawane.

Mit vier jener Räuber vom Chari-La, die ihr Mütchen an uns kühlen wollten, werden wir später in Batang noch einmal Wiedersehen feiern — noch ehe die breiten Todesschwerter blitzen und ihr Blut die braune Ackererde tränkt.

Nach Überwindung des Steppenlandes treten wir nun erneut in die Welt des Hochgebirges ein. Wie funkelnde Diamantkronen umsäumen gigantische Bergmassive zu beiden Seiten den Weg. In letzten, bitterkalten Marschtagen bewältigen wir die gewaltigen Gebirgsschranken, die das Schluchttal des Jangtsekiang, in dessen tiefen Schründen Batang liegt, in nordsüdlicher Richtung begleiten.

Noch einmal, als Wang und ich sammelnd hinter der Hauptkarawane zurückgeblieben sind, kreuzen drei waffentragende Tibeter unseren Weg. Die Gewehre schußfertig in den Armen haltend, reiten wir auf der gegenüberliegenden Talflanke, und während Wang die Alpenrosendickung, in der die Räuber verschwanden, unter Beobachtung hält, suche ich das diesseitige Gelände mit dem Glase ab. Wir vermuten nämlich, daß der kleinere Teil der Bande unsere Aufmerksamkeit auf sich zu lenken versuchte, um den anderen ein um so sicheres Ziel zu bieten. Aber es geschieht nichts. Wie wir wissen, lassen es tibetische Räuber auf ein Feuergefecht ja nur dann ankommen, wenn sie ihrer Beute sicher sind. Immerhin in einem Lande, wo moderne Schußwaffen mit Gold aufgewogen werden, sind Waffenträger jeglicher Art vor Überfällen niemals sicher. Auch Wangs Bruder wurde vor einigen Jahren von tibetischen Räubern ermordet, nur weil er ein modernes chinesisches Gewehr trug.

An diesem Abend, Punkt elf Uhr, brechen unsere ersten Pioniere auf, um in Batang, das nur noch drei Tagereisen entfernt liegt, unsere Ankunft zu melden. Sie sollen zwei Nächte hindurch aus ihren Pferden herausholen, was herauszuholen ist, tagsüber aber in den Wäldern schlafen, um nicht zu guter Letzt noch in Losung-Dendrus Hände zu fallen. Jetzt, da wir dicht vor unserem nächsten großen Etappenziel stehen, bemächtigt sich unserer das stolze Gefühl baldigen Sieges. Nur noch ein einziger gewaltiger Hochpaß, der Tschung-Ben-La, ist zu queren, aber auch er wird bewältigt werden, obwohl unsere Tragtiere, die während der langen Reise keinerlei Kraftfutter zu sich nehmen konnten, schon starke Ermüdungserscheinungen zeigen. Wir sind daher entschlossen, langsam zu marschieren, um keinerlei Verluste mehr zu erleiden. Wir haben es uns nun einmal zum Ziele gesetzt, die uns anvertrauten sechshundert Tiere mit ihren wertvollen Lasten ohne Verlust nach Batang zu bringen. Die Behörden werden es uns zu danken wissen! Schließlich hängt von der musterhaften Durchquerung des Räubergebietes und Entblockung der großen Karawanenstraße mehr für uns ab, als nur das Wohlwollen der Bevölkerung von Batang, zumal alle weiteren Schicksale unserer Expedition in den Händen der dortigen Machthaber liegen.

Am nächsten Morgen steigen wir in kilometerlanger Kette zur sagenumwobenen Paßscharte des Tschung-Ben-La empor. Noch ehe wir die Baumgrenze erreichen, bleibt linker Hand ein düster-eiserstarrter Fichtenhorst zurück. Auch er hat seine Geschichte. Vor einigen Jahren wurde hier eine Hundertschaft chinesischer Soldaten von den mordlüsternen Banden Losung-Dendrus fast völlig aufgerieben, ohne daß die aus dem Hinterhalt schießenden Räuber auch nur einen einzigen Verlust zu beklagen hatten. Nachdem alle Waffen in ihre Hände gefallen waren, verschonten die Mannen des Räubergewaltigen in einer Anwandlung von Ritterlichkeit die restlichen Söhne des Han und ließen sie in trauriger Kavalkade waffenlos nach Batang ziehen. Nach einigen Tagen kehrten die Chinesen mit Verstärkung zum Tatort zurück, um die von Wölfen und Geiern zerfetzten Leichen ihrer Kameraden zu bergen und auf chinesischem Boden beizusetzen.

Schwer nach Atem ringend und in langgezogene Dampfwolken gehüllt, keuchen die Tiere zur gebetsflaggenumwehten Paßscharte empor,
über der sich die Felskolosse noch um weitere tausend Meter erheben.
Nie vorher und auch niemals später wieder durfte ich eine strahlendere
und imponierendere Hochgebirgsformation bewundern, als auf diesem
Ritt über den 5000 Meter hohen Tschung-Ben-La, dem höchsten der
osttibetischen Pässe.

Todeinsam und in unheimlicher Stille breitet sich die ungeheuerliche
Hochalpenlandschaft um uns aus. Über den lichtumfluteten Steinpalästen
aber treiben langgezogene Geschwader von Wolkenschiffen über rote
und weiße Kämme am stahlblauen Winterhimmel dahin. Eiswind schlägt
uns in die pelzumhüllten Gesichter, und aus gähnenden Tiefen spiegelt
jadegrünes Eis. Nachdem unsere Tibeter auf der Paßhöhe von ihren
Pferden gestiegen sind und Buddha ihr Opfer dargebracht haben, klingen
jauchzende Freudenschreie durch die einsame Welt. Das Echo wird von
eisigen Felstürmen zurückgeworfen. „Lhasa-Lo, Lhasa-Lo" — „Die
Götter haben gesiegt! Das Räuberland ist überwunden!" —

Eingedenk des tibetischen Sprichwortes: „Ein Pferd, das seinen Reiter
nicht zum Paß hinaufträgt, ist kein Pferd — ein Reiter aber, der sein
Pferd nicht den Steilhang hinabgeleitet, ist kein Mensch", führen wir
unsere Pferde in steilen Serpentinen der jenseitigen Baumgrenze und
damit Batang und unserem Schicksalsflusse entgegen.

Nach wenigen Stunden steilen Abstiegs nimmt uns ein dräuendes
Felsental auf. Es verengt sich so sehr, daß zum ersten Male, seit wir
Litang verließen, keine Möglichkeit besteht, ein großes Sammellager aufzuschlagen. So kampieren wir in einzelnen Gruppen im Schutz der
Gepäckburgen unter eiszapfenbehangenen Urwaldriesen. Im geheimnis-
vollen Flackerlicht der Lagerfeuer wirken die mächtigen Säulenstämme
wie gotische Dome.

Folgt noch ein Tag von unsagbar berauschenden Naturerlebnissen,
denn nun steigen wir aus der Region der Hochgebirge mit ihren dunklen
Wäldern dem tiefeingesägten Schluchttal entgegen. In vertikaler Staffe-
lung folgen sich Stecheichen- und spätherbstlich-schimmernde Laub-
wälder, bis uns die fast subtropisch anmutende Talzone mit grünenden
Getreidefeldern aufnimmt. Mit schwarzen, weit heraushängenden Zungen trotten unsere Jaks in aufwirbelnden Staubwolken dahin. Sie haben
schwer unter der plötzlichen Hitze zu leiden.

Also haben wirs denn geschafft! Und sind an einem einzigen Tage aus
der „Arktis" mit ihren schimmernden Eisbänken durch tiefe Schründe
und abgründige Urwälder in die Region des ewigen Frühlings gezogen.
Freudetrunken gleiten unsere Blicke über den silbersprudelnden Wild-

bach hinweg und saugen sich fest am frischen, belebenden Grün der Talauen. Nun, da keine Absturzgefahr mehr droht, geben wir unseren
Pferden freien Lauf und galoppieren Batang entgegen.

In geradezu rührender Weise werden wir von den Notablen der Stadt
willkommen geheißen und nach allen Regeln befestet und bewirtet.
Offenherzig zeigen sie uns dafür, daß wir den Räuberbann brachen, eine
tiefe, innige Dankbarkeit, zu der nur Menschen fähig sind, die in wilder
Bergoase monatelang von allem Verkehr mit der Umwelt abgeschnitten
waren.

Köstlich frische Milch, herrlich moussierenden Tsang (tibetisches
Gerstenbier), pausbäckige Äpfel und saftige Birnen, alles Dinge, die für
uns seit so langer Zeit unbekannte Genüsse waren, werden uns nun von
der dankbaren Bevölkerung als Spende entgegengereicht. Unser Einzug
in Batang gestaltet sich zu einem wahren Triumphzug, und die Menschen bereiten uns einen Empfang, wie er sonst nur höchsten lamaistischen Priestern oder siegreichen Anführern zuteil zu werden pflegt.

Immer wieder werden uns Schalen, Kannen und Gläser von Männern,
Frauen und Kindern, die kilometerweit die Straße säumen, auf die
Pferde gereicht. Unsere Diener und Eskortenmänner lassen jubelnde
Schreie durch das Tal hallen, bis endlich die Mauern von Batang in
mildem Sonnenglanz vor uns liegen. Ein sorgsam vorbereitetes Festmahl
mit vielen freudigen Umtrünken bereitet dem Tag ein glückliches Ende.
Berauscht von Wein und Freude, ziehen wir in die seit Jahren verlassene,
von tibetischen Räubern zerstörte und völlig zusammengeschossene
Missionsstation ein. Sie wird für einige Monate unser winterliches Hauptquartier darstellen.

Batang, das trotz seiner Bedeutung als Karawanenknotenpunkt und
Militärstation nur einige hundert Einwohner zählt, liegt wenige Kilometer vom Jangtse, dem „Fluß des goldenen Sandes", entfernt in einem
tief in die Gebirgswelt eingeschnittenen Seitental.

Obwohl wir hier von Oktober bis Anfang Januar Standquartiere beziehen, so sind es alles in allem doch kaum mehr als vierzehn Tage, die
ich selbst in der Ortschaft verbringe. Meine Hauptaufgabe besteht darin,
die umgebenden Hochgebirgsketten und die noch völlig unbekannte
Schlucht des großen Flusses zu erforschen und nach seltenen Wildarten
zu fahnden, die in weltabgeschiedener Einsamkeit bis zum heutigen Tage
unbekannt und unentdeckt geblieben sind.

So kommt es, daß ich auch den letzten Tag des alten Jahres fern von
meinen Kameraden in der großartigen Jangtseschlucht südlich Batangs
verbringe. Silvesterabend sitze ich im Kreise meiner Getreuen um die
Feuerstatt eines verfallenen Hauses.

Es ist eine schwermütige Runde. Radebrechend versuche ich meinen Tibetern die Bedeutung, die der Tag in unseren Ländern hat, zu erklären. Aber es gelingt mir nicht. So lege ich mich frühzeitig schlafen, um ruhigen Gewissens in das neue Jahr hinüberzudämmern.

Tibetische Silvesternächte aber haben ihre besonderen Reize: Da ich seit Monaten nur nach der Sonne und den Sternen lebe, kann ich nicht entscheiden, ob es gerade Mitternacht ist. Jedenfalls gellen plötzlich wilde Schreie durch die Nacht. Sie werden von den Felswänden zurückgeworfen ... und wieder herrscht eisige Stille.

Räuber!

Im Nu haben wir die Situation erfaßt, werfen uns vom Lager auf den Boden und rutschen auf den Knien in Position. Es ist uns seit langem ein ungeschriebenes Gesetz, daß bei nächtlichem Überfall jeder beschossen werden darf, der stehend angetroffen wird. So wollen wir im dunklen Getümmel vermeiden, eigene Leute in Gefahr zu bringen. Nachdem sämtliche Mauern und Eingänge besetzt sind und wir uns kriechend davon überzeugt haben, daß sich Tiere und Gepäckstücke in Sicherheit befinden, tritt auch bei uns wieder völlige Ruhe ein. Vorsichtig äuge ich über eine niedrige Steinbrüstung hinweg in die eisige, sternenklare Nacht. Nur die krumme Sichel des matten Mondes steht zwischen den Felswänden.

Sollte alles nur Spuk gewesen sein? Nein. Zu deutlich hörten wir die gellenden Rufe.

Als ich mich schon wieder zurückziehen will, fällt auf kurze Entfernung vor mir der erste dröhnende Schuß. Schlagartig wird er vom Kriegsgeheul der rundum lauernden Räuber beantwortet. Unheimlich klingen diese Angriffsrufe der Banditen: „hi hi hi, ju hu hu — hi hi hi, ju hu hu" — dann peitscht uns eine ganze Salve entgegen. Die Kugeln schlagen hoch über uns ins Mauerwerk ein.

Nun wird es rund in den Büschen lebendig. Es schießt und knallt und heult und gellt. Da gebe ich das Zeichen, und zum ersten Male seit Beginn unserer Expedition tritt unsere eigens für solche Zwecke angeschaffte Maschinenpistole in Aktion: Ratatatatat — nach der einen — und gleich darauf nach der anderen Seite.

Wieder herrscht tiefes Schweigen. Ein solches Teufelsgewehr hatten die Herren wohl nicht bei uns vermutet.

Die wagehalsigsten meiner Leute kriechen nun in die Dunkelheit hinaus, es fallen noch einzelne Schüsse — dann hallt unser Triumphgeschrei durch die Nacht, um dem abgeschlagenen Gesindel unsere Verachtung zu zeigen.

Als die Sonne glutrot über den Felsdomen heraufsteigt, liegt die kalte

Schlucht im stillen Neujahrsfrieden. Senkrecht kräuselt der Rauch unseres Feuers empor.

Wir suchen das Gelände ab und sind heilfroh, daß keine unserer Kugeln traf. Ein blutiger Neujahrsbeginn wäre kein gutes Omen gewesen. Nur die blanken Patronenhülsen, die verstreut am Boden liegen, erinnern noch an den Zauber der Silvesternacht.

Mittwintermarsch

Batang ist kein Endziel.

Während ich die meiste Zeit auf dem Pirschpfad war, um unsere wissenschaftlichen Sammlungen zu vervollständigen, sind die beiden Amerikaner nicht müßig gewesen. Sie haben Verhandlungen gepflogen und das Gelände sondiert, um den nächsten Schritt ins Unbekannte vorzubereiten.

Wir kommen uns vor wie Schwimmer, die inmitten eines reißenden Stromes eine kleine Insel erreicht haben, aber noch weit, sehr weit vom rettenden Ufer entfernt sind.

Die schwersten Aufgaben stehen uns ohne Zweifel noch bevor.

In eisigkaltem Wintermarsch gilt es nun nach Norden durchzustoßen. Dort haben wir uns die letzte, größere Menschensiedlung am Oberlauf des Jangtsekiang, das noch etwa dreihundert Kilometer entfernte Jekundo, als nächstes Etappenziel vor dem Angriff auf die Quellgebiete des großen Flusses gesetzt.

Einstweilen bleibt unser besonderes Augenmerk darauf gerichtet, eine neue Mannschaft furchtloser Tibeter anzuheuern. Unter ihnen befindet sich ein hochangesehener Edelmann, dessen Vater von den Chinesen enthauptet wurde und der deshalb um so höheres Ansehen im Lande besitzt — und sein ältester, noch unverheirateter Sohn mit Namen Chelä. Da es tibetischem Brauch entspricht, daß der Bestand einer Familie gesichert werde, ehe man sich auf eine gefährliche Reise begibt, wird Chelä auf Geheiß des Vaters noch rasch verheiratet. Die Braut jedoch gilt zugleich als Ehegattin des zurückbleibenden jüngeren Bruders Cheläs. Diese seltsamste aller Eheformen, die Vielmännerei oder Polyandrie, die in den unwirtlichsten Gebieten Tibets weitverbreitet ist, soll verhindern, daß der Besitzstand einer Familie durch Streitigkeiten zerfällt. Daher teilen sich die Brüder, meist sehr friedlich, in den Besitz einer Frau, und alle Kinder, die aus solchen Ehen entspringen, werden als Eigentum des ältesten Bruders angesehen, ganz gleichgültig, wer der natürliche Vater der Sprößlinge ist. Es kommt vor, daß die Kinder den ältesten Bruder „großer Vater" und den jüngsten „kleiner Vater" nennen.

Nachdem das Hochzeitsfest Cheläs, zu dem wir alle geladen sind, mit großem Pomp gefeiert und sein jüngerer Bruder als Gattenvertreter eingesetzt wurde, stehen wir endlich wieder vor neuen Taten.

Aber der Schatten Losung-Dendrus, des gefürchteten Räuberhauptmannes der Linkei-schi, schwebt noch immer wie ein unheilvoller Dämon über dem Schicksal unserer Expedition. Kürzlich erst entführte Losung-Dendru eine Reihe von Geiseln, Söhne hochangesehener Batang-Tibeter, in die Berge und fordert nun hohe Lösegelder. Kaum eine Woche vergeht, ohne daß uns eine neue Gewalttat zu Ohren kommt. Auch unsere Postläufer werden dreimal überfallen und ausgeraubt.

Der uns wohlwollende Kommandant der chinesischen Streitkräfte entsendet eine Rekognoszierungsabteilung ins Land der Linkei-schi, um etwas über den Verbleib der Geiseln zu erfahren, aber kein Räuber läßt sich blicken. Doch als sich die Soldaten schon wieder zurückziehen wollen, werden sie nachts überfallen und mit blanken Schwertern unter den gekappten Zelten niedergemetzelt. Nur der chinesische Hauptmann gerät in Gefangenschaft. Er wird gefesselt zu Losung-Dendru gebracht, wo man ihm die Goldzähne aus dem Munde schlägt und ihn mit einem Fußtritt freundlicherweise wieder nach Batang entläßt.

Duncan, unser Dolmetscher und Karawanenführer, reitet eines Tages vor die Tore Batangs, um ein Paar Küchenhasen zu schießen — und wird Zeuge eines Überfalles auf zwei Frauen, die vor seinen Augen völlig ausgeplündert werden, und am Tage darauf werden oberhalb der Ortschaft zwei Kaufleute erschossen, und ihre ganze Karawane fällt den Banditen in die Hände. — Diese kleinen Streiflichter mögen genügen, um die Lage zu charakterisieren, in der wir uns nach wie vor befinden.

Wie uns eigene Späher berichten, wird die von Batang nach Norden führende Karawanenstraße von den Banden Losung-Dendrus vollständig kontrolliert. Wohl oder übel müssen wir uns daher entschließen, einen riesigen Umweg zu machen, um zu versuchen, das Territorium der Linkei-schis in östlicher Richtung zu umgehen. Es wird notwendig sein, daß wir uns trotz grimmiger Kälte weglos durch die Hochgebirgsbarrieren schlagen, um erst im Norden des Linkei-schi-Gebietes wieder zur Hauptkarawanenstraße und damit zum Jangtse zurückzukehren.

Das Vorhaben aber ist leichter geplant als durchgeführt, denn schon reden die eingeschüchterten Batang-Bürger davon, daß der Räubergewaltige einen Überfall auf die Stadt plane, um sie dem Erdboden gleichzumachen.

Wer kann es unseren Mannschaften unter solchen Umständen verdenken, daß ihnen das Herz in die Hosen fällt?

Abermals muß aufkeimende Meuterei erstickt werden.

Endlich sind wir soweit: Der Durchbruch nach Norden wird auf Mitte Januar festgesetzt. Die weiteren Nachrichten aber, die wir unseren Mittelsmännern verdanken, gleichen aufs neue Hiobsposten.

Als wir schon halb und halb entschlossen sind, den Schluchtendurchbruch in einer einzigen Nacht zu wagen, hören wir, daß Losung-Dendru zu immer gewagteren Taten schreitet und neuerdings von einem wahren Blutrausch besessen sei. Beinahe täglich lasse er Hinrichtungen durchführen, auch töte er nicht mehr, um zu rauben, sondern lasse seine Opfer in sadistischer Freude regelrecht abschlachten.

In dieser verzweiflungsvollen Lage kommt uns noch einmal der Gedanke, ob es nicht am zweckmäßigsten sei, den Linkei-schi-Tyrannen durch Geld und Geschenke willfährig zu machen, wobei wir sogar in Erwägung ziehen, ihm eine unserer besten Waffen zu überlassen.

Es wird uns jedoch von allen Seiten geraten, davon Abstand zu nehmen, da sich der stolze Räubergeneral auf solche Händel niemals einlassen und so oder so seinen Blutzoll fordern werde.

So geht es hin und her, ohne daß wir uns für die eine oder andere Maßnahme entscheiden. Immerhin ist die Räuberpsychose der guten Batang-Bürger ansteckend genug, um selbst auf uns überzugreifen. Dolan, unser Führer, der bis dahin immer die Sachlichkeit selbst war, ruft uns eines Abends zusammen und fragt ganz förmlich, ob wir unter den obwaltenden Umständen auch weiterhin gewillt seien, zu ihm zu halten und den Durchbruch nach Norden zu wagen. Die Sache ist ganz feierlich, und schließlich fordert er uns auf, Adressen zu tauschen, damit eine Benachrichtigung unserer Verwandten im Falle des Falles „auf schnellstem Wege" erfolgen könne.

Nach diesem humorvollen Zwischenspiel werden die Reisevorbereitungen erneut mit aller Macht in Angriff genommen. Unsere neue Karawane befindet sich in bestem Zustand, die Mannschaften sind tatendurstig, und Dolan ist drauf und dran, den endgültigen Reisetermin zu verkünden, als uns eine neue Unglücksbotschaft ereilt, die alle Pläne wieder einmal über den Haufen wirft.

Auf der Paßhöhe des Chari-La, der gleichen Stelle, wo Wang und ich auf dem Marsche von Litang nach Batang den Räubern um Haaresbreite entkommen waren, wird von der gleichen Bande ein Überfall auf eine chinesische Offizierspatrouille versucht. Wieder sind es Nachzügler mit ermatteten Tieren, die angefallen werden, doch nach Beginn des Waffenlärms eilt die Gesamtpatrouille unter Führung eines schneidigen Offiziers den Angefallenen zu Hilfe, und es gelingt den Chinesen, ganze Arbeit zu leisten.

Zwei Banditen fallen im Handgemenge, und ein dritter wird schwer verwundet. Bei letzterem handelt es sich um einen der berüchtigsten Linkei-schis, einen bei Losung-Dendru in hoher Gunst stehenden Unterführer.

Von sieben Kugeln durchbohrt, bittet der kühne Räuber um den Gnadenstoß, der ihm gewährt wird. Die Tatsache aber, daß es im ganzen voller acht Kugeln bedarf, um den gefürchteten Räuber aus dem Wege zu räumen, gilt den verängstigten Batang-Tibetern nun als weiterer Beweis, daß Losung-Dendrus Mannen mit allen Teufeln im Bunde stehen.

Weiterhin werden fünf Gefangene gemacht, von denen jedoch einer entflieht, die anderen aber werden gezwungen, die vom Körper getrennten Köpfe und die rechten Hände ihrer toten Kameraden an langen Stangen nach Batang zu tragen. Solche Trophäen sind im Glauben der tibetischen Mystiker mit übernatürlichen Kräften begabt. Man faßt die Schädelkalotten in Silber und benutzt sie bei heiligen Offizien als Trinkgefäße. Die Fingerknöchelchen der rechten, der schwertführenden Hände aber werden zum Zwecke der Geisterbeschwörung den Teufelsaustreibern zur Verfügung gestellt.

Nachdem die grauenhafte Prozession Batang erreicht und die Kunde sich wie ein Lauffeuer durch die Stadt verbreitet hat, werden wir augenblicklich beim Kommandeur vorstellig, um unser ganzes Gewicht darein zu legen, die Hinrichtung der Räuber zu verhindern — und als das nicht gelingt, so doch solange hinauszuschieben, bis wir das berüchtigte Linkeischi-Land hinter uns gebracht haben. Wir verbinden damit die Hoffnung, daß uns Losung-Dendru verschonen wird, solange sich vier der seinen als Geiseln in chinesischen Händen befinden. Sollten die Räuber aber doch enthauptet werden, solange wir Batang noch nicht verlassen haben, so werden die Folgen unabsehbar sein.

Inzwischen spielen sich im Hofe des Yamen, des chinesischen Hauptquartiers, abscheuliche Szenen ab. Schutz- und pietätlos sind die an Säulen baumelnden Kopftrophäen der erschossenen Räuber dem Hohn und Spott der gesamten Bevölkerung preisgegeben. Sodann besuchen wir die an Händen und Füßen gefesselten Räuber in ihren Verließen. Alle vier sind junge, hünenhafte Gestalten. Ich empfinde tiefes Mitleid mit diesen Menschen. Auf ihren bleichen, kalkigen, durch die Todesahnung schon vergeistigten Gesichtern steht der Schrecken. Mit großen, schwarzen Augen versuchen sie uns zu verschlingen. Sie ahnen nicht, daß wir sie retten wollen.

Die hereinbrechende Dämmerung ist die letzte ihres Lebens.

Trotz aller Gefahr, der wir selbst unzählige Male gegenüberstanden, und der offensichtlichen Landplage, die die osttibetischen Räuber nun einmal sind, habe ich das starke Gefühl, daß hier ein großes Unrecht geschieht. Gehört das Räuberhandwerk nicht seit unvordenklichen Zeiten zum ureigensten Wesen, ja, zur Gesittung dieser kühnen, stolzen Steppenmenschen? Sind wir alle, Chinesen und Weiße, von denen sie ihren Tribut fordern und deren Karawanen sie wahllos überfallen, nicht Eindringlinge in diesem freien wilden Lande, das Gott allein ihnen gab?

Was würde ich darum geben, wenn ich die gleichen Freibeuter, die mir damals den Weg verlegten, jetzt retten und befreien könnte!

Beim Verlassen des düsteren, unheilvollen Raumes ruft mir ein rotznäsiger Chinesenbengel lachend zu: „Morgen machen wir sie tot!“

Alle unsere Vermittlungsversuche scheitern an der starren Unbeugsamkeit der chinesischen Machthaber. Keiner unserer Vorschläge wird akzeptiert ... und die Zusicherung, uns eine starke Eskorte zur Verfügung stellen zu wollen, ist angesichts des bevorstehenden Todes der einst gefürchteten, jetzt aber geliebten Räuber nur ein schwacher Trost.

Am Abend falte ich die Hände, aber schon im kalten Morgengrauen des nächsten Tages geschieht das Unvermeidliche.

Der chinesische Kommandant, Richter über Tod und Leben seiner wirklichen und nominellen Untertanen, leitet den Prozeß. Eine Kompanie Soldaten mit aufgepflanzten Seitengewehren marschiert rasselnd im Yamen auf, ein Glöckchen ertönt, die Gefängnistore öffnen sich, die vier Räuber werden in Ketten vorgeführt, und der Hergang des Raubüberfalles wird noch einmal geschildert, ohne daß man die Angeklagten auch nur zu Wort kommen läßt.

Darauf erhebt sich der hohe chinesische Offizier, entnimmt einem vor ihm stehenden Köcher vier rote Stäbchen aus Holz. Er hebt sie bis in Augenhöhe und bricht sie in stummer Geste entzwei.

Das ist das Urteil: „Tod durch das Schwert!“

Unnötig grausam und unwürdig zugleich folgen Szenen, die mir die Schamröte ins Gesicht treiben und die ich nie vergessen kann. Rasch zuspringende Soldaten, meist noch halbe Kinder, reißen den Verurteilten die Kleider vom Leibe.

Den chinesischen Pöbel um Haupteslänge überragend, splitternackt, von Schwerbewaffneten umringt, werden die Todgeweihten unter schauerlicher Musik durch die Massen des höhnenden Volkes zum Richtplatz geführt.

Auf ihrem Rücken, durch die zusammengebundenen Hände gesteckt, tragen die Plakate, auf denen Tat und Urteil verzeichnet sind.

Hörner gellen auf, Kinder schreien, Weiber lachen — und hinter jedem nackten Räuber geht, breitgesichtig, das blinkende, meterlange Richtschwert in der Faust, ein kleiner chinesischer Scharfrichter.

Vor den Toren staut sich schon die Masse, das Urteil wird noch einmal verlesen, dann gellen wieder die Hörner durch den aufschauernden Nebelmorgen.

Ein Kommando wird laut: Die Räuber knien nieder, die Scharfrichter suchen festen Stand, und schon klatschen die blitzenden Klingen nach unten und die Körper rollen zur Seite.

Uns graust! Aber das sich ergötzende Volk findet Gefallen daran, die blutigen Köpfe mit kleinen Messern ganz abzusäbeln.

Nach Vollstreckung des Urteils werden die Plakate von den Soldaten in feierlichem Zug in den Yamen zurückgetragen.

Die Hinrichtung der Räuber zwingt uns zu rascher Tat. Da uns nun alle Verhandlungsmöglichkeiten genommen sind und der Durchbruch durch das eigentliche Linkei-schi-Gebiet außer Frage steht, bleibt uns nichts übrig, als den weiten Umgehungsweg durch die eisstarrenden Hochgebirge zu wählen. Also werden in fieberhafter Eile die letzten Vorbereitungen für den großen Abmarsch getroffen. Da der bevorstehende Gewaltmarsch die letzten Kraftreserven unserer Tiere fordern wird, verabfolgen wir ihnen mangels anderen Kraftfutters allmorgendlich große Schöpflöffel zerlassener Butter. Zu diesem Zweck werden die Tiere gefesselt, umgeworfen und die Flüssigkeit in die Mäuler filtriert.

Es sind seltsame Gefühle, die uns beseelen, da wir endlich von unseren freundlichen Gastgebern in Batang Abschied nehmen.

Schon am ersten Tage überwinden wir eine Höhendifferenz von über tausend Metern. Obwohl wir uns nach tibetischem Vorbild vor dem Schlafenlegen nicht entkleiden, sondern mit dicken Schafspelzen, doppelten Socken, Handschuhen und Kopfschützern antun, können wir in der darauffolgenden Nacht vor Kälte kaum genügend Schlaf finden.

Am kommenden Morgen machen wir unweit unserer Lagerstatt eine sonderbare Entdeckung. Neben blutigen Kleidungsstücken und durchlöcherten Schafspelzen finden wir Riemen, Lederzeug und Tsambasäcke eines Hals über Kopf verlassenen Lagers. Der Fund gemahnt uns mit aller Eindringlichkeit wieder daran, daß wir aufs neue das höchste Maß der Freiheit, nämlich die „Vogelfreiheit" besitzen. Während ich mit Wang vorausreite, um die Umgebung des 5000 Meter hohen Passes, den es heute zu nehmen gilt, auszukundschaften, sichern Duncan und Dolan mit der übrigen Mannschaft die im Abstand von zwei bis drei Kilometern folgende Karawane. Dank des ausgezeichneten Futterzustandes unserer Tiere geht die Paßüberschreitung ohne Schwierigkeit vonstatten, und ein riesiges Wannental nimmt uns auf, in dessen flachwelligem Grund sich das Winterlager der Gemo-Nomaden befindet.

Obwohl wir von den schwerbewaffneten Wachtposten, die uns natürlich für Räuber halten, entdeckt werden, gelingt es uns doch, das Lager
ohne feindliche Auseinandersetzung zu passieren und, auf kaum sicht-
barem Spurpfad weiterziehend inmitten eines imposanten Gletschertales,
einen sicheren Übernachtungsplatz ausfindig zu machen.

Aber jetzt schon fällt unseren Batang-Führern, die wir eigens dingten,
um das Linkei-schi-Land zu umgehen, das Herz in die Hosen, und die
erste Meuterei bricht aus. Da die uns zur Verfügung stehenden Karten
sich wieder einmal als völlig unbrauchbar erweisen und wir wohl oder
übel auf den Ortssinn unserer Tibeter angewiesen sind, müssen wir
unsere Silberkisten erleichtern, um die verängstigten Batang-Leute bei
der Stange zu halten.

Dann aber folgen harte, herrliche Tage in todeinsamer Bergwelt. Bei
bitterer Kälte und schweren Hochlandstürmen schlagen wir uns durch
menschenleeres Land nach Norden. Übel sind nur die spiegelglatten,
steilabfallenden Eisflächen an den Talflanken. Immer wieder müssen sie
durch rasch gebildete Pioniertrupps mit Beilen und Äxten aufgerauht
und mit Erdreich überdeckt werden, um den Übergang der Karawane
zu gewährleisten. Bei solcher Gelegenheit verliere ich beinahe meinen
prächtigen Rappen, den ich erst in Batang kaufte. Mitten auf einer der
abschüssigen Eisbahnen bricht mir der Gaul zwischen den Schenkeln zusammen und gleitet rasend schnell, Rücken nach unten, dem Abgrund
entgegen. Es gelingt mir jedoch, mit der einen Hand einen Rhododen-
dronbusch zu packen, während ich mit der anderen das mächtig nach
unten ziehende Pferd so lange halten kann, bis es dem geistesgegen-
wärtigen Wang gelingt, den Schweif des Gaules zu fassen und ihn auf
festen Boden zu ziehen. Ähnliche Zwischenfälle gibt es in diesen eisigen
Totentälern noch viele. Sie werden uns bald zur Gewohnheit.

Tagsüber saugen wir die schwermütige Schönheit der Landschaft, die
wie ein Alpdruck auf uns lastet. Wir hören die wilden Schreie unserer
Tibeter, wenn sie die Tiere anspornen, und sehnen uns nach Wärme.
Strahlender Sonnenschein und bissigkalte Winde wechseln mit blei-
schwerem Himmel und düsterem Wolkenbehang. Abends, am anhei-
melnden Lagerfeuer, knistern und schimmern die dünnen Seidenwände
der Zelte im Schmuck der weißen Kristalle. Oft auch umheulen uns
Wölfe, und eines Nachts brechen sie sogar ins Lager ein und reißen zwein
unserer Pferde Fleischbrocken aus den Leibern, ohne daß wir im tiefen
Schlaf auch nur das geringste bemerken. „Das ist das Leben des weißen
Mannes in Tibet“, pflegt Dolan bei solchen Gelegenheiten zu sagen. Eines
Abends, nach Einbruch der Dunkelheit, als einige unserer Männer vom
nahen Wildbach Eis holen wollen, dringen plötzlich gellende Hilferufe

an unser Ohr — aber noch ehe wir mit unseren Büchsen zu Hilfe kommen, haben sich die grauen Hunde schon wieder in die dunklen Berge zurückgezogen.

Allmorgendlich raspeln wir uns das Eis aus den gefrorenen Bärten. Wie glitzernde Herolde recken die 6000 Meter hohen Gipfelriesen ihre leuchtenden Eispyramiden in den Himmel. Frostklamm, mit steifen Gliedern, lassen wir uns jakdunggewürzten Tee durch die Kehlen rieseln, während unsere Männer die im Morgenwind geblähten Zelte niederlegen und verpacken. Die Luft ist so trocken, daß uns die Lippen springen. Wir tun es daher den Tibetern gleich und durchtränken unsere Haut mit Öl und ranziger Butter. An waschen ist nicht zu denken.

Seit dem Zusammentreffen mit den Gemo-Nomaden am hohen Paß haben wir keine Menschenseele mehr gesehen. Ein wildes, wüstes Niemandsland hat sich vor uns aufgetan, und manchmal beschleicht auch uns die Furcht, weil wir keine Orientierungsmaßstäbe besitzen und nicht wissen, ob wir den Linkei-schis nicht doch noch in die Fänge geraten.

Obwohl alles tot ist um uns, wächst die Spannung doch von Tag zu Tag, und alle Vorsichtsmaßnahmen werden verdoppelt.

Wieder tut sich eines jener breiten Wannentäler vor uns auf. Wie es meine liebste Gewohnheit ist, reite ich lauschend, sinnend und beobachtend weit voraus. Plötzlich, auf Kilometerentfernung dunkle Punkte, Bewegungen, menschliche Gestalten. Deckung suchend, überqueren sie rasch den nur wenige hundert Meter breiten Talgrund, um sich in den Randfelsen zu verlieren.

Räuber in Sicht!

Wie eine Bombe schlägt das ein. Wir überprüfen die Bewaffnung, und wenige Minuten darauf ist unsere Karawane in höchste Alarmbereitschaft versetzt. Da Umkehr ausgeschlossen ist, wird allen unseren Leuten nochmals das alte Wort eingeschärft: „Zusammenhalten, Ruhe bewahren, nicht schießen!“ — Nicht, bevor sie selbst geschossen haben, und nicht sinnlos töten, denn die Blutrache des ganzen Stammes wäre uns gewiß.

Wir selbst bilden mit acht Bewaffneten in lockerem Verband den Vortrupp. Die Karawane, vom Rest der Mannschaft nach allen Seiten gut gesichert, folgt in gemessenem Abstand. Das Tal ist leer, wie ausgestorben liegen seine kahlen, kalten Hänge.

Das prickelnde Gefühl nimmt zu, je näher wir der Stelle rücken, wo ich die menschlichen Gestalten zuerst entdeckte. Unsere Spannung wächst von Minute zu Minute.

Endlich bricht es von beiden Seiten los: Erst schauriges Geheul, dann gellender Kampfruf, und mit wildem Geschieße stürmen wohl zwanzig Tibeter in brausendem Galopp von den Talflanken auf uns nieder.

Jetzt wird sich zeigen, ob wir diesem Lande gewachsen sind.

Während unsere eigenen Tibeter das Kriegsgeheul erwidern, vergrößern wir unsere Abstände und suchen gleichzeitig nach Deckungsmöglichkeiten.

Auf viel zu weite Entfernung pfeifen die Kugeln. Keine trifft. Wahrscheinlich glauben die Linkei-schis eine chinesische Karawane vor sich zu haben, die sie allein durch ungezieltes Schießen sprengen und in die Flucht jagen können, um sich der Tiere und Lasten zu bemächtigen.

Da wir Ruhe bewahren und den Angriff nicht erwidern, werden sie unsicher und brechen ihre Attacke plötzlich ab.

Schweigend stehen sich die feindlichen Parteien gegenüber. Keine greift an. In diesen kritischen Augenblicken entschließen wir uns, mit einem Dolmetscher hinüberzureiten, um Verhandlungen anzubahnen. Aber unsere eigenen Eingeborenen halten es für zu gefährlich, daß wir uns als Weiße zu erkennen geben. Wang und ein anderer unserer besten Männer übernehmen es daher, die erste Verbindung mit dem verblüfften Gegner herzustellen, während wir, aus sicherer Deckung, jeder einen Räuber ins Fadenkreuz nehmen. Für den Fall der Fälle! Dann reiten unsere Leute hinüber.

Der Räuberhauptmann, kenntlich durch zottigen, leopardenverbrämten Schafspelz und wehende Fuchspelzmütze, steigt vom Pferde und schreitet unseren Männern, Gewehr halb im Anschlag, würdevoll entgegen.

Die Unsrigen tun das gleiche ...

Augenblicke höchster Spannung folgen — doch es fällt kein Schuß, und langsam sinken die Gewehre.

Nach endloser Verhandlung auf eine Entfernung von vierzig oder fünfzig Meter schließt sich der Hauptmann unseren Männern an und kommt mit einigen der seinen zu uns herüber. Halb schon scheint das Spiel gewonnen. Erleichtert klappen wir die Sicherungsflügel herum und reichen die Waffen unseren Dienern. In wohlbedachter Geste treten wir dem Räubergewaltigen unbewaffnet gegenüber.

Der noch junge, wunderbar gewachsene, bis an die Zähne bewaffnete Linkei-schi bietet mit Schwert, Dolch, Gabelflinte, umgeschnalltem Patronengürtel und riesigem Amulettkasten ein Bild von phantastischer Wildheit. Mit unbeweglichem Gesicht hört er sich unsere Worte in bedächtiger Ruhe an. Als wir ihm mit allem Nachdruck erklären, daß wir friedlichen Sinnes seien und keinesfalls die Absicht hegten, uns in die Angelegenheiten seines Stammes einzumischen, erklärt er sich bereit, unseren Schutz gegen seine eigene, getarnte Hauptbande zu übernehmen. Dann gibt er ein Zeichen.

Wie auf Kommando kommen nun rund an den Hängen noch weitere
dreißig bis vierzig mit modernen chinesischen Militärgewehren bewaffnete Linkei-schis zum Vorschein. Wir danken Gott, das hätte eine schöne
Bescherung geben können!

Als uns die erste kleinere Bande, die den Scheinangriff vortrug, erreicht hat, folgen wieder kritische Minuten. Es wäre den Räubern ein
leichtes, uns alle im Nahkampf niederzumetzeln.

Während wir gute Miene
zum bösen Spiel machen, gesellt sich neben jeden von
uns ein schweigender, grimmiger Linkei-schi. Wir versuchen zu lächeln, wir bieten
Zigaretten an, aber es wird
keine genommen. Anschei-
nend kennen die Söhne der
Wildnis die weißen Rauch-
stäbchen nicht.

Oder sollten wir uns doch
im eigenen Netz gefangen
haben?

Langsam, den Marsch wie-
der aufnehmend, nähern wir
uns den übrigen Banditen
und damit der Entscheidung
über Sein oder Nichtsein der
ganzen Expedition.

Schon nach wenigen hundert
Metern werfen sich unsere

unheimlichen Begleiter seltsame Blicke zu und bedeuten uns, anzuhalten.
Sodann lassen sie sich mitten auf dem Wege nieder, beginnen emsig zu
graben, eröffnen ein steinernes Verließ und fördern ein breites Schwert
mit silbernem Knauf zutage. Einer der Räuber überreicht es in feierlichem Zeremoniell seinem Führer, der es zum ersten Male lächelnd in
die Scheide steckt und damit symbolisch kundtut, daß uns freies Geleit
zugesichert ist. So hält ein tibetischer Räuber dem weißen Fremdling
gegenüber Wort!

Hätten wir das vergrabene Schwert in Unkenntnis des Kriegsbrauches
überschritten, so würde dieses den Kampf auf Leben und Tod bedeutet
haben.

Auf erneutes Zeichen des Führers fällt ein Signalschuß, worauf die

Räuber von allen Seiten in den Talgrund strömen und einen Ring um
uns legen. Nachdem die Hauptstreitkraft versammelt ist, verfällt wieder
alles in undurchdringliches Schweigen, und der unheimliche Marsch wird
fortgesetzt, bis uns der Führer in der Nähe seines eigenen Lagers einen
Zeltplatz anweist.

Obwohl noch immer größte Vorsicht geboten ist, sind wir doch über-
zeugt, daß unsere gespielte Unbekümmertheit die erhoffte Wirkung
nicht verfehlen wird. Das Lager bleibt in Erwartung eines nächtlichen
Überfalles in äußerster Alarmbereitschaft, aber es geschieht nichts.
Horchposten kommen und gehen, Hunde bellen, Wölfe heulen in der
Ferne, ruhig ziehen die Sterne durch die glitzerkalte Nacht.

Im fahlen Frühdunst glimmen die Wachtfeuer, und als die große
Wintersonne gerade ihre Goldglut in langen Bändern über die weiten
Steppenberge wirft, kommt die ganze Bande wieder angaloppiert, diesmal aber nur, um ihre Neugierde zu befriedigen und uns regelrecht zu
belagern. Die trutzigen, ganz in Leder gekleideten Gesellen haben nun
schon etwas mehr Vertrauen gefaßt und versuchen alles zu stibitzen, was
nicht niet- und nagelfest ist. Wenn es nicht einer Plünderung gleichkäme,
wäre es ein amüsantes Spiel.

Um unsere Unantastbarkeit zu unterstreichen, erklären wir ihnen mit
bedeutungsschweren Mienen den Mechanismus unserer Waffen mit den
„Todesgläsern" darauf und alle wissenschaftlichen Instrumente, jene
„Zauberkästen", von denen wir behaupten, daß sie voll giftiger Gase
seien. Die Umhüllung des großen Theodolitenstativs geben wir als
Kanone aus, mit der wir gleich tausend auf einen Schlag hinwegfegen
könnten.

„Ah, Ah, Aha, Lo Ho Ho!" Mit solchen Seufzern der Achtung und
Bewunderung schreiten die Linkei-schis kopfschüttelnd zwischen unseren
Zelten einher, und der Nimbus unserer Unbesiegbarkeit wächst von
Minute zu Minute, was die Banditen jedoch keinesfalls abhält, alles ihnen
brauchbar erscheinende in die weiten Gürtelfalten ihrer Schafspelze verschwinden zu lassen. Eiserne Zeltpflöcke, Scheren, Messer, Präparations-
bestecke, kurz alles, was aus Metall ist und blinkt, übt eine unwidersteh-
liche Anziehungskraft auf sie aus.

Wang hat gleich den richtigen Umgangston gefunden. Er läßt sich
nicht ins Bockshorn jagen und fördert die vermißten Gegenstände mit
raschem Griff wieder aus den Schafspelzen der verdutzten Linkei-schis
hervor. Dabei wird viel gelacht, und alles ist in bester Ordnung. Nur
eines meiner Tagebücher, das mir aus meiner Satteltasche entwendet
wird, muß gegen blanke Silbermünze eingehandelt werden.

Kurz und gut, gestern wollten die Linkei-schis uns noch die Hälse abschneiden, um unsere Kopftrophäen im Triumphzug zu Losung-Dendru zu bringen, und heute sind wir Freunde geworden! Der Räuberhauptmann stellt uns sogar einen seiner Gefolgsleute als ortskundigen Reiseführer zur Verfügung, um uns gegen „Räuberbanden" zu beschützen, so jedenfalls beliebt sich der Banditenführer auszudrücken. Es ist also eine Tatsache, daß wir unterm Schutz der von aller Welt gefürchteten Linkeischis unseren einsamen Wintermarsch fortsetzen und uns ganz der Führung des ortskundigen Räubers anvertrauen. Mit seinem Tiere zentaurisch verwachsen, ein zum Leben erwecktes Standbild, reitet er brav und bieder den ganzen langen Tag der Karawane voraus gegen den bissigen Hochlandsturm an. In grauer Dämmerung schlagen wir am Rande eines flechtenverhangenen Wacholderwäldchens auf 4500 Meter unsere eisklammen Zelte auf, und als die Feuer glühen, sitzen Wang und der Linkei-schi einträchtig beieinander, rauchen aus der gleichen Pfeife und blasen sich liebevoll die Dampfwolken in die Gesichter. Rundum stehen die Pferde und strecken ihre dicken Wuschelköpfe der Wärme entgegen.

Die Wildnis hat an einem einzigen Tage mehr und besseres vollbracht, als Menschenglauben im Ablauf vieler Monate. Das alles ist so recht nach unserem Sinn und Herzen. Noch ehe wir uns unter Bergen von Pferdedecken in die Daunensäcke verkriechen, rät Dolan, dessen angelsächsischer Humor ihn nie verläßt, den chinesischen Boys, ja auf ihre schimmernden Goldzähne zu achten, da sie diese leicht auf eine den Linkei-schis nicht unbekannte Art im Schlaf verlieren könnten.

Schalkhaft und urwüchsig ist die Stimmung, Lachsalven dröhnen durch die kalte Nacht, bis die Feuer verglimmen und das Thermometer wiederum auf minus siebenundzwanzig Grad sinkt. Firnglitzernde Pässe werden genommen, dumpfwuchtende Urforsten durchquert, und nach zehn bis zwölf schweren Tagesmärschen und ebensovielen froststarren Sternennächten liegt das Räuberland endgültig hinter uns. Nach rührendem Abschied zieht der Linkei-schi wieder in sein Land der unbändigen Freiheit zurück. Wir aber treten abermals in den Schluchtenzauber des Jangtse und damit in das Land der Menschen ein.

Von Sama, einer trutzigen Bergsiedlung mit hohen burgenartigen Häusern und goldbraun schimmernden Ackerbreiten geht es nach Begü mit seinem einzigartigen, wie eine Gralsburg in den Himmel stoßenden Märchenkloster, und von dort nach Derge, dem großen Handelsknotenpunkt des östlichen Tibet, der zugleich ein Zentrum des monastischen und künstlerischen Lebens ist.

Abgespannt und zerschlagen kommen wir an und schleichen wie Raubtiere einher. Frost, Sturm und kärgliche Hochlandweide haben unsere Tiere zu hautbehängten Knochengerüsten abmagern lassen. Sie bedürfen so dringend einiger Ruhetage! Aber die Arbeit geht weiter, und die Sammlungen nehmen täglich an Umfang zu.

Einmal kehre ich in tiefer Niedergeschlagenheit von einem erfolglosen Ornithologengang in unsere armselige Herberge zurück. Kalter Staubwind weht durch Ritzen und Fugen, vom Kloster her dröhnen die Trommeln, es riecht nach Stickluft, ranziger Butter, Leder und kaltem Rauch. Zum Teufel das alles! Mißmutig reiße ich mir die Kleider vom Leib... endlich wieder einmal waschen. Gaffende Tibeter rundum, auch ein Seidengewandeter darunter.

„Raus mit euch, Pack!" Das fehlte mir noch, und schon poltert die Schar, von meinen Flüchen verfolgt, die steile Stiege hinunter.

Plötzlich bricht Empörung aus, und meine Diener verraten, daß ich soeben den König von Derge und damit einen der höchsten osttibetischen Fürsten nicht gerade sanft zum Tempel hinausbefördert habe!

Dolan, der mit übergeschlagenen Beinen auf seinem Schlafsack hockt, hält sich den Bauch, weil er sich wenige Minuten zuvor der gleichen Majestätsbeleidigung schuldig gemacht hatte. Etwas unsicher treten wir bald darauf unseren Canossagang an, geben dem König sein „verlorenes Gesicht" zurück und bitten ihn in aller Förmlichkeit, die peinliche Verwechslung seiner ehrwürdigen Persönlichkeit mit einem „gewöhnlichen Tibeter" ungebildeten Fremdlingen nicht verargen zu wollen. Nachdem der Frieden wieder hergestellt ist, empfangen wir den König zum Tee, tauschen Komplimente aus, drücken uns in tiefem Einverständnis die Hände und verleben den Rest unseres Derge-Aufenthaltes in bestem Einvernehmen. Dank königlicher Spende an Erbsen und Bohnen und einem täglichen Butterguß in die aufgestemmten Mäuler erholen sich auch unsere Tiere prächtig. Dann geht es frohgemut, dem Stromverlauf des Jangtse nördlich folgend, nach Denko, wo die Baumgrenze endlich im Süden zurückbleibt. Hier auf 3640 Meter Höhe tritt kahles Hochtibet zum ersten Male an den Fluß heran. Der Jangtse besitzt hier nur noch sechzig bis achtzig Meter Breite und kann bei günstigem Wasserstand sogar gefurtet werden. Es ist, als ob wir in einen anderen Planeten eingetreten seien.

Fürchterliche Einöde um uns her, kein Wald, kein Grün, nur Grau... und rotschnäbelige Alpenkrähen auf wallgesäumten Feldterrassen und Schwärme blauer Felsentauben, die wenigstens eine kleine Abwechslung in unseren Küchenzettel und unsere trostlose Stimmung bringen. An jenem Abend in Denko schreibe ich einen Brief, den ich irgendwie zur chinesischen Grenze zurückzubefördern hoffe. Er wurde mir später von guten Freunden und Verwandten wieder vorgelegt. Es heißt darin: „Eine zweijährige Wildniszeit ohne geistigen Defekt durchzuhalten, muß man entweder einseitiger Wissenschaftler oder hoffnungsloser Phlegmatiker sein. Ohne Europens Tünche ist der Mensch ein häßliches, stinkendes, widerwärtiges Raubtier."

Jekundo können wir der ungangbaren Schluchten wegen nicht auf direktem Wege erreichen, sondern müssen über den Oberlauf des Yalung vorstoßen, um nach Möglichkeit auch dem sagenhaften Gottberg Amne-Matschin einen Besuch abzustatten.

In Denko befinden wir uns nun endlich an der Grenze jenes völlig unbekannten Landes, Hochtibets nämlich, von dessen Flora und Fauna man in unseren Ländern noch so gut wie gar nichts weiß. Nach kurzer Rast erwachen die Lebensgeister in Vorfreude kommender Ereignisse von neuem, und mit frischem Mut geht es den hohen östlichen Pässen entgegen, die zu den Ursteppen des Yalung hinüberführen. Beim Anstieg durch totenstarres Gestein gelingt es mir, hoch überm Talgrund zwei starke Blauschafe zu erlegen, während die Karawane, einer schwarzen Ameisenschlange vergleichbar, schon weit voraus dem Paß entgegenzieht. Mutterseelenallein, schlagen Wang und ich das Wildbret aus der Decke, doch als wir die Trophäen an den Sätteln befestigen wollen und die Tiere die warme Schweißwitterung in die Nüstern bekommen, beginnen sie zu toben und zu rasen. Schließlich brechen sie im wilden Galopp talwärts durch und verschwinden mit wehenden Schweifen in Richtung auf Denko unseren Blicken.

Wang erhält die Weisung, die Tiere wieder einzufangen und am nächsten Tage nachzukommen, während ich meine Büchse schultere, um einen der grausamsten Tage meines Forscherdaseins zu durchwandern.

Vor mir die graue Unendlichkeit, irgendwo der Paß, kalt, starr und vernebelt mit ziehenden Wolken und peitschendem Sturm. Eine grausige, menschenleere Einöde tut sich auf, eine ausweglose Wildnis, und auf mehr als fünfzig Kilometer keine Aussicht auf ein Lager. Nichts als treibendes Weiß über schneeverwehtem Saumpfad und die Voraussicht, die nächstfolgende Nacht bei grimmiger Kälte durchmarschieren zu müssen. Denn jeder Halt, jede Pause würde dem finsteren Begleiter dieses Tages alle Macht über mich geben. Verbissen, mich nur auf den angeborenen Brieftaubensinn verlassend, schreite ich voran. Himmel und Erde verschmelzen, mein Kompaß blieb in der Satteltasche des durchgebrannten Gaules. Was hilft es? Der Paß wird genommen, aber es erfolgt kein Abstieg. Vor mir auf gleicher Höhe breitet sich eine unermeßliche, von dunklen Schneewolken durchzogene Hochlandebene aus. Die kahlen, fürchterlichen Berge schweigen. Welch ein Land! Meine Gedanken sind klar, sie kreisen in äußerster Bereitschaft und in verbissenem Trotz. Mir ist es, als wenn mir fahle, unsichtbare Schatten folgten.

Pfeifend und heulend schlagen mir die Winddämonen ins Gesicht. Sie machen die Haut gefühllos und die Gliedmaßen steif, aber die Pulse beben und der Atem kocht unterm eiserstarrten Panzer der Kleider. Nach Stunden beginnt mich heftiger Kopfschmerz zu plagen, und die Sinne drohen zu verschwimmen. Hüfttief versinke ich nun schon in den Wehen, suche immer wieder vergeblich nach Spuren, die die Karawane irgendwo hinterlassen haben könnte.

Verzweifeln, aufgeben, nein, lachen — aber es ist eine hohle Lache, die mich gruseln macht, weil sie in dem weißen Raum ungehört verhallt, wie die Hilferufe eines Schiffbrüchigen auf hoher See. Warum spiele ich den Helden? Warum betrüge ich mich selbst in dem leeren Raum, umgeben nur von glitzernden Kristallen und den Kulissen des toten Gebirges? Ist es wirklich so, daß wir den anderen brauchen, um atmen und existieren zu können?

Welch ein Wahnsinn! Alle Kräfte zusammenreißend, ergreife ich die Flucht vor mir selbst. Ich setze mir imaginäre Merkpunkte und rase blindlings auf sie los. Aber der Gegner, mit dem ich mich messe, ist die Zeit selbst, die Unendlichkeit.

Es ist wirklich alles Wahnsinn!

Ein Schwächeanfall zwingt mich plötzlich zu Boden, und auf einmal ist alles wohlig und warm. Schafherden weiden um mich her, sonnübergossen liegt die Steppe, blütenbestickt und warm.

Auf einmal braust es über mir, Schwingenschlag weckt mich, und ein mächtiger Kolkrabe mit gesträubtem Kehlbart und klobigem Schnabel setzt sich neben mich in den Schnee. Wahrscheinlich hält er mich schon für tot. Leider muß ich ihn enttäuschen. Ich freue mich der Kameradschaft des großen schwarzen Wegbegleiters, der zur hochtibetischen Landschaft nun einmal gehört.

Noch ehe ich mich zum Weitermarsch aufraffe, schweift mein Blick rückwärts zum Paß, wo plötzlich ein schwarzer Punkt erscheint und im Flockentanz wieder entschwindet.

Sollte das wirklich —? In Hoffnung und Verzweiflung schwimmt mir alles vor den Augen, doch dann sehe ich ihn wieder. Und aufs neue ist er wie weggeblasen. In diesen Minuten zwischen Traum und Wirklichkeit brennen meine müden Augen wie Feuer, aber dann ist der Punkt wirklich da, er bewegt sich, er kommt, er wird größer, und plötzlich weiß ich, daß es mein treuer Diener ist, mein Wang, der mich noch nie im Stich gelassen hat — und hinter sich im Schlepptau führt er meinen Gaul. In tiefer Dankbarkeit erlebe ich diesen Augenblick als einen der glücklichsten meines Lebens!

Wang kommt, er wittert die Gefahr, kaum daß sich sein eisverkrampftes Gesicht zu einem Lächeln erhellt. Unsere wenigen Worte verwehen im Sturm. Stumm und in letzter Kraftanstrengung besteige ich mein Pferd. Dann reiten wir durch die Unendlichkeit der weißen, weiten, unsichtbaren Landschaft, die sich wie ein Geisterkarussell um uns dreht, aber wir reiten und reiten.

Langsam tropfen die Stunden dahin, Pferd und Reiter scheinen zu einem Wesen zusammengebacken — zusammengefroren — und noch immer peitschen uns die scharfen Schneekristalle mit unverminderter Wucht in die Gesichter. Wang hat den Blick nach vorn ins Leere gerichtet. Manchmal, wenn die Berge dicht an den Talgrund herantreten, vermeine ich durch den treibenden Schnee ihre Umrisse zu ahnen. Es sind Landschaftsformen, wie ich sie noch nie gesehen habe, gigantische Pyramiden, riesige Zuckerhüte, eiserstarrte Mondberge. kalt, kahl und grausig, eine ins Unermeßliche gesteigerte Polarlandschaft, bar allen Lebens und ohne jegliche Differenzierung.

In der Abenddämmerung, da wir gerade einen Fluß mit spiegelblankem Eis überschritten haben, begegnen uns Gazellen, die, ihrer sonst so scharfen Sinne beraubt, auf ganz kurze Entfernung stehenbleiben. Seltsam. Bald wird es ganz dunkel sein.

Schließlich stoßen wir auf eine menschliche Gestalt. Es ist einer der unsrigen, der halb erfroren schon seit vielen Stunden auf uns wartet, wie Dolan ihn geheißen. Zu dritt setzen wir den Marsch fort, aber wir können uns nun kaum mehr sehen. Wangs Pferd versagt den Dienst und bricht zusammen. Nur mit Mühe können wir den Gaul noch vorwärtstreiben. Zuweilen funkelt ein einzelner Stern durch die unheimlich treibenden Bänder. Als wir die Hoffnung, auf das Lager zu stoßen, längst aufgegeben haben, schlägt uns lieblicher Duft in die Nasen, der charakteristischste, den es in Hochtibet gibt: Der Duft von schwelendem Jakdung! Nach kurzem Suchen finden wir das erste Lager der Natschuka-Nomaden und sind gerettet.

Im großen Fürstenzelt verbringen wir eine warme Nacht bei kaum zwanzig Grad Kälte, und am kommenden Morgen stellen wir als erstes fest, daß wir unser eigenes Lager im Schneesturm glatt überritten und statt der geplanten fünfundvierzig mindestens fünfundsechzig Kilometer zurückgelegt haben.

Aber die Sonne strahlt über der klirrendkalten Winterlandschaft, und nach wenigen Stunden scharfen Rittes öffnen sich die Tore Dju-Gompas, einer kleinen, gottverlassenen Steppenfeste, wo ein chinesischer Mandarin der alten Schule mit nur ganz wenigen Soldaten die „nominelle Macht" über die umliegenden Nomadenstämme ausübt, ohne daß es seit langer Zeit zu Übergriffen irgendwelcher Art gekommen wäre. Eine

Ausnahme bilden lediglich die jenseits des Yalung wohnenden Ngoloks, vor denen sich alles fürchtet. Vielleicht aber ist gerade hierin der Grund für das friedliche Zusammenleben von Chinesen und Tibetern in Dju-Gompa zu suchen. Ich habe mich oft gefragt, was größere Bewunderung verdient, der unerschrockene Mut des kleinen Chinesen und vorzüglichen Regierungsbeamten oder die duldende Passivität der tibetischen Nomaden!

Dolan und Duncan kommen einige Stunden später mit der großen Karawane glücklich an, und wir verleben als Gäste des außerordentlich liebenswürdigen Mandarins einige Rast- und Sammeltage in der sturmumheulten Chinesenfeste auf dem Dach der Welt.

Dju-Gompa beschert uns die ersten Kiangs, die wilden Pferde Tibets, deren Eleganz und Grazie wir im Glanz der Sonne über den schneeglitzernden Steppen bewundern.

Sodann bereiten wir unseren gewagten Vorstoß auf den Amne-Matschin vor, den Berg der Berge, der inmitten des Ngoloklandes im oberen Hoang-ho-Bogen gelegen ist. Bis zur Stunde ist der Amne-Matschin von weißen Menschen nie betreten worden. Nur wenigen kühnen Forschern war es vergönnt, bis in Sichtweite des Götterberges vorzudringen. Der Russe Roborowski, die Deutschen Tafel und Filchner, der Engländer Pereira, der Amerikaner Rock, alle wurden sie abgeschlagen. Während des letzten Krieges haben dann amerikanische Piloten den Amne-Matschin von Tschungking aus angeflogen und behaupten nun, wie Pereira das schon vor ihnen tat, daß der osttibetische Bergriese selbst den Mount Everest an absoluter Höhe übertreffe.

Wie dem auch sei, der Amne-Matschin stellt auch heute noch einen der letzten weißen Flecke der Erdkarte dar.

Der Grund? Weil rund um seine eisstarrenden Gipfel die Ngoloks wohnen, die ihn als Gott verehren und deren lange Speere eifersüchtig darüber wachen, daß kein Fremder den geheiligten Boden betritt.

Wie wir in Dju-Gompa erfahren, gilt bei den wilden Ngoloks noch das urtümliche Mutterrecht. Über die sechs Hauptstämme, die von Fürsten regiert werden, herrscht autokratisch eine große Königin, Adjung de Jogo mit Namen. Als Wiedergeburt eines himmlischen Wesens genießt sie göttliche Ehren und ist gleichzeitig auf Erden die Gemahlin aller ihrer Stammesfürsten. Sie regiert mit starker Hand, ist hübsch und klug, besitzt eine Leibgarde von siebentausend Kriegern und führt die Büchse wie ein Mann. Einmal jährlich zieht Adjung de Jogo mit ihren siebentausend Mannen in feierlicher Prozession zum Gottberg empor, um in der Gletschereinsamkeit zu meditieren, ehe sie sich wieder in die schwarzen Zelte ihrer beweglichen Residenz zurückbegibt.

Von ihrem unerschrockenen Mute nicht allein, auch von der Grausamkeit der Ngoloks erzählt man sich die schrecklichsten Geschichten. Von allen tibetischen Stämmen sollen sie die raffiniertesten Methoden ausgeklügelt haben, um ihre Opfer zu den Vätern zu versammeln. Hände abhacken und Schädel spalten sind kleine Dinge, man überläßt sie den anderen! Aber in frische Jakhäute einnähen und an der Sonne braten — Ausweiden bei lebendigem Leibe oder das Hochschnellenlassen der Gedärme an gebogenen Stangen, das sind die Methoden, die man im Ngoloklande liebt.

Beinahe zu allen Jahreszeiten, am liebsten jedoch im Frühherbst, wenn die Sümpfe ausgetrocknet sind und die Tiere sich in bestem Futterzustande befinden, unternehmen die Ngoloks ihre großangelegten Raubzüge bis Barum-Tsaidam im Norden, Sungpan im Süden und Dju-Gompa im Westen. Für chinesische Kaufleute gar sind sie der Inbegriff all des Schrecklichen, was man sich im Reich der Mitte vom „westlichen Barbarenland" erzählt.

Obwohl sich die Ngoloks weder Chinas noch des Dalai Lamas weltlicher Oberhoheit beugen, so unterwerfen sie sich doch seit je den Dogmen und Gesetzen der lamaistischen Kirche.

Alljährlich ziehen sie in großen, ehrfurchtsvollen Pilgerzügen zu den heiligen Stätten des Buddhismus, um sich von ihren Sünden freisprechen zu lassen. Auf dem Wege nach Lhasa sind sie daher ebenso friedlich wie andere Pilger — kaum aber sind sie ihre Sünden losgeworden, so beginnen sie wieder zu morden und zu plündern und kehren mit tausenden von geraubten Jaks in ihre heimatlichen Steppengefilde zurück.

Natürlich wissen wir, welch großes Wagnis es bedeutet, zu dieser grimmigen Jahreszeit mit schwacher Mannschaft und abgehärmter Karawane in östlicher Richtung über den Yalung vorzudringen. Unser Entschluß aber bleibt unabänderlich und unser ideeller Richtpunkt heißt: Amne-Matschin. Ihm wollen wir so nahe rücken, wie es die Umstände erlauben.

Wenige Tage darauf überschreitet unser kleines Karawanenschifflein den vereisten Yalung. In einer durchschnittlichen Höhenlage von 4600 bis 4800 Metern reiten wir durchs Meer der Steppe, und die ersten Zweifel kommen mich an. Die Landschaft aber ist so unermeßlich weit, so urgewaltig, daß ich traumwandlerisch den Glanz des Magischen verspüre. Mittlerweile schreiben wir den 10. März, und noch immer fällt das Thermometer Nacht für Nacht auf minus fünfzehn bis minus zwanzig Grad Celsius.

Die Tierwelt ist nun hochtibetisch geworden. Während es im Süden viele Formen gab, bei denen es oft schwierig war, die Sammlung auch

nur um wenige Exemplare zu bereichern, so sind diese kalten Ursteppen nur von ganz wenigen Arten bevölkert. Aber der Individuenreichtum ist so groß, daß es ans Wunderbare grenzt. Am eindrucksvollsten sind die Pfeifhasen, kleine graue Tierchen, die wie eine unaufhörliche Welle zu Tausenden und aber Tausenden vor den Hufen unserer Pferde dahinfluten. Quecksilbrig wie Wiesel, stürzen sie sich kopfüber in ihre Baue, um gleich darauf wieder neugierig hervorzulugen, Männchen zu machen und die seltsamen Eindringlinge mit großen blanken Nageraugen zu beobachten. „Lügen und Maushasen haben kurze Schwänze, aber die Wahrheit und Täler laufen langen Weges", sagen die Tibeter. Dann wieder gibt es weite Landschaften, die in tödlicher Starre wie ausgestorben erscheinen. Auf den Karten, die wir mit uns führen, ist zwischen Yalung und Hoang-ho ein großes Gebirge eingezeichnet, das Bayenkala, aber wir finden nur nackte Riesenhügel, obwohl wir die Wasserscheide zwischen beiden Flüssen längst überschritten haben. Braun, rot und umbrafarben dehnt sich das wilde Land. Von Ngoloks keine Spur. Auf der Suche nach seltenen Wildarten wollen wir getrennte Wege einschlagen, doch scheitert das Vorhaben am heftigen Widerstand unseres in Dju-Gompa geworbenen „ortskundigen" Führers, eines bärbeißigen Originals, der sich weder einschüchtern noch bestechen läßt. Er würde uns sogleich verlassen und unserem eigenen Schicksal überlassen, wenn wir uns unterstehen sollten, Karawane und Mannschaften zu teilen. Täglich könne es zu einem Treffen mit den Ngoloks kommen, und er zweifle nicht daran, daß unsichtbare Späher unseren Wegen folgten, ja, daß sie nur warteten, bis sich die günstigste Gelegenheit zu einem Überfall biete.

Tobend und schimpfend weist der verknitterte Rabautz alle unsere Einwände ab. Grollend müssen wir uns geschlagen geben.

Drei hohe Pässe, die jedoch den Namen kaum verdienen, da sie nicht mehr sind als Geländewellen in der braunen, endlosen Steppeneinsamkeit, werden noch in Richtung auf den Amne-Matschin genommen. Dann zeigt uns der alte Dickschädel triumphierend frische Pferdespuren, von denen er mit aller Bestimmtheit behauptet, daß sie von einer Räuberbande stammten. Es handelt sich jedoch lediglich um die Fährten eines einsamen Kiangrudels. Immerhin gelingt es dem Alten, sich bei den übrigen Mannschaftsmitgliedern Gehör zu verschaffen. Die Männer verlieren ihren Halt, und eine allgemeine Depression setzt ein. Hinzu kommt, daß unsere Tiere schon halbverhungert sind und nur noch unter Anwendung von Gewalt vorwärtsgetrieben werden können. So bleiben wir schon vor dem nächsten Steppenpaß hängen und müssen auf einer riesigen Felsenhalde, wo es kaum ein Büschel dürren Grases gibt, das Notlager errichten.

An diesem Abend, da wir, ohne die Möglichkeit ein Feuer zu entfachen, in den eiskalten Zelten beieinanderhocken, fordert der alte Gauner von Dju-Gompa kategorisch den sofortigen Rückzug. Alle unsere Tiere würden verhungern und erfrieren. Dann nimmt er eine Prise mit Schafdung gemischten Schnupftabak, zieht sie in die ausgedörrte Nase, fährt sich mit dem Handrücken darüber und erklärt, daß wir nicht mehr ganz bei Troste seien. Jahrzehntelang habe er den chinesischen Mandarinen von Dju-Gompa zu ihrer vollsten Zufriedenheit gedient, aber Narren wie wir seien ihm in seinem ganzen Leben noch nicht unter die Augen gekommen. Vernünftige Menschen mieden das Ngolokland, wir aber seien anscheinend darauf erpicht, unseren Untergang auf schnellstem Wege herbeizuführen.

Was kann uns einer solchen Opposition gegenüber alle Tatkraft nutzen? Wir sind am Ende. Die Natur hat uns besiegt. Aber geschlagen geben wir uns noch lange nicht! Noch beseelt uns die Hoffnung, den Amne-Matschin — sechzig bis achtzig Kilometer kann er höchstens noch vor uns liegen — wenigstens zu sehen.

Inzwischen ist es tiefe Nacht geworden, nur die blindscharrenden Hufe unserer hungernden Tiere sind noch zu vernehmen. Da rollen wir uns in die Schlafsäcke, türmen Pferdedecken darauf und schlafen bis in den kommenden Morgen.

Die aufgesprungenen Lippen zwar schmerzen bei jeder Bewegung, aber draußen jagen die kalten Nebelfahnen über reifbedeckte Halden zu

den hohen Pyramidengipfeln empor und das ganze östliche Firmament
ist in magische Glut feuriger Farbbänder getaucht.

Hier verhungernde Tiere — dort die ewige Schönheit. So reiße ich
mich von dem jammervollen Bild des Lagers los und steige zur Kamm-
höhe empor, während die letzten wirbelnden Nebelfetzen zerreißen.
Droben offenbart sich mir ein Bild von unfaßbarer Wucht, von makel-
loser Schönheit. So muß die Erde einst im Akt der Schöpfung ausgesehen
haben. Über grauer Unendlichkeit leuchtende Gigantenburgen, in deren
Mitte sich, von blauen Gletschern rings umgürtet, die Kristallpyramide
des Amne-Matschin erhebt.

Dann kommt der langwierige Rückzug, ein quälender Einödmarsch,
der sich ohne größere Zwischenfälle vollzieht. Nachdem wir die Yalung-
steppen glücklich wieder erreicht haben, trennen wir uns. Während die
beiden Amerikaner mit der Hauptkarawane nach Dju-Gompa zurückkehren, arbeite ich mich yalungaufwärts und dringe ins Gebiet der Wata-
Nomaden ein, eines wehrhaften, aber friedlichen Stammes. Hier erwartet mich ein lustiges Abenteuer mit dramatischem Verlauf. Die Watas
nämlich erzählen mir eine sehr blutrünstige Geschichte vom „Migü“,
dem wilden Schneemenschen, der in den Bergen rundum sein Unwesen
treibe. Nächtlicherweile solle er, rückwärtsgehend, zu den Siedlungen
absteigen, um Menschen und Tiere zu vernichten. Vor wenigen Monaten
erst hätten sie die Höhle des „Migü“ gefunden und das Ungeheuer sogar
mit eigenen Augen gesehen. Riesengroß sei es und ganz mit langen,
gelben Haaren bedeckt.

Ich sage den Watas, daß ich gute Lust hätte, dem Schneemenschen zu
Leibe zu rücken und verspreche scherzend eine hohe Belohnung, wenn
es ihnen gelänge, seine Höhle ausfindig zu machen. Wer aber beschreibt
mein Erstaunen, als die Watas am Abend wieder erscheinen und behaupten, der „Migü“ stecke noch immer in seiner Höhle; sie hätten sich
ganz vorsichtig genähert und wieder jenen Wust von gelben Haaren
gesehen.

Als wir am nächsten Morgen zur Jagd auf den „Schneemenschen“ auf-
brechen, fragen sie Wang, ob der große weiße Herr sich auch auf sein
Gewehr verlassen könne und ob das Pulver auch nicht zu alt sei.

Erst geht es über weite Grashalden einige Stunden steil bergauf bis zu
einem felsigen Kamm, wo wir die Pferde in Deckung einstellen. Dann
folgt ein kleines Tälchen, in dessen Mitte schon auf weite Entfernung
sichtbar ein schwarzes Loch gähnt.

Der Spaß kann also beginnen.

Die Wataleute haben Angst, sie ziehen ihre Schwerter aus den Scheiden, postieren sich hinter einem Felsen ... und bleiben zurück.

Wang und ich kriechen Schritt vor Schritt zur Höhle hinüber. Wang, die mit Posten geladene Schrotflinte in der Faust, stellt sich oberhalb auf, ich selbst, die entsicherte Büchse schon an der Backe, schleiche ganz behutsam von unten an das schwarze Loch heran —.

Und tatsächlich gewahre ich tief im Halbdunkel etwas Massiges, Gelbes! Gleichzeitig schlägt mir starke Raubtierwitterung entgegen. Im Augenblick bin ich aller Zweifel enthoben. Es kann sich nur um einen „Dre-mu" handeln, des „Teufels Großmutter", wie die Tibeter den großen Steppenbären nennen. Während mir noch ein Prickeln über den Rücken läuft, vollzieht sich alles mit Windeseile.

Da der Schuß in die Höhle auf die kaum kenntliche Masse ebenso unwaidmännisch wie gefährlich ist, schleudere ich mit dem Fuß ein paar Steine hinein — und schon erscheint ein mächtiger gelber Schädel, zwei sprühende, wuterfüllte Lichter, ein zahnbewehrter Fang. Auf zwei Meter Entfernung, mitten auf den Schädel haltend, drücke ich ab, und das mächtige Raubtier sinkt wie vom Blitz erschlagen in sich zusammen.

Keine Heldentat — aber immerhin mein erster, hochtibetischer Steppenbär, dem während der nächsten Monate noch viele folgen sollen. Die Wata-Nomaden sind ebenso stolz wie Wang und ich, und im Triumphzug geht es zum Lager zurück.

Folgt Seschu-Gompa, wo ich mich mit der Hauptkarawane wieder vereinige. Zwei Tage später wird der Njaba-Paß und damit die physigeographische und politische Grenze zwischen den chinesischen Außenprovinzen Sikong und Sching-hai überwunden, und nach weiteren achtundvierzig Stunden, die einen Abstieg von weit über tausend Meter mit sich bringen, überschreiten wir im Morgensonnenschein das meterdicke Eis des Jangtsekiang ohne alle Verluste. Noch am gleichen Tage, am 23. März 1935, zieht unsere Leidenskarawane in Jekundo ein, wo uns neue Erlebnisse erwarten.

In und um Jekundo

Jekundo wird von wilden mohammedanischen Kriegern beherrscht, den freien stolzen Dunganen. Nominell zwar unterstehen die Dunganen der chinesischen Herrschaft. Ihre unabhängigen Kriegsherren aber waren von je darauf bedacht, ihre eigenen Lebensgesetze zu verwirklichen, und so haben sie denn auch der weltabgeschiedenen Siedlung ihr eigenes Gepräge verliehen.

Als Urheber vieler blutiger Revolutionen haben sie das Schwert des Propheten von Turkestan her bis in das tibetische Hochland getragen. Sie sind in allen zentralasiatischen Landen gefürchtet.

Kein Wunder, daß wir schon bei unserem Einmarsch mit dem denkbar größten Mißtrauen behandelt und kaum eines Grußes gewürdigt werden. Die ganze Atmosphäre ist von der ersten Sekunde an mit Spannung geladen. Nur die Hunde und die Kinder, die uns wie eine Zigeunerhorde umlagern, schenken uns fürs erste nähere Beachtung. Die Erwachsenen aber sehen uns mit scheelen Augen an, als ob wir Aussätzige wären.

Selbst die schlanken dunganischen Soldaten — die schneidigsten übrigens, die ich je im Reich der Mitte sah, mustern uns mit grimmigen Blicken, und es scheint, als ob ihre drohend abwartende Haltung von obenher befohlen sei.

General Ma, der Gouverneur von Jekundo, Vetter des durch Sven Hedin so berühmt gewordenen, längst ermordeten „großen Pferdes", um dessen Gunst es in den nächsten Tagen zu ringen gilt, scheint seine Truppe in gutem Zug zu haben! Diese mohammedanischen Gebirgskavalleristen machen einen unheimlich geschlossenen Eindruck. Geführt von einem pockennarbigen Offizier mit gezogenem Schwert, brausen sie unter schmetternden Trompetensignalen mit wehenden Feuerfahnen auf wollpelzigen Pferden in trotzig-ungestümem Paßgang durch die Stadt — und etwas unheimlich Fanatisches liegt in ihren langen mongolischen Pferdegesichtern.

Wortlos und verbissen ziehen wir uns in unsere Behausung zurück, ein winddurchfegtes Loch, das wir zum „Standlager" erklären, obwohl es bald schon unser selbsterwähltes Gefängnis werden soll!

Unsere Nerven sind bis zum Äußersten gespannt, aber wir sprechen

nicht darüber, weil das Schicksal der Expedition schon längst nicht mehr
in unserer Hand liegt.

Obwohl die ersten Zugvögel schon zu unseren Häupten gen Norden
ziehen, dem Quellgebiet des Jangtse entgegen, erweist sich das Klima
Jekundos als abscheulich. Nur manchmal, an den Vormittagen, scheint
die Sonne. Nachmittags rasen die Staubteufel daher, daß die Ackerkrume
in dichten Wolken den Himmel verdunkelt und Kotgestank die Straßen
verpestet. Wie eine undurchsichtige Wand schlagen die Staubfahnen
gegen die Hauswände, sie dringen durch Ritzen und Fugen und hüllen
alles in dumpfe, angsterfüllte Finsternis. Die papierverklebten Fenster
singen, und alle menschlichen Gesichter nehmen ein mumienhaftes Aus-
sehen an. Es knirscht zwischen den Zähnen, wenn wir den lieblos bereiteten Fraß durch zersprungene Lippen hinunterwürgen, und beim
Tagebuchschreiben müssen sich die Spitzen unserer Bleistifte durch
wahre Sandkrusten hindurcharbeiten. Unsere Augen tränen. Es bleibt
nichts als die fahle Leichenfarbe und ein ständiger Hustenreiz. Wind-
gebläht sind auch die Gewänder der wenigen Menschen, die uns umgeben. Wer sich auf die Straße hinauswagt, entschwindet als grauer
Schemen im treibenden Sand. Nur unsere Jaks, die letzten, die uns verblieben, drehen mit äußerster Verachtung ihre buschigen Schwänze dem
rasenden Winde entgegen und senken die schweren, hornbewehrten
Köpfe. In stoischer Ruhe trotzen sie dem tobenden Element.

Nachdem wir schon am Ankunftstage unsere Karten überreichen
ließen, betritt eines Morgens ein junger, schneidiger, nur mit einer
Pistole bewaffneter Offizier unsere schmutzige Behausung, grüßt mili-
tärisch, stellt sich als Adjutant des großen Ma vor, lehnt den gebotenen
Tee ab und gibt uns in knappen Worten zu verstehen, daß der General
geneigt sei, uns zu empfangen.

Nachdem wir unsere staubigen Koffer nach letzten heilen Kleidungsstücken durchwühlt haben, treten wir um die Mittagsstunde den ent-
scheidenden Gang an. Trotzdem gleicht unser Aufzug einer wahren
Maskerade. Hinter uns folgen die Diener und Dolmetscher mit Dolans
großer brauner Aktentasche, in der sich die Pässe der chinesischen Zentralregierung befinden.

Am Portal des mauerumsäumten Yamen empfangen uns Leibgardisten
mit breiten Richtschwertern. Sie übergeben uns einem Offizier. Dann
geht es durch eine Flucht von Winkeln und von Gängen in das Innere
des fortartigen Hauptquartiers, wo wir warten müssen. Anscheinend
will man unseren Nervenzustand überprüfen. Wir befinden uns nämlich
in den gleichen Räumen, in denen General Ma vierzehn Ngolokhäupt-
lingen, die er zu einer Art Friedenskonferenz geladen hatte, ein großes

Festessen verabfolgte und ihnen nach Tisch die Köpfe abschlagen ließ.

Nach einigen Minuten teilt sich der Vorhang und zwei Männer treten ein. Der eine ist groß und hager, der andere dick und rund. Der große ist General Ma, der kleine der Zivilgouverneur Ma. Beide gehören der gleichen Familie an, beide tragen Uniformen, aber im übrigen sind sie so verschieden wie der Tag und die Nacht.

Der General hat ein offenes Kriegergesicht mit harten, rohgehauenen Zügen, und seine Bewegungen sind eckig. Alles in allem trägt er das Wesen eines ungehobelten, aber sympathischen Landsknechtes zur Schau.

Der andere ist aufgeschwemmt, er hat das rosige Gesicht eines Spanferkels, aber seine Äuglein sind klein und seine Züge unausgeglichen. Hinter ihnen lauert noch etwas anderes, das Rätsel Asiens, die große Sphinx. Ohne Zweifel ist dieser Mann sehr intelligent.

Sogleich bemächtigt er sich der Situation und lädt uns mit galanter Geste zum Sitzen ein. Wie es die Etikette erfordert, werden uns Tee, getrocknete Früchte und Süßigkeiten gereicht. Unsererseits stellen wir mit Komplimenten gewürzte Fragen nach Alter, Herkunft, Zahl der männlichen Nachkommen und was dergleichen landesübliche Gesprächsverpflichtungen mehr sind. Aber alle unsere blütenreichen Phrasen verhallen an den kahlen Wänden jenes unpersönlichsten aller Empfangsräume, den ich je in meinem Leben betrat. Es ist, als wären die vielen schönen Worte nie ausgesprochen worden, und die Süßigkeiten in unserem Munde erhalten einen bitteren Nachgeschmack.

Offensichtlich spricht man unter den Dunganen eine andere Sprache als im alten China. Statt Lotosblumen tauscht man in Jekundo harte Quadersteine aus. Die Mienen bleiben undurchdringlich und der Ton eisig.

Das schlimmste aber ist, daß der des Lesens und Schreibens Unkundige, uns aber doch so sympathische General vollständig unter dem Einfluß des dicken Zivilgouverneurs steht und es kaum wagt, den Mund aufzutun.

Während uns der kühne Kriegsmann nun wortlos und in stocksteifer Haltung gegenübersitzt, prüft der Zivilgouverneur unsere Pässe mit peinlichster Genauigkeit. Nachdem er sie uns ohne Kommentar zurückgereicht hat, gibt er uns in überraschend gerader Sprache zu verstehen, daß er erstens die Verantwortung für unsere Weiterreise nicht übernehmen könne, zweitens Erkundigungen über unsere Personen höheren Ortes einziehen müsse, drittens uns dringend anrate, Jekundo und das gesamte Gebiet der mohammedanischen Oberhoheit auf schnellstem Wege wieder zu verlassen, und viertens müsse er mit allem Nachdruck darauf bestehen, daß wir in und um Jekundo von unseren Waffen, einschließlich der Schrotflinte, keinerlei Gebrauch machen und nicht einmal Kleintiere sammeln dürften.

Milde ausgedrückt sind wir also wieder einmal gestrandet. Es bleibt uns nichts, als in tiefer Niedergeschlagenheit das Feld zu räumen und nach neuen Möglichkeiten zu suchen.

Die Kunde von unserer Niederlage verbreitet sich natürlich wie ein Lauffeuer durch die Stadt, und die Folgen bleiben nicht aus! Schwach, wie wir Menschen sind, wenn uns der Halt genommen wird, zeigt sich nun auch die Treue als ein Rankenpflänzlein, das verdorrt. Mit einem Wort: Unsere Mannschaft droht abzufallen. Es ist ein einfaches Gesetz der Natur, durch menschliche Systeme nicht zu brechen, dessen Gültigkeit sich in Krisenzeiten immer wieder aufs neue bewahrheitet. Die gleichen sturmerprobten Männer, die mit uns den Unbilden des tibetischen Winters trotzten und von denen wir in der Illusion des Erfolges schon annahmen, daß wir uns felsenfest auf sie verlassen konnten, sinnen nun auf schmählichen Verrat. Plötzlich ist unsere Sache ihnen nichts mehr wert. Ihre Herzen sind wieder einmal „klein" geworden, und sie scheuen sich nicht, es uns ganz offen ins Gesicht zu sagen.

Die gesamte Bevölkerung Jekundos scheint zum passiven Widerstand gegen uns aufgerufen. Von der Weigerung, uns Lebensmittel zu verkaufen, über die Verdächtigung, daß wir unter dem Deckmantel des „Morphiumschmuggels" Spionagedienste leisteten, bis zu dem Wucherzins, den man uns abverlangt, stoßen wir selbst bei den altangesessenen chinesischen Kaufleuten auf ungeahnte Schwierigkeiten.

So will man uns nur „halbe Silbermünzen" auszahlen, solche nämlich, die an der chinesischen Grenze einfach in der Mitte durchgeschlagen wurden. Angeregt durch schlechtes Beispiel an der Grenze, leitet nun jeder Kaufmann, durch dessen Hände sie landeinwärts gehen, das zwar unverbriefte Recht für sich ab, auch seinerseits von jeder Münze noch ein kleines Stückchen abzuschlagen. Auf dem weiten Wanderweg nehmen sie dann immer sichelförmigere Gestalt an, und in Jekundo gar, an der Grenze der besiedelten Gegenden, befinden wir uns mit der Endstation des abnehmenden Silbermondes am absoluten Nullpunkt. Folglich werden wir um tausende von Rupien betrogen, ohne in der Lage zu sein, den Schutz der Obrigkeiten in Anspruch nehmen zu können.

Ein weiteres drastisches Beispiel unserer völligen Macht- und Rechtlosigkeit bietet der Verkauf meines durch die Reisestrapazen leider völlig abgemagerten, aber noch jungen und edlen Rappen, für den mir ein tibetischer Kaufmann eine Packung von zehn verschimmelten Zigaretten bietet. Da uns die abgekommenen Tiere nur noch mehr in Entschlußkraft und Bewegungsfreiheit behindern, muß ich mich sogar auf den üblen Handel einlassen — es sei jedoch schon hier erwähnt, daß mir der gleiche Wucherer das inzwischen wieder zu vollen Kräften gekommene Tier fünf Monate später zum vielhundertfachen Preis, nämlich für vierhundert Rupien, zum Rückkauf anbietet.

Die Demütigungen zermürben uns, und das Gefüge der Expeditionsgemeinschaft lockert sich von Tag zu Tag mehr. Tiefe Depressionen bemächtigen sich unser, und die Unbotmäßigkeiten der Mannschaften wollen überhaupt kein Ende mehr nehmen. Unmerklich gleiten uns die Zügel aus den Händen, während unser eigener Nervenzustand von Tag zu Tag bedenklicher wird. Duncan, der plötzlich selbst den Rückzug zu propagieren beginnt, spricht in diesen Tagen mehr als sonst von seiner Familie im fernen Ohio, Dolan hockt tagelang im kalten, sturmumfegten Bau und schreibt sein Drama über USA, und ich selbst ertappe mich mehr als einmal bei kleinen Ungerechtigkeiten in der Beurteilung der Sachen und Personen. Wie ausgehungerte Wölfe schleichen wir mit gesträubtem Rückenhaar umeinander her. Nur in einem sind Dolan und ich uns einig: Wir sind fest entschlossen, das Spiel zu Ende zu spielen. Feiges Aufgeben oder gar Umkehr zur chinesischen Grenze ist uns trotz allem der abscheulichste aller Gedanken.

Wilde Gerüchte über einen bevorstehenden Überfall von fünftausend Ngoloks auf Jekundo, die ihre vierzehn ermordeten Stammesfürsten rächen wollen, verschlechtern unsere Lage nur noch mehr, zumal Todesstrafe für jedweden verhängt sein soll, der zur weiteren Verbreitung der Gerüchte beiträgt.

Später stellt sich dann allerdings heraus, daß alles nur ein Greuelmärchen war, von den pfiffigen Machthabern frei erfunden, um uns bange zu machen und zum Rückzug zu bewegen.

Die ständige Furcht vor den Ngoloks aber bleibt bestehen. Man glaubt in Jekundo an ihre Unbesiegbarkeit und schreibt ihnen übersinnliche Kräfte zu, seit Mas Truppen eine riesige Bande, die schon umzingelt war, über Nacht durch die Lappen ging. Es handelte sich um eine jener „Pilgerkarawanen", die vor Jahresfrist nach Lhasa aufgebrochen war, um für begangene und künftige Sünden Abbitte zu leisten. Auf dem Rückmarsch waren aus den unschuldigen Schäflein aber wieder reißende Wölfe geworden, die sich in den Besitz zahlreicher Herden gesetzt und ganze Landesteile blankgefegt hatten.

Nur ein einziges Mal, so erzählt man sich, seien die Ngoloks von den Dunganen besiegt worden, aber es war ein furchtbares Gemetzel, das am Ende noch mehr für die Ngoloks spricht, als für die mohammedanischen Truppen. In der letzten Verzweiflung nämlich warfen die heldenhaften Räuber ihre Schafspelze ab. Splitternackt kämpften sie bis auf den letzten

Mann, und es muß eine schauervolle Prozession gewesen sein, als die siegreichen Dunganen, jeder mit einem abgeschlagenen Ngolokkopf am Sattel, in Jekundo einzogen. — So also ist die Stimmung.

In einer sturmbrausenden Nacht, da wir uns schon in seligen Traumgefilden wiegen, werden wir urplötzlich wieder in die harte Wirklichkeit zurückgerufen. Alle unsere chinesischen Diener haben sich mit völlig entstellten, angsterfüllten Gesichtern um unsere Lagerstatt versammelt — und nun fordern sie ihr Geld. Der Zivilgouverneur habe ihnen Pferde zur Rückreise nach China gratis zur Verfügung gestellt, und daher wollen sie Jekundo schon in der Frühe des kommenden Tages verlassen, um aus dieser Hölle zu ihren Angehörigen im warmen China zurückzukehren.

„Wenn die Weißen ihr Schicksal erproben wollen, so laßt sie ziehen — sagt ihnen, daß wir nur ihre Unterschriften benötigen, die uns der Verantwortung entbinden", habe der Gouverneur zum Abschluß gesagt.

Also heißt es, den Stier bei den Hörnern packen. Die Worte Mas sind der Rettungsring, an den wir uns jetzt klammern.

Und sind sie schließlich nicht auch ein Beweis dafür, daß der hohe Herr seine Gesamteinstellung zu unseren Gunsten längst gewandelt hat?

Während Dolan Schecks und fürstliche Belohnungen verspricht, male ich im Flackerlicht der Kerzen eine rohe Karte des vor uns liegenden Landes in die staubige Tischplatte. Und dann bieten wir gemeinsam alle Kräfte auf, um unsere wankelmütigen Chinesen wieder auf unsere Seite zu ziehen und von der völligen Ungefährlichkeit unseres Vorhabens zu überzeugen. Schließlich endet der mitternächtliche Erpressungsversuch mit einem vollen Sieg für uns, dem ersten seit vielen Wochen. Nach geraumer Zeit, als wir uns schon wieder niedergelegt haben, schleicht sich Li, unser erster Dolmetscher, noch einmal auf leisen Sohlen herein. Seine Augen sind tränenumflort, als der arme Kerl, der sein lebelang im Dienste der „weißen Teufel" stand, mit zitternder Stimme sagt: „Wo Ihr hingeht, da gehe ich auch hin — wo Ihr hingeht, da ich auch."

Gleich am nächsten Morgen werden die notwendigen Formalitäten erledigt. Dolan schreibt Schecks für die Familie im fernen China aus, dann geht es zum Zivilgouverneur, dem wir ein zweisprachiges Dokument überreichen, in welchem wir ausdrücklich erklären, daß wir alle Verantwortung für unsere Leben selbst übernehmen — und am gleichen Abend wird uns feierlichst die Erlaubnis zur Weiterreise nach Norden erteilt.

Jetzt aber, wo es ernst zu werden beginnt, laufen unsere Mannschaften natürlich zu den Lamas, um sich prompt den Untergang der Expedition weissagen zu lassen.

Aber auch tibetische Priester sind nur Menschen! Ein Beutelchen blitzender Silbermünzen bestimmt die Schicksalsgöttin dann zu dem salomonischen Spruch, daß wir zwar noch viel Mühsal und Entbehrungen würden erdulden müssen, daß wir aber allesamt wieder glücklich in die Heimat zurückkehren würden.

So tritt an Stelle egozentrischer Wünsche wieder der Wille zum Erfolg, und die Lebensfreude regiert von neuem in unserem Lager.

Nur die Staubteufel scheinen sich mit dieser glückhaften Wendung nicht abfinden zu wollen, sie heulen und toben, bis ein Teil unseres „Hauses" krachend in sich zusammenfällt.

Aber noch etwas anderes gibt mir zu denken. Wie war das eigentlich? Der Gesinnungsumschwung des Gouverneurs erfolgte doch recht plötzlich!? Sollte da nicht doch . . .

Zudem habe ich mich — auf Expedition wenigstens — bei der Beurteilung des Kommenden längst daran gewöhnt, das theoretisch Schlechteste anzunehmen. Optimist kann man dann im Handeln ja immer noch genug sein.

Aus diesem Grunde mache ich meine Bedenken geltend und versuche Dolan zu überzeugen, daß es wohl ratsamer sein würde, fernab der Straße durch die hohen Berge nach Norden zu ziehen, anstatt der üblichen Karawanenroute zu folgen, die von Jekundo quer durch die Quellgebiete des Hoang-ho nach Sining im Kokonor-Territorium führt. Dolan aber hält mein Anliegen für zu pessimistisch und schilt mich einen Narren. Sein Optimismus, der sich lediglich auf ein Stück Papier begründet, siegt über meine heimlichen Zweifel, und so stolpern wir, vom Erfolg der Gegenwart geblendet, wie Schafe, die zur Schlachtbank geführt werden, in eine neue Falle hinein. Ihr eiserner Griff sollte schließlich das bewirken, was alle Strapazen, alle Stürme, alle Räuber und Mas nicht fertiggebracht hatten: die Zerstückelung der Expedition, die Trennung des Hauptes von den Gliedern.

Später, wir werden die Zeit noch erleben, wird es dann allein meine Sache sein, trotzdem zu siegen und die Expedition noch zu einem guten und erfolgreichen Ende zu bringen.

In diesen Tagen, da wir die letzten Vorbereitungen zum großen Aufbruch treffen, befällt uns jene rätselhafte Unruhe wandernder Vogelvölker. In den wilden Hochtälern um Jekundo machen sich die ersten heimlichen Zeichen des kommenden Frühlings bemerkbar. Bauern tragen lange hölzerne Pflügebalken auf die Äcker hinaus, um Gerste und Weizen zu säen. Milde, unbeschreiblich zarte Vormittage dämmern herauf. Die Sonne scheint, die Hummeln fliegen, die ersten Schmetterlinge kommen aus den Felsritzen hervor und die goldgehämmerten Lämmergeier führen im Aufwind der rasch erwärmten Luft wunderbare Flugspiele auf. Wie befiederte Drachen jagen sie sich mit jauchzenden Stimmen über die flachen Dächer dahin und entschwinden nach Norden, gerade als ob sie uns den Weg weisen wollten ins große Unbekannte, das noch vor uns liegt.

Am Tage des Aufbruchs aber treibt heftiger Schnee. Es ist kein gutes Zeichen, daß sich die Tiere alle willig satteln lassen, gerade als ob sie wüßten, daß nur wenige von ihnen zurückkehren werden. Wilder Protest wäre uns lieber gewesen!

— Keine Kraftreserven! —

Wir stehen wortlos daneben, rauchen unsere Zigaretten und sehen die Schneeflocken auf den matten Pelzen zu Wasser zerrinnen. Ja, was wird werden mit den armen ausgehungerten Tieren?

Niemand von den Obrigkeiten erweist uns die simple Ehre des Abschieds; nur einige tibetische Mädchen, die unsere Männer in ihr Herz geschlossen haben, bleiben weinend am Wegrand zurück. Kalt, grau und unpersönlich, als wenn alles nur ein böser Traum gewesen wäre, entgleitet Jekundo unseren Blicken im treibenden Schnee.

Schon nach Überwindung des ersten 4800 Meter hohen Passes machen einige Tiere schlapp. Wir sind gezwungen, zwischen Kaupen und Bülten auf einem trostlos kahlen Nakamoore Lager zu schlagen. Die Tiere finden kaum Futter, und die Temperatur fällt in dieser ersten Nacht auf minus zehn Grad. Ein schöner Frühlingsanfang! Bei Tagesgrauen sind wir wieder unterwegs, dem nächsten Platz und damit abermals dem Strombereich des Jangtse entgegen.

Nach wenigen Stunden verdunkelt sich der Himmel. Schneewolken ziehen auf. Ein Lämmergeier saust in kühnem Sturzflug in die Tiefe. Das helle Surren seiner torpedoartig angelegten Schwingen mischt sich mit dem Heulen des Sturmes. Im Nu sind Himmel und Erde verschwunden, wir sind in dichte Wolken staubigen Schnees gehüllt, Eiskristalle schlagen uns wie Peitschenhiebe in die brennenden Gesichter, und alles um uns ist in rasender Bewegung, weiß und wild wie eine schäumende See. Von Blindheit geschlagen, kämpfen wir waagerecht mit vorgebeugten Körpern gegen den Sturm, schneeatmend arbeiten die Lungen wie Blasebälge, und die Karawane ist längst in alle Winde zerstreut. Nach Abflauen des Sturmes benötigen unsere Karawanentreiber Stunden, bis sie alle Tiere in der Felsenwirrnis wiedergefunden und zusammengetrieben haben.

Tags darauf, im tiefeingeschnittenen Schluchttal des Jangtse, begegnet uns ein Regierungskurier aus Sining. Mutterseelenallein hat er die siebenhundert Kilometer weite Strecke in fünfzehntägigem Gewaltritt hinter sich gebracht. Er berichtet von vielen Bären, die er gesehen habe, und auch davon, daß jetzt die beste Jahreszeit sei, die schreckliche Jangtang, die große nördliche Ebene, gefahrlos zu bereisen, da die Räubergefahr wegen der schlechten Weideverhältnisse nur gering sei.

Am Abend des dritten Tages überqueren wir den Jangtse. Unsere Tiere werden unter einem Hagel von Steingeschossen in das eisige Wasser getrieben, aber ihre dicken luftgefüllten Winterpelze, die wie Schwimm-gürtel wirken, tragen sie ohne Verluste durch die reißende Strömung dem jenseitigen Ufer entgegen.

Dann denken wir dem direkten Bereich der Jekundo-Machthaber ent-ronnen zu sein — denken wir!

Doch als wir uns auf der östlichen Jangtseseite gerade eingerichtet haben und die Dämmerung kommt, rückt plötzlich eine Abteilung schwerbewaffneter dunganischer Soldaten heran und umzingelt das Lager, noch ehe wir wissen, was das alles bedeuten soll.

Das ist die Falle! Der Offizier erklärt uns im Auftrage des Gouver-neurs, daß unsere sofortige Rückkehr nach Jekundo gefordert würde, im Weigerungsfalle habe er Befehl, von seinen Waffen Gebrauch zu machen. Über schwarze Mündungen von Maschinenpistolen hinweg blicken wir zu den purpurroten Bergen empor, wo die Freiheitsfahnen im letzten Abendglanz verwehen. Mit einem Schlage sind alle unsere Hoffnungen wiederum zunichte gemacht.

Aber was hilft es. Erst einmal bitten wir um Bedenkzeit, dann über-zeugen wir den Offizier von der Unmöglichkeit einer nochmaligen Flußüberschreitung an diesem Tage ... und außerdem müßten wir nach besseren Weideplätzen Ausschau halten, ehe an einen geordneten Rück-marsch zu denken sei.

Im Schutze der Nacht aber wird nun mein treuer, jeglicher Situation gewachsener Wang in Richtung auf die chinesische Grenze losgeschickt. Er soll versuchen, Derge auf kürzestem Wege zu erreichen, um von dort einen Funkspruch, in dem wir um Klarstellung unserer Lage bitten, an die chinesische Zentralregierung in Nanking zur Absendung zu bringen. Der Streich gelingt, und am nächsten Morgen locken wir die ganze „Belagerungsarmee" weiter nach Nordosten, einem „guten Weideplatz" entgegen. Doch in Tschintu, einem nur aus wenigen Häusern bestehen-den Weiler, treffen wir auf einen äußerst bissigen dunganischen Major, der uns unumwunden erklärt, uns sogleich fesseln und ins Gefängnis werfen zu lassen, wenn wir den einmal gegebenen Anordnungen nicht auf der Stelle Folge leisteten. Ein langes Palaver beginnt, aber schließlich werden wir auch mit diesem Herrn fertig und erwirken die Erlaubnis, wenigstens noch ein paar Kilometer weiterziehen zu dürfen. Allerdings, die Wachen werden verdoppelt, und am Abend brennen rund um unser Lager die Wachtfeuer der „Belagerungstruppe", deren Bewaffnung inzwischen um zwei Maschinengewehre und zahlreiche Maschinenpistolen verstärkt wurde.

In dieser, alles andere als angenehmen Situation faßt Brooke Dolan, der selbst sein Drama über die USA vergessen zu haben scheint, den Plan, nur von zwei Tibetern begleitet, nach Sining durchzubrechen, um beim großen Mapufang, dem Kriegsherrn des gesamten Kokonor-Territoriums, Hilfe zu erbitten. Es ist ein waghalsiger Plan. Dolan will die Entscheidung erzwingen. Sein wildes, irisches Blut ist wieder einmal in Wallung geraten. Er sieht nichts, er hört nichts, und alle unsere Gegenargumente schlägt er mit beißendem Spott in den Wind.

Wenige Stunden später steht Dolan glattrasiert als mongolischer Kaufmann verkleidet vor uns. Nur seine blauen, stechenden Augen erinnern noch an einen Wikinger, für den es keine Widerstände gibt.

Gut also, soll er ziehen, und der Himmel möge ihn beschützen!

Als der Mondschein blausilbern über die nächtliche Hochsteppe fällt und die Wachtfeuer schon langsam verglimmen, nimmt Dolan Abschied.

„Treffpunkt am Tossungnor oder in der Hölle!" sind seine letzten mit Handschlag besiegelten Worte.

Heute weiß ich, daß sie ehrlich gemeint waren, obgleich alles so ganz, ganz anders kam.

Dann kriecht Dolan, den kleinen Stutzen vor sich herschiebend, auf allen vieren in die Dunkelheit hinaus, und hinter ihm drei „Jimmy", sein Jäger und Atring, ein mutiger Jekundo-Tibeter, den Dolan schon seit langem in sein Herz geschlossen hat. Hinter einer Felsmauer entschwinden die drei unseren Blicken.

Der nächtliche Fluchtpfad wurde vorher genau festgelegt. Während wir die Aufmerksamkeit der Wachen nun durch lautes Geschrei auf uns lenken, gelingt es Dolan, drei unserer besten Maultiere einzufangen. Da kein Alarm geschlagen wird, wissen wir nach Ablauf einer quälenden Viertelstunde, daß die Flucht gelungen ist.

Ein kleines Säckchen Tsambamehl, ein Klumpen ranziger Jakbutter und drei Tafeln Schokolade sind Dolans einziger Proviant. Ohne Schlafsack, ohne Decken, nur mit einem dicken Schafspelz angetan, hofft er die mindestens fünfhundert Kilometer lange Strecke in zwölf Tagen bewältigen zu können. — In spätestens zwei Monaten aber will er wieder bei uns sein, um seine Expedition zu den Quellen des Jangtse zu führen.

Dieser Verzweiflungsritt steht in der Erforschung Zentralasiens einzigartig da, und wenn er nicht zum gewünschten Erfolg führte, so kündet er doch von der zähen und verbissenen Energie des jungen Amerikaners, der sich in gutem Glauben und mit bester Absicht von seiner Expedition trennte, um die härteste Prüfung seines Forscherlebens auf sich zu nehmen.

Nicht zwölf, sondern volle fünfunddreißig Tage benötigte Dolan, um den Jangtang zu überqueren und Sining zu erreichen.

Er lebte von rohem Fleisch der Kiangs, Gazellen und Bären, die er schoß. Er mußte seine Tiere den Wölfen überlassen, er durchwatete die eisigen Quellflüsse des Hoang-ho und trug seine letzten Patronen im Mund, da ihm das Wasser bis zu den Schultern reichte. Barfuß, krank und total ausgehungert kam er schließlich mit seinen beiden tapferen Begleitern in Sining an — aber von Mapufang, dem Gewaltigen, wurde er überhaupt nicht empfangen! Seine Mission war gescheitert. Er wandte sich darauf nach Lanchow und schließlich zur Küste.

Acht volle Monate vergingen, bis wir uns wiedersahen. Es war nicht die Hölle, sondern eine bequeme Missionsanstalt an der chinesischen Grenze!

Natürlich konnte ich damals, nach allem was hinter mir lag, nicht umhin, ihm meine bittersten Vorwürfe zu machen. Dolan aber gab mir in aller Ruhe zur Antwort: „Du magst recht haben, Junge, von deinem deutschen Standpunkt aus, aber glaube mir, in Sining war ich ein kranker Mann, und wenn ich zurückgekehrt wäre, würde ich nur eine weitere Belastung für dich bedeutet haben."

„Als ich gefehlt hatte und den Rückzug antrat, wußte ich, daß es das beste war, was ich tun konnte, mag es für dich mit deinen überempfindlichen Begriffen von Ehre auch zeitweilig wie schmählicher Verrat an unserer gemeinsamen Sache ausgesehen haben."

„Schließlich, Junge, wußte ich doch, daß du es allein schaffen würdest!"

Ich brauchte damals Tage, um mit all dem fertig zu werden. Dann erst ließ ich die Benzinkanister, die ich im Missionshof hatte bereitstellen lassen, um die gesamte Ausbeute der Expedition zu verbrennen, wieder wegräumen. Dolan und ich reichten uns die Hand und sind dann Freunde geblieben bis in den letzten unseligen Krieg hinein, in dessen Verlauf Brooke Dolan den Tod fand. Dolan hatte Fehler wie jeder von uns, aber er war einer der wenigen Menschen, die das Gefühl des Neides nicht kannten.

Doch zurück zu jener kalten, sternfunkelnden Nacht, da Brooke in die Steppe hinausritt, um nicht wiederzukehren.

Als erstes bauen wir eine Attrappe auf, eine pelzvermummte Puppe, um am nächsten Morgen zu verkünden, daß Dolan schwer erkrankt sei, zu Bett liegen müsse und keinesfalls gestört werden dürfe. So gelingt es uns, Dolans Flucht volle vierundzwanzig Stunden geheimzuhalten. Erst als wir die Gewähr haben, daß sein Vorsprung auch mit besten Pferden nicht mehr einzuholen ist, decken wir die Karten auf und geben bekannt, daß der Führer der Expedition „heimlich nach Derge zurückgekehrt sei, um erneut Verhandlungen mit der Nanking-Regierung anzuknüpfen".

Unsere Widersacher sind durch diese Enthüllung so verblüfft, daß sie nicht einmal Anstalten zu Dolans Verfolgung treffen.

Also können wir uns erst einmal auf die faule Haut legen, um in Ruhe zu bedenken, wie wir aus der verfahrenen Situation wieder herauskommen.

Leider aber — ich will dieses traurige Kapitel hier nur kurz streifen, bleibt Dolans Schritt auch auf Duncan, „den Mann mit der großen Familie im fernen Ohio", nicht ohne Einfluß. Auch er wird plötzlich vom „Hilfefimmel" besessen. Er will bei den Machthabern Jekundos nochmals um Verständnis werben, andernfalls er zu den Missionsstationen an der chinesischen Grenze zurückkehren möchte, um „Geld loszuschlagen", was ihm zweifellos gelänge, da er, bevor er sein Herz für die Geschäftswelt entdeckte, selbst jahrelang als Missionar im Westen Chinas tätig war.

Mit dem Vorschlag Duncans, zuerst einmal allein nach Jekundo zurückzukehren, bin ich in Anbetracht seiner guten Sprachkenntnisse und meiner eigenen Forschungsaufgaben durchaus einverstanden. Auf Grund des beklagenswerten Zustandes unserer Tiere gelingt es auch, unseren Belagerungsoffizier von der Notwendigkeit dieses Schrittes zu überzeugen. Also zieht Duncan in Begleitung einer starken Militäreskorte über die Jangtsepässe zurück. Wie vorauszusehen, ist ihm in Jekundo natürlich keinerlei Erfolg beschieden, was ihn nun auch seinerseits und ohne mich zu informieren veranlaßt, der Expedition den Rücken zu kehren und mich während der kritischsten Monate allein zu lassen. Ich bekenne offen, für die Haltung Duncans nie rechtes Verständnis gefunden zu haben, so sehr ich mich nachträglich auch darum bemühte.

Natürlich kam auch das versprochene Geld nicht an und ich mußte sehen, wie ich mit allem fertig wurde.

Aber diese Dinge sind nicht so wichtig. Damals allerdings mutete mich das ganze wie eine grausame Farce an, und wenn ich sie zuzeiten ernst, sehr ernst sogar nahm, so lag es vor allem wohl daran, daß ich noch zu jung war, um die menschliche Natur zu kennen, und zu einfältig, um über den Dingen zu stehen.

Wichtig ist jedoch, daß die zweite Dolan-Expedition von jetzt an ein ganz anderes Gesicht erhält. Ich bin nun ganz auf mich selbst gestellt, nur von einer kleinen Schar anscheinend noch treuergebener Eingeborener umgeben. Geblieben ist auch eine Karawane von halbverhungerten Jaks. Aber es fehlt jeder moralische Rückhalt, jede Unterstützung von außen . . . und vor allem Geld.

So habe ich den Feind im Rücken, aber die Quellgebiete des Jangtse vor mir. Alles ist einfacher geworden, wo es nun kein Zurück mehr gibt und es mich mit allen Fasern danach drängt, auf eigene Faust und ohne Geldmittel ins Land der Wildjaks vorzudringen. Mein Herz jubelt, wenn ich über die gewaltige Landschaft blicke. Nur vorwärts, denn die Vergangenheit war schal und die Gegenwart ist düster. Nur in der Zukunft kann die Befriedigung liegen, die allein aus der vollendeten Sache erwächst. Wo die Menschen fehlen, um der Eitelkeit zu schmeicheln, fragt man nicht nach Ruhm und Ehre und klagt nicht mehr, weil alle Klagen ungehört an den Mauern der Berge verhallen. Gesundheit und Leben sind plötzlich identisch geworden, alles andere bedeutet Selbstaufgabe, Flucht, Feigheit oder gar den Tod.

Was aber ist zu tun? Als erstes schließe ich mit meinem Dunganenleutnant Freundschaft, und dann ziehen wir wohlgemut den hohen Yalung-Steppen entgegen nach Nordosten, abermals um „neue Weidegründe" zu finden. In einem unscheinbaren Steppenkloster schlagen wir unser Standquartier auf. Still und einsam liegt Dredju-Gompa, das Kloster der „Wilden Jakkuh", auf etwa 4600 Meter Höhe am Ufer des Yalung. Die alten Lamas kennen noch die Zeiten, in denen die gewaltigsten aller Wildrinder ihre urigen Fährten über die kahlen Mondberge zogen. Heute aber, da die mit Feuerwaffen ausgerüsteten Nomaden ihre Jagdzüge schon bis weit über die Quellen des Gelben Flusses ausdehnen, gibt es längst keine Wildjaks mehr im weiten Rund der Steppe.

Kaum fünfzig Mönche werden es sein, die in Dredju-Gompa ein den Göttern geweihtes Eremitendasein führen, ohne nach der Welt und den Menschen zu fragen. Nur einsamen Karawanen, die zu den Salzsümpfen der Tsaidam-Mongolen hinaufziehen, oder Regierungsreitern, die von Sining herabkommen, bietet das Kloster der „Wilden Jakkuh" hin und wieder ein nächtliches Obdach.

Freund Leutnant sorgt für meine Unterbringung in den goldenen Privatgemächern des Abtes, und als ich nächsten Tages losziehe, um Wildschafe und Bären zu schießen, bleibt mein Freund als Haushofmeister und sorgsamer Betreuer meines „Hausstandes" im Kloster der „Wilden Jakkuh" zurück.

Wohl vierzehn Tage oder länger bin ich in den hohen Bergen Wind und Wetter preisgegeben. Oft sackt das schneeüberlastete Zelt über mir zusammen. Meine Tiere müssen entsetzlich leiden, so daß die Jaks den Kot der Pferde und die Pferde den der Jaks fressen.

Aber wenn die Schneetreiben aufhören und die kahlen Steppenberge

wieder riesige Schatten über die Täler werfen, wenn der Himmel sich
erhellt und die Berge in blendend weißer Reinheit vor mir liegen, stapfen
wir wie auf Samt zu den schimmernden Hochkämmen empor. Unter uns
die schneeverschüttete Einsamkeit der weiten Täler, über uns nichts als
die Berge und ein Dom von Licht. Wenn die Landschaft gestern noch
einer Polargegend glich, wo die Spuren des Lebens wie ein Wunder
wirkten, strahlt heute die Sonne so heiß, daß ich mich in die Tropen
versetzt fühle. Es gibt milde, herrliche Morgen, da sich die munteren
Schneefinken in verzückten Balzspielen gefallen und die großen Steppen-
falken das Rauben ganz vergessen haben. In leuchtender Reinheit sitzen
sie dann auf ihren Felsenburgen und spiegeln sich in den klaren Wassern
des Yalung, die noch meterdicke Eisbänke säumen. Rostrote Wildgänse
plätschern in den Mooren, und die stolzen Schwarzhalskraniche trom-
peten jauchzende Freudenfanfaren in den lichtdurchfluteten Tag.

Alles jubelt und leuchtet im Glanz der Auferstehung, als wir beutebeladen nach Dredju-Gompa zurückziehen, und selbst mein Maultier,
das ich heute reite, um mein Pferd zu schonen, stellt in einemfort die
Ohren und stößt wiehernde Schreie aus.

Im Kloster der „Wilden Jakkuh" bereitet mir der Leutnant einen
herzlichen Empfang. Nun aber, da die präparierten Felle und Schädel
sowie eine stattliche Anzahl neuer Vogelbälge die Sammlung zieren, bin
ich gern bereit, dem Drängen des Leutnants Folge zu leisten und selbst
nach Jekundo zurückzukehren, um aufs neue in Verhandlungen einzu-
treten.

Aber bevor wir unser klösterliches Hauptlager abbrechen, ereignet
sich ein Zwischenfall, der unserem Dendru beinahe das Leben gekostet
hätte. Zwischen ihm und einem der umwohnenden Nomadentibeter ist
ein Streit ausgebrochen, worauf sich der Tibeter heimlich in meinen
Schlafraum einschleicht und meine Büchse ergreift, um Dendru zu töten.
Was folgt, ist Sache von Sekunden: Die Tür wird aufgerissen, Dendru
stürzt sich wie eine blutdürstige Bestie auf den Eindringling, die Büchse
knallt zu Boden, der Tibeter springt mit einem einzigen Satz aufs flache
Dach und von dort auf den Hof. Während ich noch immer nicht recht
begreife, was eigentlich gespielt wird, saust mir Dendrus nachgeworfenes
Schwert dicht am Ohr vorbei. Glücklicherweise verfehlt es sein Ziel,
worauf Dendru mit meiner Büchse in der Faust nachspringt und mit
schweren Prellungen auf dem Hofe liegenbleibt. Dann rafft er sich auf
und humpelt zähneknirschend zurück.

Heilfroh darüber, daß kein Blut vergossen wurde, packen wir unsere
Siebensachen und ziehen abermals über die hohen Steppenpässe dem
tiefgefurchten Jangtsetal entgegen. Als wir am Abend zu den Menschen

kommen, sind die Ackerbreiten schon alle bestellt. Duftig zart, wie ein einziger leuchtender Teppich, breiten sich Polster von Frühlingsprimeln an den Ufern des mittlerweile stark geschwollenen Stroms. Donnernd wälzt er seine gelben Schmelzwasser zu Tal.

Beerensträucher prangen schon im ersten Grün, Felsentauber gurren, und ein wunderbarer Wohlgeruch vertieft den Zauber dieses ersten Frühlingstages in der tiefen Schlucht.

In Jekundo gibt es dann den ersten herrlichen Spinat aus zarten Brennesselschossen mit brauner tibetischer Butter — soll es der Teufel holen, wenn es mir da nicht gelingt, das Herz des Zivilgouverneurs zu erweichen und ihn für meine einstweilen noch recht bescheidenen Pläne zu gewinnen.

Der liebenswürdige Leutnant ist mein bester Dolmetsch. Tatsächlich werde ich vom gestrengen Herrn zum Frühstück gebeten — und dann sogar zum großen Festmahl. Während wir leckere Seegurken schlürfen und „trockene Tasse" *) trinken, werden wir gute Freunde, und ich erhalte als erstes die Erlaubnis, zwei Vorstöße in westlicher Richtung zu unternehmen. Mehr verlange ich vorerst nicht. Man muß in Tibet „Bergsteigerpolitik" betreiben, erst den Schritt sichern und feste Haken einschlagen, ehe man daran geht, den nächsten zu tun, um das ganze zu gewinnen.

Sodann sichere ich mir die Hilfe Gesongs, eines ehemaligen Räuberhauptmanns, dem ich während der nächsten Monate nicht nur viel zu verdanken habe, sondern der mir als Wegführer und Berater bald völlig unentbehrlich wird. Ohne Zweifel ist Gesong, wenigstens so lange mein guter Wang noch immer nicht aus Derge zurückgekehrt ist, der beste unter meiner buntgemischten Mannschaft.

Schon sein Lebensweg zeigt, daß es sich um einen Mann von „außergewöhnlichen Qualitäten" handeln muß. Als Steinmetz fing er an. Damals schlug er Buddhas aus den Felsen, dann wurde Gesong Priester und sah in den Abgrund der menschlichen Seele — der Sprung zum Kaufmann war nicht weit. Er schacherte mit Moschusbeuteln und den wertvollen Bastgeweihen der „weißen Hirsche", worauf er seinen sechsten Sinn entdeckte, sowie den Trotz gegen alles, was Natur und Menschen ihm entgegenstellten. So, durch den Zwang der Selbstbehauptung, lebte er vom dunklen Mord an Tibets heiligsten Geschöpfen. Schließlich war es ein leichtes, eine Bande Gleichgesinnter um sich zu scharen, Männer, die wie er die Obrigkeiten haßten und nur die große, grenzenlose Frei-

---

*) Eine „Gan be" genannte chinesische Trinksitte, die darin besteht, daß man nach erfolgtem Zug und Schluck das Schnapstäßchen unter galanter Verbeugung umkippt, um dem Zechkumpan zu zeigen, daß man auch wirklich ausgetrunken hat, worauf es natürlich sofort wieder gefüllt wird.

heit liebten. In der Blüte seiner Jahre war Gesong einer der berüchtigsten
Räuberhauptleute, die die Umgebung Jekundos je unsicher gemacht
haben. Dieses war jedoch noch vor dem Einbruch der Dunganen. Als
dann die gestrengen Mas die Herrschaft über Jekundo angetreten und
eine hohe Prämie auf Gesongs Kopf gesetzt hatten, wurde dem Schlauen
der Boden zu heiß und er verlegte sich aufs Hehlen. In entlegenen
Bergeshöhlen nahm er von seinen Komplizen das Raubgut in Empfang,
verbrachte es nach Jekundo und lebte glücklich und in Frieden. So wurde
Gesong wohlhabend, erwarb das Vertrauen der dunganischen Machthaber und die Fähigkeit, mit dem unschuldigsten Gesicht die dicksten
Lügen zu sagen. Dann verheiratete er sich mit einer jungen Tibeterin,
und damit war Gesong nicht nur ein gemachter Mann, sondern auch ein
frommer und hochgeachteter Bürger.

Als solchen lerne ich ihn kennen . . . und später auch lieben.

Nachts, wenn Jekundo längst schlafen gegangen ist und nur der blausilberne Mond das stille Tal erhellt, kommt Gesong zu Besuch. Dann
sitzen wir lange im Halblicht der flackernden Kerze, entwerfen Karten
und beraten im Flüsterton über das Kommende. Auf diese Weise erfahre
ich, daß die sagenhaften weißen Hirsche nur im unabhängigen lhasa-
tibetischen Gebiet vorkommen und daß man jedem Wilderer, den man
erwischt, die Achillessehnen durchschneidet und die rechte Hand abhackt.
Mir aber schlüge man bestimmt gleich den Kopf herunter, meint Gesong
trocken, überhaupt dürften „weiße Teufel" das Land des Dalai Lama
nicht betreten, weil dann schreckliche Stürme die Zelte der Nomaden
vernichteten und giftige Schneefälle das Vieh verdürben.

Nachdem Gesong eingesehen hat, daß ich mich nicht so leicht ins
Bockshorn jagen lasse und ich ihm obendrein eine meiner Waffen verspreche, willigt der hartgesottene Bursche schließlich ein, mein Führer
und Ratgeber zu werden.

Da ich die „weißen Hirsche" haben muß, wendet sich Gesong nun
zwecks Eintritt in das lhasatibetische Gebiet an einen in Jekundo weilen-
den Lhasahäuptling. Als unsere Bitte jedoch abschlägig beschieden wird,
verbreiten wir die Kunde, in nördlicher Richtung auf Bärenjagd zu
ziehen, während wir uns in Wirklichkeit nach Südwesten über die Berge
schlagen, um nach beschwerlichem Nachtmarsch in einem geschützten
Tälchen alle Kräfte für den Angriff auf das Land der „weißen Hirsche"
zu sammeln.

Es ist hier nicht der Ort, die Einzelheiten dieser zoologisch inter-
essanten Forscherfahrten aufzuzählen. Im wesentlichen dienen sie jedoch
als Prüfung für das einzig große Ziel, die hohen Wildjaksteppen und das
Quellgebiet des Jangtse zu erreichen. Nur einige Streiflichter mögen den

Hintergrund erhellen, auf dem sich diese Vorbereitungsfahrten abspielen.

Nachdem wir uns überzeugt haben, daß die Luft rein ist, setzen wir bedachtsam unseren Weg nach Westen fort und überschreiten den von Gesong so genannten Tsulu-Paß von über fünftausend Meter Höhe. Sodann treten wir in den Strombereich des oberen Mekong ein. Wieder versinken die Tiere knietief im Schnee, aber wir genießen einen grandiosen Überblick über jene messerscharfen, die beiden größten Ströme Ostasiens trennenden und sie zu einem rätselhaften Parallelismus zwingenden Hochgebirgsketten. Sie bilden hier ein unentwirrbares Netzwerk nie gesehener und nie bestiegener Gipfelmassive, deren Anblick mir immer unvergeßlich bleiben wird.

Vor uns das Land der weißen Hirsche wirkt wie ein schäumendes Meer, dessen Wellentäler von unergründlichen Urwäldern erfüllt sind, während seine Kämme im blendenden Licht des ewigen Schnees leuchten und blitzen.

Überall auf den nackten, roten Böden, die vom Millionenheer der hochalpinen Maushasen unterminiert sind, finden wir die Sohleneindrücke der Bären. Sie haben Ausmaße, daß man meinen möchte, sie stammten von Marsmenschen. Aber Kilometer auf Kilometer der wahrhaft kosmischen Landschaft rollen an meinen Augen vorüber, bis ich den ersten Hochlandbären finde. Langsam, wuchtig, trottet der plumpe, kohlschwarz erscheinende Geselle zu Tal. Riesenstark wirkt der einsame Bär in der dunkelnden Landschaft.

Es folgt die Pirsch. Ich liege, von dunklem Jagdtrieb angefacht, auf dreißig Meter vor dem Urtier. Im Schuß bäumt sich der Bär brüllend zu übermenschlicher Größe auf — dann stehe ich vor dem einsamen Recken

des Hochtales, und der Wind spielt leise über die hellen Silberpünktchen
seines dichten, wolligen Pelzes.

Damals, ich will es gern gestehen, war ich unbändig stolz auf solche
„Heldentaten", die doch nur feige Morde waren. Ich war sehr jung und
ich tötete viel zu viele Bären — weil ich immer hoffte, einmal angegriffen
zu werden, einmal wirklich meinen Mann gegen ein grimmiges, wut-
besessenes Raubtier stehen zu können.

Im weiteren Vordringen finden wir die Talböden von Bären buchstäblich umgeackert, und als wir schließlich auf die ersten Nomaden
stoßen, pflegt ihnen Gesong zu sagen, daß der große weiße Herr eigens
hierher kam, um sie von der Bärenplage zu befreien.

Dann strecken uns die harmlosen Wildnismenschen ihre Daumen entgegen und betteln und flehen, ich möge doch bleiben, um allen Bären
den Garaus zu machen.

Tatsächlich leben die Tibeter in ständiger Angst vor den „Dremus",
eine Angst übrigens, die mir völlig unbegründet erscheint, denn im allgemeinen ist der große Tibetbär ein durchaus friedlicher Geselle, der den
Menschen aus dem Wege geht, wo immer er kann.

Natürlich kommt es hin und wieder vor, daß ein Bär ins Lager ein-
bricht, um seine Neugier zu befriedigen — oder auch aus reinem Spaß,
den er sicherlich empfindet, wenn alles vor ihm flieht.

Einmal schieße ich einen solchen Bären, und die Tasse Tee, die ich in
meinem Zelte stehen lasse, als Alarm geschlagen wird, ist noch heiß, als
ich nach vollbrachter „Tat" wieder zu meiner Arbeit zurückkehre.

Obgleich sie froh sind, wenn man sie in Ruhe läßt, zeichnen sich die
Bären oft durch völlige Unbekümmertheit aus. Sie benehmen sich so,
als ob sie die alleinigen Herren im Lande seien. Oft bin ich auf kürzeste
Entfernung mit den riesigen Zottelgesellen zusammengetroffen, ohne
daß sie Anstalten machten, die Flucht zu ergreifen.

Einmal in diesen Tagen habe ich zwei mächtige Bären auf höchstens
fünfunddreißig Schritt vor mir. Ein ungeheuer imposantes Bild. Turmhoch erhebt sich der vordere Bär auf die Hinterpranken, während mich
der zweite in gebückter Stellung unverwandt ansichert. Die Tiere sind
so nahe, daß ich die Mischung von Wut und Neugierde in ihren Gesichtern genau studieren kann. Als ob sie alle Kräfte zum Angriff sammelten, saugen sie tief Luft, und ein helles Pfeifen entströmt ihren
kreiselnden Nüstern. Leider schieße ich viel zu früh. Leblos sinkt der aufrecht stehende Bär in sich zusammen, während der andere nun wirklich
auf mich losstürmt. Es ist jedoch nur ein Scheinangriff, nur Bluff,
denn sobald der Bär den zwischen uns liegenden Graben erreicht hat,
versucht er zu entkommen. In verständlicher Aufregung haue ich zwei

Kugeln vorbei, und erst die dritte läßt die Bestie den Abhang hinabrollen.

Ein andermal sehe ich im steilen Hochtal eine kleine Lawine zu Tal fahren und entdecke einen Bären, der mit ungestümer Kraft dampfwalzenartig den meterhohen Schnee durchfurcht. Nur Kopf und Rückenlinie sind zu sehen. Da Bären ihre eingeschlagene Richtung innezuhalten pflegen, berechne ich die Entfernung und verlege ihm den Paß... plötzlich ist er da. Da sich der Bär in scharfem Trott befindet, brülle ich ihn aus Leibeskräften an. Sobald er innehält, verläßt die Kugel den Lauf. Halb flüchtend und halb fallend kommt er mir nun in wahnsinniger Fahrt entgegen. Ausweichen — Fliehen — oder Deckung nehmen — sind am steilen Hang unmöglich. So erwarte ich den Bären mit angeschlagener Büchse freistehend, doch noch ehe er mir gefährlich werden kann, überschlägt er sich und rollt mir steintot vor die Füße. Also bin ich wieder einmal um das prickelnde Gefühl des Angenommenwerdens betrogen worden.

Nach meinen Erfahrungen sind Bären nämlich nicht besonders schußhart, und wenn die Kugel den rechten Fleck erwischt, verenden sie meist außerordentlich rasch. Es ist eine Tatsache, daß ich die meisten meiner Bären mit Kugeln fällte, wie man sie in Deutschland für die Rehjagd verwendet, und ich kann mich nicht entsinnen, je einen angeschossenen Bären verloren zu haben.

Am gleichen schicksalhaften Tage erlege ich nach Überschreitung eines hohen Passes noch einen weiteren Bären, der zwar im Feuer zusammenbricht, aber wieder hoch wird, ebenfalls ohne an einen Angriff zu denken. Er ist der schwerste Hauptbär, den ich bisher schoß. Trotz der ungünstigen Jahreszeit ist er noch immer von einem wahren Fettpanzer umgeben und wiegt weit über vierhundert Pfund. Nach der Vermessung des Bären erklimme ich orientierungshalber einen Steilkamm und gewahre auf über tausend Meter Entfernung ein märchenhaftes Bild.

Dort steht ein ganzes Rudel unseres Traumwildes, ein Rudel der weißen Hirsche. Nun heißt es Nerven bewahren. Es folgt eine schwierige, halsbrecherische Pirsch, um die Tiere mit gutem Wind zu übersteigen. Schritt für Schritt wägend und abmessend arbeite ich mich voran, bis wieder einmal alles in meiner Hand liegt.

Jetzt, da dem edlen Hochlandwilde der Ausweg abgeschnitten ist und der Erfolg nur von der Ruhe meiner Nerven — und der verwünschten Technik abhängt, möchte ich am liebsten überhaupt nicht schießen. Auch in einsamer Wildnis, wo es keine menschlichen Gesetze gibt, schlägt das Gewissen des Waidmannes.

Aber ich muß handeln, ich muß eine „Serie liefern"!

Verfluchtes Wort — aber das Rätsel muß gelöst werden, denn ich bin

der erste, der den sagenhaften Tieren gegenübersteht *). Solche Gedanken
und Empfindungen lösen sich in rascher Folge ab, während der starke
Urhirsch schon in mahnender Alarmbereitschaft das Haupt erhebt.

Ich habe mich entschieden. Kriechend erreiche ich jenen quadratischen
Granitblock, den ich mir schon vor einer Stunde zum Markstein setzte.
Dann sauge ich die Lungen voll klarer Bergluft, und langsam gleitet der
schwarze Todesstachel ins Ziel. Im donnernden Echo
des Schusses überrollt sich der Hirsch. Irr, wirr und
kopflos poltert das Rudel in ungestümen Fluchten in
die Tiefe. Noch drei weitere Stücke werden meine
Beute.

Dann Hahn in Ruh — ungeschoren passieren die
letzten Hirsche den Engpaß.

Blut hämmert mir in den Schläfen, Schwindel hält
mich am Boden. Zu furchtbar war das Bild der stürzenden Tiere und der Sieg zu leicht — um volle
Freude zu kosten.

Aber dann springe ich doch auf und jauchze in den
scheidenden Tag, ehe ich dem stärksten Hirsch in
stiller Dankbarkeit die Totenehre erweise.

Dendru kommt, und sein Siegesgeschrei gellt durch
die dunkelnden Berge, um der Karawane zu künden,
das Lager an geeignetem Orte zu schlagen. Nachdem
die verstreut liegende Beute gegen Wölfe und Geier
gut verblendet ist, steigen wir langsam zum Lager
hinab... und dann sitze ich am Feuer und sehe die
weißen Hirsche wieder und wieder durch die Einöde
rasen, während der Winterwind aufs neue sein
klirrendes Lied singt.

Die Temperatur fällt rasend. Die Zelte schlagen
und zittern unterm Anprall schwerer Böen. Ein nächtlicher Schneesturm ohnegleichen geht über uns hin.
Als der Morgen des zweiten Juni heraufdämmert, rieselt noch immer der
Schnee auf die versunkenen Dächer. Schweigend, in dicke Pelze gehüllt,
sitzen meine Männer um das stinkende, schwelende Jakdungfeuer. Nur
das monotone Fauchen des Blasebalges und das Stapfen und Prusten der
eingewehten Pferde unterbricht die Stille. Heute wird sich zeigen, wer
tauglich ist, mit mir zu den Quellflüssen des Jangtse hinaufzuziehen.
Diese Gewißheit steht auf allen Gesichtern geschrieben.

<hr>

*) Nur ein weibliches Exemplar des weißen Hirsches, Cervus Macneilli, befindet sich seit
1911 im Britischen Museum zu London.

Von Gesong kann ich schweigen. Er wird seinen Mann stehen. Aber da ist Dendru, dessen Feuerprobe heute noch bevorsteht. Ohne Zweifel gehört auch dieser wilde, heißblütige Mann zu den besten. Sein Verantwortungsgefühl ist groß und sein Arbeitswille ist immer der gleiche geblieben.

Chelä dagegen, der wieder einmal als letzter aus den Federn kam, ist der geborene Hochstapler. Sein ganzes Tun und Treiben ist auf Äußerlichkeiten gerichtet, und sein Ehrgeiz sinnt nach Glanz und Ruhm. Er zeigt eine auffallende Vorliebe für Kleider, Waffen und Pferde. Äußerlich ist er gepflegt und liebt als brillanter Reiter theatralische Aufzüge und silberbeschlagene Sättel. Dieser furchtlose Hasardeur, der sich gern damit brüstet, vier Räuber eigenhändig ins Jenseits befördert zu haben, besitzt eine maßlose Ehrsucht. Trotz alledem aber gehört Chelä zu denjenigen, die ich mir in Reserve halte. Bei einem Überfall wird der Halunke in der Voraussicht, zu überleben und als „großer Held" gefeiert zu werden, vor nichts zurückschrecken. Sonst ist ihm nicht zu trauen.

Ganz anders der bedachtsame Gegenatring, Cheläs Vater, der sich auch an diesem grauenhaften Morgen nicht aus der Ruhe bringen läßt und in eintönigem Rhythmus seine Gebete vor sich hinmurmelt. Es wäre zu viel gesagt, ihn als Arbeiter im eigentlichen Sinne zu bezeichnen, doch genießt er als Angehöriger der tibetischen Adelskaste und dadurch, daß der Kopf seines Vaters unterm Richtschwert der Chinesen fiel, hohes Ansehen bei allen Tibetern.

Tsai, der Präparator, ist Chinese. Er hat ein kugelrundes Vollmondgesicht mit völlig plattgedrückter Nase, aber Tsai ist zäh wie eine Katze, fleißig, zuverlässig und überhaupt ein ganz prächtiger Kerl, den ich schon liebgewann, als er vor mehr als vier Jahren als Lastenkuli zu uns stieß und langsam über Küchendienste zum ersten Präparator avancierte.

Bleibt noch der gute Norge übrig. Er gehört zum tibetischen Proletariat, ist gewissenlos, roh, grausam und hat nur Spuren von Gehirn. Während der letzten Revolten in Batang stand er auf chinesischer Seite, säbelte Köpfe seiner gefallenen Landsleute ab und verdiente so sein Brot. Zwar kann man mit Norge Pferde stehlen, aber zu trauen ist ihm nie. Selbst mir würde er lächelnd den Hals abschneiden, wenn man ihn nur gut dafür bezahlte. Wir lasen das Prachtexemplar in Batang, wo es so schwer war, Mannschaften anzuheuern, auf der Straße auf.

Dieses ist die Mannschaft, mit der ich an jenem kalten Morgen losreite, um die harten Präparationsarbeiten durchzuführen.

Dumpf hallen die Orientierungsrufe durch den treibenden Schnee — und wie Feuer brennen unsere Augen. Ab und zu schauen die hängenden Köpfchen gelber Alpenmohne aus dem weißen Leichentuch hervor. Nach kurzer Orientierung finden wir das tiefverschneite Wild und gehen hurtig an die Arbeit. Es ist ein kaltes Vergnügen. Erst werden die Vermessungen durchgeführt und die Zahlen mit klammen Fingern niedergeschrieben, dann lege ich eigenhändig die Schnitte, und das Abhäuten kann beginnen.

Zwei oder drei Stunden mögen wir schon so in Sturm und Kälte geschuftet haben, da bemerke ich Dendrus Widerstand. Der Bursche scheint alles darauf angelegt zu haben, die Präparate zu beschädigen. Auf meinen Zuruf spuckt er wütend aus und schleudert seine Axt in den Schnee.

Ohne Zweifel will er mich demütigen und „Gesicht verlieren lassen" vor den anderen. Rasender aber wird er noch, als ich von seinen Rüpeleien keinerlei Notiz nehme. Die Zornadern schwellen ihm an und seine Lippen beginnen schaumig zu geifern, bis er plötzlich brüllend auf mich zustürzt. Während die anderen fahlbleich zur Seite spritzen, fordere ich Dendru auf, sofort aus meinen Augen zu verschwinden, und meine Stimme überbietet noch den Ton des rasenden Tibeters. Doch als er sich auf sein Pferd schwingen will, donnere ich ihm ein gebieterisches „Halt" entgegen, „das Pferd gehört mir, und die Pistole, die du trägst, gib auf der Stelle zurück"!

„Weder Pistole noch Pferd gebe ich zurück — ich gebe sie nicht — ich gebe sie nicht!" brüllt mir Dendru schaumspeiend entgegen und dringt mit gezogenem Schwert auf mich ein.

Gut nur, daß ich keine Schußwaffe in der Hand habe. Dann lache ich ihn an und, die Hände in den Hosentaschen, donnere ich ihm seinen Namen ins Gesicht: „Dendru!", und das Schwert verschwindet wieder in der Scheide.

Noch aber bin ich fest entschlossen, ihm das Tier unter dem Leibe zusammenzuschießen, sollte er es wagen, sein Pferd zu besteigen.

Dann sage ich laut: „Einen Hund, der den Verstand verloren hat, läßt man laufen..." und mache dabei eine abweisende Handbewegung. Während ich ruhig meine Anordnungen treffe, habe ich das bestimmte Gefühl, von Dendru lange beobachtet zu werden, und plötzlich sehe ich ihn, als ob nichts geschehen wäre, wieder an seiner Arbeit. Der Wildniskoller ist verrauscht, der böse Geist hat Dendrus Körper wieder verlassen. Er ist wieder der alte, einer meiner fleißigsten Arbeiter. Ich habe ihm nichts zu vergeben, denn auch er ist nur ein Mensch, und noch dazu ein echter Sohn seines Landes, mit wildem Blut, aber treuem Herzen.

Als wir am Abend schwer mit Ausbeute bepackt zum Lager zurückkommen, verdrängt Dendru alle anderen, er bringt mir das Essen und deckt mich zum Schlafe mit mehr Pferdedecken zu, als mir lieb ist.

Mit solchen Männern kann ich den Marsch nach Norden wagen.

In Jekundo hat sich inzwischen ein hoher, persönlicher Vertrauter Marschall Tschiang Kai-scheks eingefunden, der in USA graduierte Major des Generalstabes C. C. Ku. Schon vor vier Monaten verließ er Sining, um mit einer starken Militäreskorte im nördlichsten Teile Tibets landeskundliche Studien zu treiben — und nun wird er mir ein wahrer Retter in der Not. Nicht nur zeigt Major Ku vollstes Verständnis für meinen Wunsch, bis zu den Quellen des Jangtse vorzudringen, sondern unterstützt mich auch bei den beiden Mas in so unübertrefflicher Weise, daß ich die definitive Genehmigung zum Vorstoß in die Jangtang schon nach wenigen Tagen in den Händen halte.

Trotzdem werden die Vorbereitungen zum Aufbruch in aller Stille und Heimlichkeit getroffen, denn ich bin nicht gewillt, mir die Zügel noch einmal durch eigenen Unbedacht aus der Hand reißen zu lassen.

Auch die Mannschaft, der nun die härteste aller Proben bevorsteht, wird nochmals eingehend geprüft, wobei mir Wang, der inzwischen unverrichteter Dinge aus Derge zurückgekehrt ist, als mein bester und uneigennützigster Berater zur Seite steht.

Von ihm und Gesong allein weiß ich, daß sie mich nie im Stich lassen werden. Ja, wenn ich nur geahnt hätte, was uns droben in der Jangtang erwarten sollte, ich hätte Mannschaft Mannschaft sein lassen und wäre nur noch mit Tsai und Dendru als meinen Begleitern losgezogen.

Mit Ausnahme Tsais, der auch in schwierigsten Situationen immer der fleißige und treuergebene Diener bleibt, bekommen es nun alle meine Chinesen wieder mit der Angst zu tun, denn sie glauben ihre Leben verwirkt zu haben, wenn wir den Ngoloks in die Hände fallen sollten. Den Tibetern und mir, so meinen sie, böte sich immer noch die Möglichkeit, mit heiler Haut davonzukommen... Chinesen aber würden von den Ngoloks ausnahmslos umgebracht.

Inzwischen besorgt mir Gesong noch einen langen, lederumwickelten Ngolokspeer, mit dem ich den Petzen zu Leibe rücken möchte, um die leider so wenig waidmännisches Können erfordernde Bärenjagd ein wenig reizvoller zu gestalten.

Gerade will ich an einem milden Juniabend den Abmarschbefehl erteilen, um durch Nachtmarsch einen gehörigen Vorsprung vor etwaigen Häschern zu gewinnen, da sticht Norge dem gefräßigen Chelä wegen eines Fleischbrockens, den dieser ihm vor der Nase aus dem Suppentopf angelt, den Dolch ein paar Zentimeter unter die Rippen.

So verlieren wir wieder einen ganzen Tag, bis wir endlich die Anker lichten. Aber die Stimmung ist gut. Die Lerchen singen, und selbst unsere

Chinesen machen freundliche Gesichter, da sie wissen, daß nach Erreichen unseres letzten großen Zieles dann auch endlich die Rückkehr in die warme chinesische Heimat winkt. Alle Mannen haben ihren schönsten Kriegsschmuck angelegt. Wir starren geradezu in Waffen. Gesong, als unser ortskundiger Führer, trägt ein langes, türkisbesetztes Räuberschwert.

Hoch über den Pässen wallen die Wolken, um uns sickern überall kleine Rinnsale, und die gelben Scharbockskräuter blühen neben meterhohen Eismauern, deren schmutzigbraune Färbung uns kündet, daß nun auch in den Jekundobergen die Macht des Winters gebrochen ist.

Nach einigen Tagen wird das Kloster der „Wilden Jakkuh" und damit die letzte menschliche Siedlung vor dem großen Nichts wieder erreicht. Dort hat sich inzwischen eine berüchtigte „Zauberin" aufgetan, die die Fähigkeit „besitzt", ein soeben geborenes Schaflamm in Stücke zu schneiden und es sogleich wieder zum Leben zu erwecken. Dabei verwandelt sich die Dame in ein furchtbares Feuerwesen und führt einen tollen Veitstanz auf. In der Sorge, daß meine Männer dem Weib in die Fänge geraten und sich die Zukunft weissagen lassen, verbringe ich eine unruhige Nacht. Am kommenden Morgen aber gebe ich sogleich Befehl zum Abmarsch, damit es auch dem Feigsten nicht einfalle, den Rat des Zauberweibes einzuholen.

Während der nächsten Tage folgen wir dem stark versumpften Oberlauf des Yalung mit seinen flachwelligen Riesenhügeln genau nach Norden.

Obwohl wir die Mitte des Rosenmondes nun schon überschritten haben, ist in diesen weltfernen Gegenden noch kaum ein grünes Blättchen zu erkennen. Nur graue, kahle Halden frostzerrissener Erde begleiten unseren einsamen Weg. Unsere Tiere sind morgens oft noch hungriger als am Abend, wenn wir sie „zur Weide" lassen. Manchmal stehen sie traurig mit hängenden Köpfen um das Lager herum und — hungern einfach, da es sich ja doch nicht zu grasen lohnt. Rasch schwinden ihre wenigen Kraftreserven dahin, und von nun an folgt uns wie ein schwarzer Schatten der Tod.

Die beiden ersten Jaks verlieren wir bei der Überschreitung eines leichten Passes von kaum fünftausend Meter Höhe. Drei weitere versacken im zähflüssigen Brei eines Nakamoores; nachdem sie sich schon fast zu Tode gestrampelt haben, werden sie durch Gnadenkugeln erlöst. Das sind fünf Opfer in drei Tagen.

Ein böses Omen!

Wenn das so weiter geht, werden wir im Wildjaklande keine Tiere mehr haben, um die Ausbeute zu tragen.

Nachmittags ziehen fast alltäglich urgewaltige Schneestürme herauf. Mit fanatischer Wildheit fallen sie über uns her, daß uns das blanke Wasser in den Augen steht. Dann biegen sich die Zelte wie durchhängende Wäscheleinen oder schlagen uns wie nasse Lumpen in die Gesichter, ohne daß wir oft noch die Energie aufbringen, hinauszukriechen und sie wieder aufzurichten. In solchen verzweiflungsvollen Lagen, da es selbst Gesong nicht gelingt, ein Feuer zu entfachen, und uns selbst die Tasse heißen Tees, die jeder Kuli beanspruchen kann, versagt bleibt, drohen selbst mir die Nerven zu versagen. Außer von kaltem Moorwasser leben wir nur von rohem Gazellenfleisch und geschmacklosem Tsamba. Da wird mir zum ersten Male die selbstauferlegte Beschränkung voll bewußt. Obwohl ich nunmehr schon seit mehr als zehn Monaten nur wenig besser als ein Eingeborener lebe, weiß ich doch erst jetzt, was es bedeutet, von den Kameraden, von jeglicher Zivilisation, ja, vom bescheidensten Komfort abgeschnitten zu sein. In solchen trostlosen Stunden erkenne ich klar, daß auch das Wildnisleben nur ein Traum ist, ein Rausch und Wahn. Auch fühle ich die Einsamkeit stärker denn je, da die Verpflichtung zum Ausgleich der Stimmungen und zum guten Einvernehmen mit den Kameraden illusorisch geworden ist. Eigentlich brauche ich jetzt nur noch mit mir selbst auszukommen! Doch das ist eine Kunst, die ich wohl niemals lernen werde! Was bleibt, ist nur der Drang nach vorn und die große Leidenschaft des Forscher- und Jägerlebens.

Die wenigen Worte, die ich mit meinen Eingeborenen wechsle, beschränken sich auf das Notwendigste. Aber auch ihnen scheint die Freude an der Unterhaltung genommen zu sein. Sie versehen ihre mannigfachen Pflichten wie Männer, aber dabei bleibt es auch, stumm, wortlos, frierend, in nasse oder in schneebedeckte Schafspelze gehüllt, hocken sie herum — und manchmal funkeln mir aus Cheläs Augen düstere Blitze entgegen. Irgend etwas braut sich in diesem Gehirn zusammen — und wenn ich nachts in meinen engen Schlafsack krieche, habe ich zuweilen ein ängstliches Gefühl.

Morgens, noch ehe die Sonne glutrote Farbbänder über die weite Steppenkimmung wirft, kracht der Schnee unter den Hufen. Stunden später aber ist er in der dünnen Luft verdunstet. Dann schwärmt alles aus, um Kiang-„Äpfel" zu suchen, die dann, in der — leider oft so trügerischen — Hoffnung trockene Kerne zu finden, regelrecht „geschält" werden. Die „Kerne" aber verstauen wir sorgsam in unseren Satteltaschen, denn sie sind gleichbedeutend mit dem höchsten, das wir uns erträumen können: Einer warmen Mahlzeit! Aber leider gibt es solcher Tage nur wenige in diesen grauenhaften Juniwochen. So ziehen wir dahin durch Wüste und Stein, und in Ermangelung anderer „warmer Gerichte" gewöhne ich mich daran, allmorgendlich einen Gazellenbock zu schießen, um das herzwarme Blut in gierigen Zügen hinunterzuschlürfen. Das gibt Kraft — und es schmeckt süß und gut. Fleisch, das heißt Wildbret, haben wir in Hülle und Fülle, solange es noch Gazellen und Kiangs gibt, und wo sie spärlicher werden, treten die Bären als Nahrungslieferanten an ihre Stelle.

Als wir uns schon dem Mond näher fühlen als der Erde und keiner mehr an das Vorhandensein menschlicher Wesen in solcher Öde glaubt, kräuselt plötzlich Rauch vor uns auf — und dann erkenne ich im scharfen Zeißglas dunkle Punkte — schwarze Zelte.

Ngoloks?

Oder friedliche Nomaden? Vielleicht gar die sagenhaften Tiowos, jene härtesten der innertibetischen Nomadenstämme? Ein wildes Rätselraten hebt an. Nachdem die Waffen nochmals überprüft sind, schieben wir uns unter Innehaltung aller Vorsichtsmaßnahmen näher heran und schlagen in gemessener Entfernung unser eigenes Lager auf.

Nach geraumer Zeit löst sich eine kleine Reiterschar von den schwarzen Zelten ab und hält genau auf uns zu. Im Glase verfolge ich jede Bewegung der anziehenden Truppe. Es ist der stattliche Tiowohäuptling mit einigen seiner Vasallen.

Wenige Minuten später sieht der Tiowofürst zum ersten Male in seinem Leben einen weißen Mann. Obwohl die Verständigung schwerfällt, werden wir doch gute Freunde, und als ich am kommenden Morgen meinen Gegenbesuch im Fürstenzelt abstatte, haben sich die Tiowos alle in Festtracht geworfen. Die Männer tragen tellerartige Filzhüte, wie ich sie später nur in Lhasa sah, während die Kopfbedeckungen der fürstlichen Familie mit roten Seidenfäden verziert sind.

In langatmigen Unterhaltungen stellen wir fest, daß wir die Höhe der Hoang-hoquellen längst passiert haben und höchstens noch zehn bis fünfzehn Tagereisen von unserem großen Ziele entfernt stehen. Welch eine Nachricht! Jubelnd verbreitet sie sich in unserem Lager!

Sodann erhalten wir zum ersten Male direkte Kunde über Tibets gewaltigste Wildart, den wilden Jak, der den Tiowos als ihr hauptsächlichster Fleischlieferant gilt.

Ohne Zweifel ist der wilde Jak nicht nur die größte, sondern auch die am wenigsten bekannte Art aller lebenden Wildrinder. Neben der sagenhaften Orongoantilope ist er unser höchstes noch ausstehende Ziel. Abgesehen von einem mangelhaft präparierten Exemplar, welches der russische Forscher Przewalsky in den siebziger Jahren des vorigen Jahrhunderts nach Sankt Petersburg brachte, gelangte bisher noch kein

Exemplar dieser riesigen Wildart in ein europäisches oder amerikanisches
Museum. Fast viertausend Kilometer vom Gestade des Gelben Meeres
entfernt, inmitten der höchsten Jangtang, lebt das urige Tier in Gegenden, die der Frühling nur flüchtig besieht und die keinen Sommer kennen. Da brausen die Schneestürme noch bis in den August hinein über
die unabsehbaren Berge, und die Tibeter sagen, daß dort nur noch Teufel
und böse Geister ihr Wesen treiben, um alle Menschen, die den Ansturm
wagen, zu vernichten.

Obwohl man sich über Angriffslust und Gefährlichkeit des Wildjaks
im ganzen Tibeterlande die schauerlichsten Dinge erzählt, so scharen sich
die Tiowos doch allherbstlich zu großen, sich über Monate hinziehenden
Jagdexpeditionen auf das königliche Wild. Auch der junge Königssohn
der Tiowos durfte im vorigen Herbst zum ersten Male an einer solchen
Jagdfahrt teilnehmen und hatte das Glück, seinen ersten gewaltigen
Bullen zur Strecke zu bringen.

Sobald nach wochenlangem Suchen eine Wildjakherde bestätigt ist,
reiten die eingeborenen Jäger in Deckung heran, feuern wahllos ihre
Büchsen ab, nehmen sogleich wieder Reißaus und nähern sich dem
Kampfplatz erst wieder, wenn die beschossenen Tiere auch bestimmt
verendet sind.

Nach Ansicht der Tiowos sind die Einzelgängerbullen am angriffs-
lustigsten, und manchmal trügen sie weißgebleichte Menschenskelette in
ihren gewaltigen Hörnern. Zuweilen auch brächen sie in die Karawanen
ein, um ihre Mordlust an den zahmen Jakochsen zu stillen.

Griffe der Wildjak den Menschen an, so risse er ihm mit seiner rauhen
Zunge als erstes die Kleider vom Leibe, und wo er lecke, entstünden
klaffende Wunden. Stelle sich der Mensch dem angreifenden Tier, so
würde er zertrampelt, risse er aus, so würde er in die Luft geworfen und
aufgespießt. Die allerschlimmsten Bullen aber seien die ganz alten, die
keine Zähne mehr im Maul trügen und im Flußbett Steine und Geröll
verschluckten, um damit ihre Nahrung zu zerkleinern.

Solchen sollten wir besser von vornherein aus dem Wege gehen.

Um eine Wucht derartiger Greuelgeschichten und zwanzig Pfund
Jakbutter schwerer geworden, nehmen wir am darauffolgenden Tage
unseren beschwerlichen Marsch in nordwestlicher Richtung wieder auf.
In den hohen Uferfelsen geraten wir schon bald in ein wahres Brut-
dorado der wilden Streifengänse. Über dreißig noch völlig unbebrütete,
riesengroße Eier fallen uns hier als hochwillkommene Frühstücksergän-
zung zur Beute. Die gleichen Tiere, die ich aus ihren indischen und süd-
chinesischen Winterquartieren nur als außerordentlich scheues Jagdwild
kannte, sind hier im menschenleeren Brutgebiet fast zahm.

Zischend und fauchend stehen die herrlichen Vögel auf ihren daunengepolsterten Felsennestern und schnattern uns ihre Empörung auf wenige Meter Entfernung entgegen.

Nachdem die Eier wohlverpackt sind, geht es weglos weiter über die unheimlich weiten Moore der Jangtang. Der gleiche Tag aber beschert mir auch das Nest des riesigen Schwarzhalskranichs, der mir sein wertvolles Zweiergelege für die wissenschaftliche Sammlung lassen muß, und schließlich findet der zoologische Großtag seinen Abschluß durch das Auftreten gewaltiger Kiangherden, die in den tiefen Wannentälern zusammengekommen sind, um das nun endlich aufsprießende frische Gras zu weiden. Ich zähle über tausend dieser herrlichen wilden Pferde, die in gleichgerichteter, mathematisch exakter Rudelordnung immer wieder denselben unvergeßlich schönen Anblick bieten und in bestechend schönen Gängen nach allen Seiten davongaloppieren.

Wieder stehen Kiangs vor uns. Die ramsnäsigen Köpfe hoch erhoben, stampfen sie den Boden, saugen die Luft mit weitklafternden Nüstern, strecken die Schweife lang aus und preschen über das Randeis hinweg in hochaufsprühender Silberwolke mitten durch den Fluß.

In ehrfurchtsvoller Bewunderung dieses gewaltigsten aller zoologischen Gärten, den ich je geschaut, gewahre ich nicht den anziehenden Sturm, bis mächtig tobend der Vorhang fällt, und wir wieder einmal in dichtes Schneetreiben gehüllt kaum die Hand vor den Augen sehen.

In dieser kalten Hölle schlagen wir zur Dämmerungsstunde Lager, doch als die schmale Silbersichel des Mondes über dem weiten Steppenrund emporschwebt, herrscht wieder Totenstille über der großen Landschaft.

Nur ein kleiner Regenpfeifer, für den nun auch die Zeit der Liebe gekommen ist, geistert in wuchtelndem Balzflug durch die stille, glasklare Luft. Weit über die dämmernde Steppe fällt mein Blick. Himmel und Erde verschmelzen in unheimlich dumpfen, violetten Farben — und da steht auf fünfhundert Meter Entfernung wieder ein herrlicher Kianghengst, der das ungewohnte Bild des Lagers in ruhiger Beschaulichkeit betrachtet.

Plötzlich Alarm! Und schon rast der Hengst in wilden Fluchten davon. Über die Steppe aber, schräg am Lager vorbei, jagen acht Wölfe einen schon sichtlich ermüdeten Kiang.

Das Bild steigert sich vor meinen Augen zum Drama. Mit grausamer Taktik wechseln sich die Wölfe in der Führung ab... bis der Kiang steht... und dann, ihrer Beute ganz sicher, sitzen die blutgierigen Bestien mit triefenden Lefzen rings um den keilenden, schlagenden Kiang.

In aller Ruhe warten sie auf ihre Gelegenheit, greifen einzeln blitzschnell an, werden wieder abgeschlagen, fahren abermals zu und reißen
den blutüberströmten Kiang bei lebendigem Leibe in Stücke.

Rasch entschließe ich mich, trotz schwindenden Büchsenlichtes, den
ungleichen Kampf zu beenden, greife zur Büchse und krieche in der
Hoffnung, einem der Räuber den Garaus zu machen, heran. Aber sobald
mich die Wölfe erkannt haben, suchen sie das Weite, so daß ich nur den
armen Kiang mit einem wohlgezielten Schuß erlösen kann.

Doch am folgenden Morgen, noch ehe sich die Schatten der Dämmerung gelöst haben, bin ich wieder auf dem Plan. Flach auf den Boden
gedrückt und durch zwei Felsen gut gedeckt, gelingt es mir, einen kapitalen, fast weißen Wolfrüden zu erlegen.

Wieder vergehen Tage in kosmischer Einsamkeit. Wir finden viele
bleichende Wildjakschädel, die uns in ihrer kolossalen Wucht und Größe
wie Wahrzeichen einer längst entschwundenen Welt anmuten. Da stoße
ich auf einen Menschen, und ich glaube bis zum heutigen Tage, daß es
die seltsamste Begegnung war, die ich je gehabt — und wohl auch je
haben werde. Es ist ein Asket, ein mystischer Läufer, der in religiöser
Verzückung das Hochland von Tibet durcheilt, ohne mehr Nahrung bei
sich zu haben als ein kleines Säckchen Tsamba — so viel, wie ein nor-
maler Sterblicher in ganz wenigen Tagen verzehrt.

Daß der in Lumpen gekleidete Mann weder der Kälte erlag, noch von
Wölfen zerrissen wurde, ist noch erstaunlicher fast als die Tatsache, daß
der seltsame Heilige jede Unterhaltung ablehnt und selbst die gebotene
Nahrung verweigert.

Er lächelt nur, und lächelnd wandert er weiter über das gottesnahe
Hochland. Ich stehe und schaue ihm nach, bis ihn die große Einsamkeit
verschluckt.

Je tiefer wir nun ins Never-never-land vordringen, desto gewaltiger werden die Eindrücke der Landschaft. Faul, träge und in ungezählten Mäandern kriechen die vermoorten Steppenflüsse dahin, teilen sich auf und vereinigen sich wieder. Tiefrote, verwitterte Erde tritt an den tausendfach verästelten Erosionshängen zutage. Nur die Talböden selbst sind mit schütterer Krautvegetation bedeckt. Alles andere ist tote, unendlich leere Frostwüste. Von Rissen und Runsen zerspalten, leuchten die Flußterrassen in der Sonne. Von weitem betrachtet aber löst sich das Relief der Landschaft in eine völlig unirdisch wirkende Fläche mondähnlichen Charakters auf.

Wenn das wehmütige Klagegeheul der Steppenfüchse — wie Geschrei verwunschener Moorhexen klingt es durch die Nacht — verstummt ist und die gute warme Sonne wieder einmal für kurze Minuten durch den bleischwarzbehangenen Sturmhimmel bricht, beschwingt mich der Einsamkeitszauber stets von neuem.

Dann versinke ich willig — und identifiziere mich mit diesen Urbildern von Landschaft: Steppe und Hochgebirge, die kein Maß kennen und kein Ziel. Fern unterm Dom des Himmels leuchten weit und klar die Silberspitzen des Burhan-Buddha, jenes unnahbaren Gebirges, und seine Gletscher fließen in grellem Silberlicht wie leckende Zungen bis in die Gründe der Steppe hinein. Einsam thronen die Argali-Berge, und die Luft des frühen Morgens ist so unbestechlich rein, daß die roten Kiangs und die silbernen Gazellen, die auf viele Kilometer Entfernung dahinziehen, einen Pulsschlag lang wie leuchtende Kristalle aus dem Meer der Einsamkeit aufleuchten.

Riesenhaft und flammend bunt erscheinen die wilden Pferde, wenn die schrägen Strahlen der Frühsonne auf ihre sehnigen Körper fallen.

Selbst das unbewaffnete Auge vermeint in diesen Stunden des rätselhaften Spiels von Licht und Schatten alles hundertfach vergrößert zu sehen, so klar und durchsichtig ist dann das weite Land — und doch so tief, daß es auch in späteren Jahren ein Entkommen aus dem grandiosen Zauberreich nicht gibt. Oft ist es mir, als ob ich eine andere Welt betreten hätte, in deren Schatten und Abglanz die Ordnung des diesseitigen Lebens keine Gültigkeit mehr besitzt; so ungeheuerlich sind die Formen, so unfaßbar die Ausmaße, so wunderbar die Stimmungen, für deren Beschreibung mir die Worte nicht gegeben sind. Maler und Dichter würden diesen Platz weit besser ausfüllen, als ich es vermag.

Geisterhaft und farbdurchlodert liegt das Dach der Erde vor mir ausgebreitet. Magische Kräfte ziehen mich voran.

Sieg oder Untergang!? Es ist ja alles so gleichgültig in diesen Stunden, in denen ich eins mit der Landschaft bin. Und je weiter ich wandere, je höher das Tagesgestirn am Zelt des Himmels emporsteigt, desto unwirklicher wirkt das faszinierende Zitterspiel der Spiegelung um mich her. Alles ist hier schwer und gedämpft. Es gibt keine schreienden Farben, die die Urgewalt dieser Landschaft nicht dulden würde. Hier oben pfeift es immer eisig, und nur die intensive Strahlung der semitropischen Sonne vermag das Leben zu erhalten. Die Luft aber bleibt kalt, auch in den „heißen" Mittagsstunden. Einen echten Sommer kennt das Dach der Erde nicht, und im Gleiten der Übergänge steht der „Tibetsommer" mit seiner zwei-, höchstens dreimonatlichen Vegetationszeit mitten zwischen den arktischen Kältegraden des Winters und den naßkalten Schneestürmen, die die Geister in diesen Tagen senden, da es Frühling werden soll. Das höchste Tibet ist sich immer gleich, und all der mannigfaltige Kleinzauber, der in unseren Breiten den Wechsel der Jahreszeiten begleitet und uns zu froher oder trauriger Weihestimmung erhebt, entfällt hier an der Grenze der Existenzbedingungen. Hier wirkt nur die unfaßbare Größe. Sie überdeckt alles Kleine. So ist die Jangtang im wahrsten Sinne ein Land für Männer, die ein Schicksal erproben wollen: Gewaltig, eintönig, unergründlich und wild. Sie ist eine tiefernste Welt fahler Geister, wo der Mensch als Mensch nicht mehr bedeutet als den flüchtigen Schatten eines Augenblicks.

Ohnmachtsnahe steht er dem elementaren Naturgeschehen gegenüber. Er mag es registrieren und in Systeme kleiden — aber auch diese Systeme bleiben das, was sie sind: Stückwerk — und sie kommen der Wahrheit nicht näher. Sie sind wie Perlen, deren Glanz erlosch. Wirklich ergründen aber kann der Forscher die Seele dieses rätselhaften Landes nicht. Gewiß, es gibt ihm viel, aber dem Menschen gibt es noch viel mehr.

Oft erschaudere ich vor der furchtbaren Öde oder ich sehe gebannt zu den himmlischen Kampfgeschwadern empor, deren die Götter sich bedienen, wenn sie über Asiens Hochländer reiten, ohne Mitleid und Erbarmen.

Die schönsten Stunden des Tages aber sind immer diejenigen, wenn ich ganz ohne Ballast allein bin, wenn mein Körper die höchste Erhebung im kilometerweiten Umkreis ist und ich meinen Gedanken freien Lauf lassen kann. Dann ist alles so unendlich fern, was mich an Besitz und Menschen bindet ...

Gott weiß, wo Dolan steckt! Die Entfernungen nach allen Seiten haben jegliche Verbindung abgeschnitten.

Ich selbst bin schmutzig, verlaust, meine Lederkleidung ist zerschlissen. Was macht es? Wenn die letzten europäischen Lumpen langsam vom Körper fallen, wird ein tibetischer Schafspelz den gleichen Zweck erfüllen und mich warmhalten in Schneesturm, Kälte und Regen. Mir geht es wie dem gläubigen Tibeter, der den Schmutz für zu niedrig hält, um beachtet zu werden, und dem Verwahrlosung nicht hinderlich ist, um Verinnerlichung zu erleben.

Fragt mich jemand, ob ich das höchste Gut besessen, so sage ich: „Ja, für kurze Augenblicke habe ich sie wirklich in Räuschen aus dem Kelch der Einsamkeit genossen, die Freiheit!"

Die Freiheit von mir selbst und die von den Menschendingen, die uns alle im gewöhnlichen Leben mit so viel Dumpfheit und Stickluft umgibt.

Dann reißt mich die Karawane, die langsam verhungernde, unendlich traurige Karawane wieder in die harte Wirklichkeit zurück — und wenn ich Cheläs Augen begegne, weiß ich, daß meine Narrheit noch viel kosten mag.

Und es vergehen die Tage und Nächte.

Seit einiger Zeit bekommen die Tiere täglich einen kleinen Klumpen mit Salz versetzten Tsambamehles — und während sie es fressen, läuft ihnen das Zittern über die ausgemergelten Körper.

Oft kratze ich den letzten Tsambarest zusammen, für meinen Grauschimmel. Dann öffnet das zahme Pferdchen ganz sachte die weichen, flaumigen Lippen, nimmt das gereichte Futter und reibt seinen schönen Kopf an meinem Hemd — um seine Dankbarkeit zu zeigen.

Armer kleiner Grauschimmel!

Es ist doch immer die gleiche Tragödie mit den Pferden. Erst sind sie scheu und wild, dann werden sie zahm und anhänglich — und plötzlich ist es aus mit dem Traum einer soeben begonnenen Freundschaft. Die Karawane stürmt weiter, aber das treue Pferdchen bleibt am Wegrand liegen und seine Knochen verbleichen in der Sonne.

Vergeben, vergessen, dahin.

Armer kleiner Grauschimmel, was wird aus dir werden? Da schüttelt der brave Gaul seine Mähne und wirft stolz den Kopf, als ob er sagen wollte: „Sieh mich doch an, wie stark ich noch bin."

„Ja — ja — noch!" Kosend streiche ich dem Tier über die samtenen Nüstern — und dann gehe ich.

Vorwärts, vorwärts, ohne Pause rumpeln wir weiter, aber noch ehe wir das eigentliche Wildjakland erreichen, geraten wir in ein wahres Bärenparadies. Eines Tages, als wir gerade in ein breites Wannental einbiegen, geht es wie ein elektrischer Schlag durch die Karawane. Kopflos rasen die Tiere durcheinander, Lasten fliegen zu Boden und eine wilde Panik entsteht.

Graulend, wie zottige Riesenmenschen, stehen vier mächtige Bären plötzlich vor uns. Sie haben sich auf ihre Hinterpranken erhoben und tun, als ob es auf der ganzen Erde keine Menschen gäbe.

Rasch reißt Wang die Filmkamera vom Sattel, und wir kriechen mit Speer und Büchse an. Während die beiden schwächeren Bären, denen die Sache wohl doch nicht ganz geheuer ist, abseits davontrollen, kommen die Hauptbären mit hocherhobenen Köpfen noch näher. Doch da verlieren unsere Tiere vollends den Kopf, und polternd jagen sie in grundloses Moor hinein.

Ich muß übereilt schießen. Beide Bären stürzen, kommen aber sogleich wieder hoch und wenden sich nach kurzem Scheinangriff zur Flucht, sobald ich ihnen mit dem Speer entgegenlaufe. Während Wang meinen Schutz mit der Büchse übernimmt, treibe ich die beiden Bestien gegen einen steilen Dünenhang, wo sie fast gleichzeitig Front machen. Da wird mir die Situation denn doch zu brenzlig und ich schieße auf den näheren Bären einige Pistolenkugeln ab, worauf er mir brüllend entgegenkommt. Was folgt, ist Spiel von Sekunden. Ich suche festen Halt, gehe in die Knie und stoße dem Bären das blanke Eisen mit aller Wucht in die Brust. Aber der Anprall ist zu heftig, ich fliege nach hinten, halte krampfhaft den Speer, und während der todwunde Bär wie ein Karussell um mich herumfährt, gelingt es mir, ihn zu erlegen.

Wang hat zwar Geistesgegenwart genug zum Filmen, aber später stellt sich heraus, daß er alle Szenen verwackelt hat. Wahrscheinlich hat er in diesen Sekunden noch mehr Angst ausgestanden als ich.

Beim Herausziehen der Klinge stelle ich dann fest, daß das Eisen nur bis zum Schaftring in den Körper des Bären eingedrungen war. Ohne griffbereite Pistole hätte mir der Spaß übel bekommen können.

Nichtsdestoweniger nehme ich sogleich die Verfolgung des zweiten Bären auf, der sich nach einer weiteren Kugel ebenfalls stellt, so daß ich ihn den Speer mit eigenem Anlauf in die Brust rennen kann. Diesmal aber bricht der Speerschaft ab, so daß ich Fersengeld geben muß, während Wang die Tragikomödie mit einem wohlgezielten Schuß beendet.

Nun ist es leider aus mit der Speerjagd, denn Bäume wachsen nicht im Umkreis von vielen hunderten von Kilometern.

Bären aber gibt es weiter in Hülle und Fülle, so daß wir nicht zu verhungern brauchen. Eines Abends, da das Lager schon gerichtet ist, schieße ich wieder zwei starke Petze, von denen der eine prompt annimmt. Blitzschnell dreht sich der verwundete Bär um die eigene Achse, und während er noch hochaufgerichtet mit schnaubenden Nüstern nach seinem Feind sucht, mache ich meine Leica schußfertig, klemme die Pistole zwischen die Zähne und kann eine Serie guter Aufnahmen machen, ehe mir der Bär zu nah auf den Pelz rückt. Auf etwa zehn Meter Entfernung lasse ich dann rasch die Kamera fallen, und — von sieben Kugeln durchbohrt — rollt mir der Bär vor die Füße.

Wang, der wieder mit der Büchse in Bereitschaft steht, braucht nicht
mehr einzugreifen.

Wenn wir genügend trockene Kiangäpfel finden, lebe ich in diesen
Tagen fast nur von Bärentatzen, die, im Papinschen Topf gedünstet und
nach chinesischer Art mit viel gutem Gewürz zubereitet, einen der vor-
züglichsten Leckerbissen darstellen, den ich je gekostet habe. Nur einen
Nachteil besitzen die auf solche Art bereiteten Bärentatzen: sie sehen
aus wie menschliche Hände. Doch lasse ich mir den Appetit durch solchen
Anblick nicht verderben.

Obwohl wir täglich nur noch fünfzehn, höchstens aber zwanzig Kilometer zurücklegen, wirken sich Stürme und Vegetationsarmut immer
mehr zur Katastrophe für unsere Tiere aus. Es ist, als ob sich die Geister
der toten Bären gegen uns verschworen hätten, um die Wildjaks zu beschützen — und meine entmutigte Mannschaft glaubt fest daran.

Aber wir ziehen weiter in die dumpfe Ungewißheit hinein. Die Männer
auf ihren weißbeschneiten Pferden sehen im wirbelnden Schneegestöber
wie eine Kolonne getarnter Geister aus. Nur wenn das ungeheure Gewaff eines gebleichten Wildjakschädels, den die Tiowos vor Jahren
liegen ließen, wieder einmal aus dem ewigen Weiß hervorschaut, wird
sogar ein Tuscheln laut. Dann verstummen selbst die Flüche, und gries-
grämige Gesichter schauen neugierig unter den Filzdecken hervor, um
das bleichende Wahrzeichen zu bestaunen.

So geht es weiter, bis die runde bleiche Sonnenscheibe wieder hervor-
lugt und der Himmel sich unter dem pechschwarz abziehenden Wetter-
gewölk abermals zu märchenhafter Pracht verklärt. Dann zieht die
Karawane in flutender Helle durch Wolken von Dampf, denn die
Sonneneinstrahlung ist in diesen Höhenlagen so gewaltig, daß sich der
Schnee sogleich in Dünste zu verwandeln scheint.

An einem solchen Abend gewahre ich das entzückende Bild einer
Bärin mit drei Kleinen, die um ihre Mutter spielen. Um ihren Nach-
wuchs ängstlich besorgt, sichert die ungeschlachte Riesin nach allen
Seiten, und ich muß bekennen, selten so viel Umsicht und Bedacht bei
einem Muttertiere beobachtet zu haben.

Nach jedem Grassoden, den sie mit starken Vorderpranken nach
hinten wirft, sitzt sie lange, um die Sicherheit zu überprüfen.

Die Kleinen aber tun so, als ob sie schon richtige große Bären wären,
sie schlagen im Rücken ihrer Mutter mit den Pranken aufeinander los,
beißen sich und kugeln umeinander. Nur wenn der Abstand der drei
lustigen Wollknäuel von der gestrengen Frau Mama ein wenig zu groß
wird, wendet sich die Alte, um die kleine Brut mit ein paar wohlge-
meinten Maulschellen wieder zur Ordnung zu weisen. Dann laufen die

Jungbären, für kurze Sekunden wenigstens, ganz artig hinter ihrer Mutter her.

Nachdem ich das muntere Spiel eine gute Weile belauscht habe, richte ich mich langsam auf, werde aber augenblicklich von der wachsamen Bärin eräugt. Mit steilaufgerichteten Gehören wächst sie zur vollen Größe empor und brüllt kurz auf. Auch die Jungbären setzen sich in einer Reihe auf die Keulen und beobachten fleißig mit.

Aber aus der friedlichen Bärin ist nun eine zum tödlichen Kampf entschlossene Raubtiermutter geworden. Nie vorher und nie nachher fesselte mich das Bild eines wilden Tieres so wie dieses. Ich empfinde die Gefahr, aber ich darf die Nerven nicht verlieren — ich muß die Bärin schonen, denn wir könnten die Jungen doch niemals aufziehen. Ganz langsam, Zentimeter für Zentimeter lasse ich mich daher wieder in den nassen Schnee fallen. Die sachte Bewegung aber treibt die erzürnte Bärin erst recht zur Raserei. Blitzschnell, den Rachen weit geöffnet, stürmt sie auf mich los. Dann aber, zu unser beider Glück, bricht sie den Angriff ab, als ob sie ahnte, was in diesem Augenblick in mir vorgeht.

Sacht lege ich die Waffe zur Seite und weide mich an dem „strategisch einwandfreien" Rückzug der Bärenfamilie, wobei nicht nur jede Bodenwelle in verblüfft geschickter Weise ausgenutzt wird, sondern die Bärin erst in galoppierende Flucht verfällt, nachdem sie dem direkten Gefahrenbereich entronnen ist. Holprig noch und im Gänsemarsch, dann aber immer schneller werdend, folgen die drei winzigen Petzlein, die soeben ihr erstes großes „Abenteuer" überstanden haben.

Bald darauf setzt wütender Schneesturm ein, der die ganze Nacht über anhält. Am nächsten Morgen bedeckt eine große Wasserlache den Boden meines Zeltes, und die Tiere stehen wieder einmal mit hängenden Mäulern und leeren Mägen bis an die Fesseln im Schnee.

Wirklich niederschmetternd aber ist die Wirkung erst, als wir feststellen, daß die Berge rundum völlig schneefrei geblieben sind.

Die Tatsache, daß unser Lager rein zufällig im Zentrum eines lokalen Schneesturmes lag, ist für Tibet keinesfalls absonderlich, und „gescheckte Berge" zählen während des Tibet-Sommers zu den fast alltäglichen Erscheinungen der Natur. Die neuschneebedeckten und die dunklen Kämme lassen die Landschaft dann in den absonderlichsten Kontrasten spielen. Die Wirkungen solcher sporadischen Schneestürme zeichnen sich überdies oft durch geradezu verblüffende Gesetzmäßigkeit aus. Häufig sieht man „weiße" und „schwarze" Gebirgsketten in der Weise miteinander abwechseln, daß die Häupter der einen genau in die Lücke zwischen den Gipfeln der anderen hineinpassen. So kommt, durch optische Täuschung hervorgerufen, ein regelrechtes Schachbrettmuster zustande.

Für meine um ihr bißchen Leben bangenden Männer aber genügt das Phänomen natürlich, um zu glauben, daß wir nun doch noch alle vernichtet werden sollen.

Die Schuld aber wird selbstverständlich mir allein in die Schuhe geschoben, weil ich so viele Dremus schoß, die ja bekanntermaßen mit den Teufeln im Bunde stehen. Also bleibt mir nichts übrig, als meine Gesellen zusammenzurufen und ihnen einen „wissenschaftlichen Vortrag" über das Zustandekommen von Schneestürmen zu halten und ihnen begreiflich zu machen, daß der Wille des weißen Mannes schließlich doch mächtiger sei als die Dämonen der Jangtang.

Die meisten glauben es auch — nur Chelä steht abseits und mustert mich mit haßerfüllten Blicken. Was in dem Kerl nur vorgeht?

An einem der nächsten Tage sichte ich nicht weniger als vierzehn Bären, deren Zahl ich sicher noch um ein Vielfaches hätte vermehren können, wenn der Marsch der Leidenskarawane mich nicht an ihre Nähe gebunden hätte. Obwohl ich mir von nun an hinsichtlich der Bärenjagd größte Zurückhaltung auferlege, um die unsicher gewordene Mannschaft nicht zur offenen Meuterei zu treiben, müssen an jenem Tage.doch zwei starke Petze ihre Zudringlichkeit mit dem Leben bezahlen, da sie sich durch nichts aus der Nähe des Lagers vertreiben lassen und Tiere wie Mannschaften wieder einmal in panischen Schrecken versetzen. Während der erste, stärkere Bär, im Feuer zusammenbricht, nimmt der zweite, ob aus Neugierde oder Angriffslust vermag ich nicht zu entscheiden, in voller Fahrt an. Nervös geworden, schieße ich ihn auf kaum dreißig Meter glatt vorbei und kann ihn erst mit der zweiten Kugel auf kurze Entfernung zur Strecke bringen.

Die Dämonen aber halten Ruhe — trotz des Bärenmordes.

Nach einer ängstlichen Nacht nämlich folgt ein wundervoller Sonnentag, so daß auch die letzten Zweifel meiner Mannschaft zerstreut werden.

Den zwar teuer erkauften Beweis von der Richtigkeit meiner „Bärentheorie" aber liefert uns erst der darauffolgende Tag, an dem ich glücklicherweise keinen einzigen Bären schieße.

Schon in den frühen Morgenstunden nämlich bricht das Unwetter über uns herein, und nach Verlust dreier Jaks, die wir in halbtotem Zustand ihrem Schicksal überlassen müssen, werden wir schon gegen Mittag gezwungen, ein Notlager zu errichten, um die Lasten neu zu verteilen und uns von allem überflüssigen Ballast zu trennen. Es werden daher die nicht unbedingt notwendigen Kleidungsstücke und ein großer Teil der Küchengeräte, die wir aus Mangel an Feuerungsmaterial doch nicht benutzen können, den Ortsdämonen feierlich zum Opfer gebracht.

Auch die nächste Nacht stürmt es, die Zelte brechen zusammen, und am Morgen kriechen wir wie Amphibien nach dem Winterschlaf aus unseren klatschnassen Hüllen hervor.

Noch eine weitere Woche vergeht im Bärenparadies der Jangtang, ohne daß weitere Verluste eintreten. Aber der „Frühling" hat noch immer nicht begonnen. Die Landschaft ist so grau und kahl wie je zuvor, und außer hundert weißgebleichten Schädeln, die uns aus hohlen Augenhöhlen angrinsen, haben wir von den Wildjaks noch immer keine Spur gefunden. Natürlich ist die Mannschaft entmutigt, und selbst Wang beginnt zu zweifeln, ob uns die Tiowos nicht in die Irre leiteten.

Einmal allerdings finde ich eine riesenhaft schneeverwaschene Fährte im Moor, die nur von einem Wildjakbullen stammen kann. Aber da ich allein bin, gelingt es mir nachträglich nicht mehr, meine Männer davon zu überzeugen, daß uns nun wirklich nur noch Tage vom großen Ziele trennen können.

Tiefer tappen wir nach Sonnenstand und vager Kompaßpeilung in das große Vakuum hinein. Ich selbst bestimme nun die Richtung, indem ich mutterseelenallein vor der Karawane dahinwandere.

In kilometerweitem Abstand folgt dann der schwarze Elendswurm meinen Spuren. In der tiefen Stille des Steppenozeans, den nur die Moore unterbrechen und die blinden Augen der Seelen, komme ich mir nur zu oft wie ein Schiffbrüchiger vor, der die rettende Insel wohl ahnt, ohne sie in Bewußtheit ansteuern zu können.

Namenlos ist alles, was mich umgibt. Selbst die Lagerplätze, die der Kompaß mir weist, kann ich nur mit unpersönlichen Ziffern bezeichnen, an die kein menschlicher Begriff gebunden ist.

Wieder ist ein langer Tag vergangen, ich sah zehn Steppenbären, aber sie reizten mich so wenig wie die Hasen, die zu Haus die heimatlichen Äcker bevölkern.

Es gilt nur einem, und den muß ich haben.

Wie alltäglich schoß ich einige Vögel, die nun präpariert werden. Um die Sicherheit des Lagers zu überprüfen, erklimme ich im Goldschein der versinkenden Sonne den nächsten Steppenhügel. Es ist dies eine alte, schon zur Selbstverständlichkeit gewordene Pflicht, der ich fast unbewußt gehorche, weil sie nun einmal zur Routine des Lagerlebens gehört.

Auf der höchsten Kuppe angekommen, suche ich mit dem Fernglas das weite Gelände ab — und mein Blick bleibt in weiter Ferne an fünf dunklen Punkten hängen.

Noch traue ich meinen Augen kaum, noch ahne ich nur — aber als ich das Glas fest an die Augen presse, wird mir Gewißheit. Alles, was ich in den letzten verzweiflungsvollen Wochen schon nicht mehr zu hoffen gewagt habe, ist mit einemmal Wirklichkeit geworden.

Auf zehn, vielleicht auch fünfzehn Kilometer vor mir im flachen vermoorten Talgrund stehen fünf wilde Jaks.

Täuschung ist ausgeschlossen!

Da springe ich auf und rase zu den Zelten zurück, wo meine Männer bei der Nachricht von einem wahren Freudentaumel befallen werden.

Dann geht es wieder zum Hügel empor, und bis tief in die Nacht hinein beobachten wir die schwarzen Gesellen.

Natürlich kann ich keinen Schlaf finden. Wenige Stunden nach Mitternacht ist das ganze Lager schon wieder lebendig. Draußen ist leichter Schnee gefallen. Wenn nicht alles schief geht, muß dieser soeben begonnene Tag der erfolgreichste der ganzen Expedition werden.

Wang und Gesong nehme ich mit, das Glück zu erproben, die Karawane aber soll unter Dendrus Führung unseren Spuren langsam folgen, sobald die Nacht zum Tag geworden ist.

Schweigend reiten wir in die Dunkelheit, über das frostkrachende Moor.

Stunden vergehen. Als die ersten Zeichen des neuen Tages am östlichen Firmament sichtbar werden, haben wir sicher schon die Hälfte des Weges bis zum gestrigen Standort des Wildes hinter uns gebracht. Aller Voraussicht nach werden die Wildjaks über Nacht nicht weit gezogen sein, denn in weiter, weiter Runde scheint das Tal die einzigen Äsungsmöglichkeiten zu bieten.

So lassen wir uns erst einmal im weichen Neuschnee nieder, um Kriegsrat abzuhalten.

Da der Wind gut steht, pirsche ich nun ein wenig voraus und gewahre auf zwei — höchstens drei Kilometer Entfernung das urige Wild. Anscheinend sind die Tiere sogar noch etwas näher herangezogen. Im Glas erkenne ich deutlich die riesigen, geschweiften Hörner, die an das Gewaff von Auerochsen erinnern. Es kann sich daher nur um fünf Bullen handeln.

Nun erhält Gesong die Weisung, mit den Pferden in Deckung zu verharren, während ich mit Wang vorauskrieche. Als die Sonne gerade glutrot über den Steppenhorizont emporsteigt, sehen wir die Bullen ganz deutlich. Die Häupter hoch erhoben, liegen sie friedlich wiederkäuend im Kreise.

Jetzt nur langsam, nur keinen Fehler machen, und dann: die Stunde nutzen. Wir haben ja den ganzen Tag vor uns.

Da mir die Sinnesschärfe des Wildjaks unbekannt, das Gelände aber flach wie ein Teller ist, muß jede Bewegung bedacht sein. Also robben wir, der Nässe ungeachtet, und durch mächtige Bärenfellmützen, die ich eigens für diesen Zweck machen ließ, aufs beste getarnt, bis auf etwa achthundert Meter heran. Dann liegen wir wieder, während der Schnee schmilzt und sich um unsere Knie Wasserlachen bilden.

Nun kommt mir Diana zu Hilfe. Sturmwolken ziehen auf, und zum ersten Male in meinem Leben sehne ich einen tibetischen Schneesturm herbei.

Er kommt, er wirft uns weiße Tarnkappen über, und dann springen wir los, was die Lungen hergeben wollen. Nach einigen hundert Metern legen wir uns wieder flach auf den Bauch, und als die treibenden Schleier sich lichten — stehen die Bullen.

Äsend schieben sich ihre riesenhaften haarumwallten Körper durcheinander. Ich suche den stärksten, den Führerbullen, dessen Hauptschmuck auf hohes Alter schließen läßt. Ihm soll die erste Kugel gelten — wenn es soweit ist.

Stiernackig und breit, ein Urbild der Kraft, schreitet er daher. Wirft ab und zu das Haupt in den Nacken und peitscht die Luft mit seinem langen, buschigen Schweif ...

Sinnlos, die Qual des langen Wartens im stickig kalten Moorgrund zu beschreiben. Während wir so gottsjämmerlich frierend vor dem Wild liegen, vergehen viele Stunden. Die Sonne hat ihren Höhepunkt längst überschritten, als ich mich endlich zum eigenen Handeln entschließe.

Also lasse ich Wang, der die Reservebüchse trägt, mit der strikten Weisung zurück, erst dann zu schießen, wenn er mich in äußerster Gefahr sieht.

Allein will ich dem königlichen Wild Tibets gegenübertreten — und allein auch meinen Tribut fordern für alle Mühsal und Beschwerden.

Nun krieche ich weiter, die Bärenfellkappe tief ins Gesicht gezogen, die Büchse von Moorkaupe zu Moorkaupe vor mir herschiebend. Schon könnte ich dem stärksten Bullen die Kugel antragen ... aber nein. Ich muß alles daransetzen, die geringste Schußentfernung zu erreichen.

Da wirft der Führerbulle plötzlich auf. Schnaubend stampft er die Erde und sichert eine Ewigkeit zu mir herüber.

Endlich beginnt er aufs neue zu äsen. Den Augenblick nutzend, geht es in einen kleinen Moortümpel hinein, den ich in gebückter Haltung durchwate. Wenn das Wasser auch bis zur Hüfte reicht, so bieten mir die überhöhten Ränder doch ideale Deckung, und es gelingt mir, auf achtzig Meter an den stärksten Bullen heranzukommen.

Nun lasse ich meinen vollgesogenen Schafspelz liegen und entledige mich auch der Jacke, die ich in der Absicht, sie dem anstürmenden Bullen entgegenzuwerfen, meterweise vor mir herschiebe. Da das Gelände keinerlei Deckung bietet, muß alles bedacht werden, was die Sicherheit erhöht.

Hoch fliegt der buschige Schweif des Führerbullen wie eine wehende Kampfstandarte. Rhythmisch schlägt die Angriffsfahne hin und her.

Hält er mich für einen Bären?

Plötzlich, mit schnaubenden Nüstern, die kleinen Gehöre weit vorgestellt, stürmt der Riese auf mich los. Vier, fünf wilde Sprünge, dann steht er wieder und windet: Ein unerhörter Anblick von überschäumender Wildheit.

Aber er ist seiner Sache nicht sicher. Bedächtig kommt er jetzt näher, mit tiefgesenktem Kopf, Schritt für Schritt.

Und wieder steht der Bulle, bläst Schaum und scheint wie angewurzelt.

Eiskalt liege ich im Anschlag, und die Gedanken zucken: Gebe ich ihm die Kugel aufs Haupt, so wird die Trophäe Schaden erleiden — schieße ich Stich, so wird er nicht fallen, ich würde genug mit diesem Burschen zu tun haben, und die anderen könnten entkommen.

So kritisch die Lage auch ist, ich muß auf eine noch günstigere Situation warten und schiebe die Kappe aus Bärenfell noch tiefer ins Gesicht.

Sekunden werden zu Ewigkeiten, doch plötzlich dreht der Bulle bei, und im gleichen Augenblick — diesmal ohne zu denken — setze ich ihm die Kugel mitten aufs Blatt, daß Staub und Haare fliegen. Aber der Koloß gibt kein Zeichen. Schräg ab, wie berechnet, flüchtet er in wilden Sätzen davon.

Jetzt bin ich frei, kann handeln wie es mir beliebt. Aufspringend konzentriere ich mich auf die anderen vier, ebenfalls davonstürmenden Bullen und gebe dem nächsten eine leider nur schlecht sitzende Vorderlaufkugel.

Dann, so gut es die Höhenlage gestattet, rase ich hinter den Bullen
her, sehe sie am Rande der Talebene verschwinden, erklimme den ersten
Hügel — und pralle zurück. Alle fünf Bullen haben auf fünfzig Meter
Front gemacht.

Zu denken bleibt keine Zeit.

Noch ehe ich die Büchse hochreißen kann, stürmt die schwarze Mauer
heran . . .

Fliehen ist unmöglich.

Ich werfe mich zu Boden und schieße. Es geht ums Leben — und ich
schieße gut. Jedes der angreifenden Ungeheuer bekommt seine Kugel
auf den Stich, und dann, mit nur noch einer Reservekugel im Lauf,
reiße ich aus, so rasch mich meine Beine tragen.

Hinter mir dröhnt der Boden. Im Laufen lade ich zwei neue Kugeln,
und dann: ein dumpfer Fall . . . ein Schnauben und Stöhnen. Reflexartig
fliege ich herum und sehe den Führerbullen, den ich zuerst beschoß, in
die Knie gehen und zusammensinken.

Im gleichen Augenblick aber brechen die vier Überlebenden den Angriff ab. Jetzt liegt es an mir zu handeln — und mit Zirkelschuß auf den
Hals sackt der zweite Bulle steintot zusammen.

Die drei anderen ergreifen die Flucht. Da kommen mir Wang und
Gesong in fliegendem Galopp zu Hilfe. Wang, der einem der Bullen den
Fluchtweg abschneiden will, wird sofort angegriffen und verfolgt.

Stierkampf auf hoher tibetischer Steppe. Unvergeßliche Szenen von
packender Gewalt rollen über die gewaltige Arena der Jangtang.

Jetzt bin ich Zuschauer, jetzt kann ich genießen, und im Halbkreis
geht der Kampf rings um meine Empore. Aber der Abstand zwischen
fliehendem Reiter und angreifendem Bullen vermindert sich gefährlich,
so daß ich eingreifen muß.

Mitziehen — vorhalten — Knall:

Aufbäumt der Jak, sinkt um, will abermals hoch und erhält die erlösende Kugel.

Rasch besteige ich mein Pferd und nehme in wilder Hatz die Wundfährte der beiden letzten Bullen auf, die ich beide zur Strecke bringe.

Alle fünf Bullen sind mein. Voll Stolz trete ich an den Gestreckten
heran, und zum ersten Male in meinem Leben sehe ich einen Wildjak
aus der Nähe. Es ist der gewaltigste Eindruck, den ich je von einem
wilden Tier empfing. Was ist es nur, das mich so tief bewegt? Die ungeheure Länge des Riesenkörpers in seiner dumpfen Umwallung von
schwarzem Haar? — Die meterlangen, dolchspitzen, edel geschwungenen
Waffen? — Oder das Haupt, dieses vergeistigte Urbild von Trotz und
Stärke, das ich allein nicht einmal anzuheben vermag? —

Das alles kann es nicht sein. Nur eines empfinde ich stark, und dafür gibt es keinen besseren Vermittler als einen toten Wildjak: Die Gier trieb mich zu weit. Statt Freude erlebe ich nun Schauder, wie ich ihn zuvor nicht gekannt habe. Einer abstrakten Idee zuliebe, die wir Menschen Wissenschaft nennen, habe ich fünf Könige gefällt.

Gut, wir sind einen Schritt weitergekommen; aber wofür das alles, da es uns Menschen doch nicht gegeben ist, die Wahrheit zu finden. Würden wir nicht besser daran tun, uns in unserer angestammten Umwelt zurechtzufinden und glücklich zu sein, wie die Tibeter es sind, anstatt den Erdkreis zu durchrasen und Unglück zu stiften, wo immer unser Fuß den Boden betritt?

Nachdem die Tiere gegen Wolf- und Geierfraß verblendet sind, trete ich den Rückzug an. Allein und langsam.

Eine Erfüllung, ja, und wieder ein Traum weniger. Dafür viele Zentner blutigen Fleisches! Man sollte keine Expeditionen durchführen, man sollte sie nur träumen.

Unter der Mannschaft natürlich herrscht eitel Freude, und selbst Chelä zeigt sich auffallend heiter. Wahrscheinlich denkt er daran, sich nach seiner Rückkehr als Wildjaktöter feiern zu lassen.

Am folgenden Tage heißt es für alle Mann Hand anlegen, um die riesigen Tiere zu vermessen, aus der Decke zu schlagen, zu zerwirken und die Trophäen in einwandfreiem Zustand zu präparieren.

Als wir gerade dabei sind, die Decke des stärksten, annähernd neunzehn Zentner schweren Bullen wie einen riesenhaften Samtteppich auf der Steppe auszubreiten, kommt, durch die süße Witterung angelockt, ein starker Bär. Er läßt sich weder durch Rufe noch durch Messerwürfe vertreiben und muß seine Frechheit mit dem Leben bezahlen.

Wang seinerseits, der sich am frühen Morgen, um Geier und Wölfe zu vertreiben, einem anderen Bullen waffenlos näherte, wurde gleich von drei mächtigen Bären auf einmal angefallen. Sie hatten sich über Nacht die Besitzrechte über den Jak angeeignet und wollten ihn nun ihrerseits verteidigen. Vorher aber hatten die klugen Petze den riesigen Kadaver gegen Geiersicht so fein säuberlich mit Grassoden eingedeckt, daß Wang ihn gar nicht fand.

Und als der Angriff plötzlich erfolgte, glaubte er, der Bulle sei wieder lebendig geworden. Von den erbosten Petzen verfolgt, lief Wang um sein Leben und warf sich Hals über Kopf in ein tiefes Moorloch, worauf sich die Petze endlich brummelnd in die hohen Berge zurückzogen. Dank ihrer Wächterdienste aber war der Jak noch völlig unberührt. Anscheinend hatten die Bären bei „ihrer Beute" fest geschlafen, als Wang zur „Ablösung" kam.

In diesen letzten Junitagen, die wir im „Wildjaklager" (Nummer 112) verbringen, schießen Millionen grüner Speerchen aus der schneeverwitterten Grasnarbe hervor, und unsere Tiere haben es gut. Klaren sonnigen Vormittagen, die wir zum Trocknen der Felle dringend benötigen, folgen windige Nachmittage und tobende Nächte. Aber es fällt kein Schnee mehr, und mittags ist die Sonneneinstrahlung so groß, daß Wang sich eine regelrechte Steppenblindheit zuzieht. Aber auch mir brennen die Augen wie Feuer.

Die erzwungenen Rast- und Mußetage bieten mir nun endlich auch Gelegenheit, mich dem scheuesten Hochsteppenwild, den Wölfen, widmen zu können, deren hohe Intelligenz mich immer wieder von neuem in Erstaunen versetzt. In der Nähe der Wildjakkadaver habe ich mir ein Ansitzloch gegraben, wo ich vollendet getarnt die Wölfe beobachten kann, jedoch ohne vorerst zum Schuß zu kommen.

Ich kann mir die unglaubliche Scheu der verschlagenen Bestien nur so erklären, daß sie mich bis zu meinem unterirdischen Verließ verfolgen und es, nachdem der Mensch so plötzlich von der Bildfläche verschwunden war, den ganzen Tag nicht mehr wagten, sich dem unheimlichen Orte zu nähern.

Also lasse ich mich von nun an von einem zweiten Reiter bis zum Ansitzloch eskortieren und erteile Wang die Weisung, das Luder in kilometerweitem Umkreis zu umreiten.

Und siehe, sogleich fällt der erste Wolf auf die Täuschung herein. Spornstreichs kommt er auf mich zu und es wird — wie mir das oft passiert, wenn eine Sache zu leicht ist — glatt vorbeigehauen.

Kaum aber ist eine weitere halbe Stunde vergangen, da kommt der zweite Wolf und will sich mit einem großen Fleischbrocken davonmachen. Auf meinen leisen Pfiff steht der kapitale weiße Rüde und bietet ein herrliches Bild, während sich der Zielstachel schon festsaugt. Der Wolf quittiert die Kugel durch einen mächtigen Satz und stürzt nach wenigen Fluchten verendet zusammen.

Nachdem die Bestie an Ort und Stelle vermessen und abgebalgt wurde, werfe ich mir den Balg über die Schulter und schlendere gemächlich dem Lager entgegen. Doch soll man auch im hellen Sonnenschein nicht leichtsinnig über die Jangtang spazieren gehen. Ich laufe nämlich einem schlafenden Dremu buchstäblich in den Rachen und sehe mich dem angreifenden Bären plötzlich auf nur wenige Meter Entfernung gegenüber. Zu allem Unglück bekomme ich auch das Gewehr nicht frei, da sich der Wolfspelz um den Lauf geschlagen hat. Während mir der Schrecken in die Glieder, mein wertvolles Tagebuch aber in ein Moorloch fährt, mache ich verzweifelte — schließlich von Erfolg gekrönte Anstrengungen, die Knarre an die Backe zu reißen — und ehe es zu spät ist, rouliert der Petz wie ein Hase und liegt vor mir mit zerschmettertem Genick.

Aber nicht genug der seltsamen Begebnisse. Am Nachmittag, den ich, mit dem Schmetterlingsnetz bewaffnet, der Jagd auf „fliegendes Kleinwild" widmen will, springt auf brettflacher Steppe ein Wolf vor mir hoch. Noch ehe er entkommt, habe ich das Gazenetz mit der Büchse vertauscht und bringe eines jener hochflüchtig hingeworfenen Schüßchen an, die einen echten Jäger noch im Jenseits freuen.

Während Wang den Wolf balgt, beobachte ich ein später noch oft gesehenes Anpassungsphänomen der fliegenden Insekten an die harte Umwelt. Solange die Sonne scheint, wimmelt es nämlich förmlich von Schmetterlingen, die von Polsterblüte zu Polsterblüte taumeln. Sobald jedoch einer der bauschigen Cumuli vor die Sonnenscheibe tritt und die Strahlungstemperatur im gleichen Augenblick rasend abfällt, stürzen sich die anmutigen Weißlinge, Bläulinge, Koliase und Apollos wie auf Kommando zu Boden, falten die Flügel und werden, als ob sie niemals dagewesen wären, förmlich vom Erdboden verschluckt. Lange Zeit bewundere ich dieses anmutige Wechselspiel von urplötzlicher Erstarrung und ebenso rascher Wiederbelebung.

Nachdem die Jakausbeute gesichert ist, verkünde ich eines Abends, daß die Quellgebiete des Jangtse das unverrückbare Endziel der Expedition bleiben. Dort soll die sagenhafte Orongoantilope, das „Einhorn" der Tibeter, leben. Gesong, der die Sagentiere von früheren Räuberzügen her kennt, glaubt felsenfest, daß sie nur ein Horn auf dem Kopfe tragen.

Dieses Tier muß die letzte Krönung unserer Sammlung werden! Diesen letzten Schleier von Geheimnis, der die höchstlebende Antilopenart der Welt umgibt, muß ich noch lüften, ehe an den Rückzug gedacht werden kann.

Nun aber bricht Tumult im Lager los. Menschen, die Muße haben und sich abwechselnd voll Wildjakfleisch essen oder faul in der Sonne liegen, solche also, die Zeit haben, über ihr „Schicksal" nachzudenken, sind nun einmal die undankbarsten Geschöpfe der Welt.

Von Wang, Tsai und Gesong, die in allen kommenden Situationen treu und tapfer zu mir halten, abgesehen, brütet die ganze Bande auf Verrat.

Inzwischen hat Gesong von dem nichtsnutzigen Halsabschneider Norge erfahren, daß die Meuterer alle zu mir haltenden Männer erschießen wollen, während mir Herr Chelä, der selbstverständlich der Rädelsführer ist, ein noch weit ehrenvolleres Ende zugedacht hat. Sollte ich auf den Weitermarsch bestehen, so will er mich fesseln, in einen Moortümpel werfen und wie einen Hund ersäufen lassen! — Prost Mahlzeit!

Da ein Rückzug ausgeschlossen ist, bleibt nur zu überlegen, wie wir nach Möglichkeit, ohne Blut zu vergießen, mit den Verrätern fertigwerden können.

Natürlich wird Gesong sofort zu weiterem strengen Stillschweigen verpflichtet, und nachdem die letzten Getreuen eingeweiht und der geschwätzige Norge durch Versprechung einer namhaften Summe noch auf unsere Seite herübergezogen wurde, werden den Verrätern in der darauffolgenden Nacht die Waffen genommen, die Patronen von Pulver geleert und die Geschosse wieder auf die leeren Hülsen gesetzt. So gesichert fallen Wang, Tsai und Gesong über die Treulosen her und verabfolgen ihnen einen so gehörigen Denkzettel, daß ich, der ich mit verschränkten Armen zuschaue, schließlich sogar mildernd eingreifen muß.

Es folgt eine gehörige Strafpredigt und die Anweisung, daß Wang und Tsai allabendlich sämtliche Waffen einzusammeln — und in meinem Zelt zu schlafen haben, während Gesong die Überwachung aller übrigen Zelte obliegt.

Nun wagt es selbst Chelä nicht mehr, sein aufsässiges Betragen fortzusetzen, und der Weitermarsch nach Nordwesten wird ohne Störung wieder aufgenommen.

Ich schätze, daß wir nur noch wenige Tagereisen vom Tschümar, dem größten der Quellflüsse des Jangtse entfernt sind. Trotzdem zernagen mich innere Zweifel. Vielleicht hätte ich doch besser daran getan, mich mit der Wildjakausbeute zufriedenzugeben, anstatt der imaginären Orongoantilope, der „Tsö", zuliebe, alles aufs Spiel zu setzen.

Aber ich will das „Einhorn" haben.

Während der nächsten Tage steigt die durchschnittliche Meereshöhe auf fünftausend Meter, und aus dem eben begonnenen „Frühling" wird wieder dicker Winter. Innerlich unfrei, bin ich reizbarer denn je. Trotz größter körperlicher Anstrengungen kann ich keinen ruhigen Schlaf mehr finden. Nächtelang wälze ich mich hin und her. Alle meine Gedanken schwingen um den großen, wunden Punkt unserer von Tag zu Tag mehr dahinschwindenden Lebensmittelvorräte. Wohl oder übel bin ich zu weiteren harten Maßnahmen gezwungen. Ich muß rationieren und kann nicht mehr nach den Wünschen einzelner fragen. Jetzt kommt es auf das gute Beispiel an und damit auf den Geist der wenigen Getreuen, auf die ich mich mehr denn je verlassen muß, um die Sache doch noch zum guten Ende zu bringen.

An jenem Morgen aber, da ich die Rationierung durchführen will, fehlen zwei Sack Tsambamehl und eine Menge anderer lebenswichtiger Güter. Sie wurden über Nacht von Chelä und seiner Bande in den Fluß geworfen oder an die Pferde verfüttert. Was geblieben ist, würde zur

Not gerade hinreichen, zum Kloster der „Wilden Jakkuh" zurückzukehren. So wollen mich die Verräter also doch zum Rückzug zwingen!

Sie sollten sich bitter getäuscht haben. Nun gerade nicht — und wenn wir alle nur rohe Bärentatzen essen, es gibt kein Zurück! Ich erzwinge den Weitermarsch.

Aber ich möchte heute keinen Menschen mehr sehen, und selbst „Blacky", meinen Lieblingshund, lasse ich gegen meine sonstige Gewohnheit bei der Karawane zurück. Richtunggebend ziehe ich die anderen hinter mir her. Als ich dann am Abend die Karawane auflaufen lasse, um den Lagerplatz zu bestimmen, kommt mir Blacky winselnd entgegen — und aus einer klaffenden Hiebwunde hängt sein Gedärm.

Abscheuliche Bestien! Da sie mich nicht treffen konnten, die feigen Lumpen, nahmen sie Rache an dem unschuldigen Tier und ließen es den ganzen Tag seine Därme nachschleppen.

„Blacky", der so oft das einzige Wesen war, das meine Sorgen verstand, der mir mitleidig die Hand leckte, wenn ich verzweifelte, und der niemals klagte, kommt nun hilfesuchend zu mir. Und ich bin es, der seiner furchtbaren Qual mit eigener Hand ein Ende bereiten muß.

Rasend vor Wut verlange ich Rechenschaft, und niemals war ich näher daran ein Verbrechen zu begehen, als in dieser Sekunde, da ich in Cheläs hämisch grinsende Visage sehe.

Just in diesem Augenblick hält — wie durch Fügung — ein riesiger schwarzer Bär spornstreichs aufs Lager zu. Er wird mir zum Retter. Ich reiße Gesong die alte Kartaune aus der Hand (ein vorsintflutliches französisches Militärgewehr, dessen Auswerfer nicht mehr funktioniert), und dann gebe ich dem Bären auf vierzig Meter die einzige mir zur Verfügung stehende Kugel. Brüllend sucht die Bestie nach ihrem Feinde, und ich liege ohne Waffe, ja selbst ohne Messer auf der deckungslosen Steppe, höre jeden Atemzug des erbosten Raubtieres und bemühe mich verzweifelt, die Patronenhülse zu entfernen.

Aber es muß ein guter Stern über mir stehen, denn nach bangen Minuten trollt der Bär in entgegengesetzter Richtung davon.

Nun rase ich zurück, ergreife meine gute deutsche Hochgeschwindigkeitsbüchse und verfolge den Bären bis zu den Randfelsen des Tales, wo ihn eine wohlgezielte Kugel in der Fährte zusammensinken läßt.

Aber während der Bär noch rollt, prustet es laut, und ein zweiter Hauptbär erscheint über mir in den Felsen. Mitschwingend bringe ich einen abgezirkelten Fleckschuß an, und der zweite Bär rollt dem ersten entgegen. Als ich dann bei beiden Bären sitze und der Abendglanz über die unendliche Steppe fällt, danke ich Gott, daß mich die Bären vor einer Dummheit bewahrten, die mein Gewissen lebelang belastet hätte.

Bald geraten wir in ein abwegiges Gebirgsgelände, wo kahle, völlig vegetationslose und ganz mit blauem Tonschiefer bedeckte Pyramidenberge wie gigantische Zuckerhüte in den Himmel ragen.

Weglos tastend und wieder zurückreitend, steigen wir in glühendheißer Sonne zu den Pässen empor und laufen dann nordwestlichen Kurs durch eine bewegte See von mächtigen Konglomeratmassen und brandrotleuchtenden Erdwellen dem Tale des Tschümar entgegen.

Von jagdbarem Wild, das wir für die Stillung unseres Hungers so dringend benötigen, ist seit Tagen weit und breit nichts mehr zu sehen. Der Weg nach Rückwärts ist uns abgeschnitten. Wir müssen nun zusammenhalten. Das haben selbst Chelä und seine Bande eingesehen.

Wenn es aber trotzdem zur offenen Empörung kommen sollte, so werde ich mir schon zu helfen wissen. Jetzt heißt es herauszuholen, was herauszuholen ist, um diese grauenvollste aller Bergwüsten zu überwinden. Drunten im Tschümartal wird es schon Wasser und Weidegründe geben ... und vielleicht sogar das sagenhafte „Einhorn".

Das sage ich allen, die noch guten Glaubens sind, wenn sich die rote und blaue Wüste auch ohne Unterbrechung bis zum fernen Horizont dehnt.

Was würde sein, wenn uns der Abend in diesen toten Gründen überraschen sollte?

Voll düsterer Gedanken schreite ich zu Fuß voraus, und meine Getreuen folgen dem Beispiel.

Chelä aber und die anderen hocken zu Pferde. Sollen sie ihre Gäule zu Tode reiten. Ich greife nicht mehr ein. Dafür ist die Lage zu kritisch geworden.

Unendlich langsam kriechen wir dahin, und die Sonne beginnt schon zu sinken.

Aber plötzlich gewahre ich ein kleines Vögelchen, das ich nicht kenne: einen Schneefinken, neu für unsere Sammlung. Da könnte ich aufjubeln — nicht der Entdeckerfreude wegen, sondern weil mir der kleine Wüstenvogel das Gefühl der Sicherheit zurückgibt.

Denn es gibt keinen neuen Vogel — ohne neuen Lebensraum.

So muß es Schiffbrüchigen ergehen, wenn sie am fernen Horizont die ersten Küstenvögel streichen sehen.

Im Nu sind alle meine Lebensgeister zu neuer Intensität erwacht, und peinlich achte ich auf alle kleinen Zeichen, die die Natur uns sendet als Hinweis, daß das Reich des schweigenden Todes bald hinter uns liegen wird.

Und so ist es. Montifringilla blanfordi, der kleine Schneefink, war nur der Vorposten einer neuen Lebensregion. Bald gluckst ein Quell, dann häufen sich die gefiederten Sänger und schließlich erscheint die langvermißte, heißersehnte, zarte grüne Farbe wieder vor uns.

Während die Berge in dumpfer Glut erstrahlen, wandere ich, Flinte in der einen, Schmetterlingsnetz in der anderen Hand, einem paradiesischen Talgrund entgegen, dem Tale des Tschümar. Dort finde ich Fährten von Riesenschafen, und freudig lasse ich mich nieder, um die sterbensmüde Karawane zu erwarten.

In dieser Nacht bin ich zum ersten Male wieder frei, und erquickender Schlaf läßt mich in den kommenden Tag — einem Rasttag für Tiere und Mannschaften — selig hinüberdämmern.

Beim ersten blassen Morgenschein rüsten Wang und ich zur Jagd auf die großen Schafe in den hohen Zuckerhutbergen, die sich strahlend über dem Engtal erheben. Es ist ein friedlicher, tiefbeglückender Morgen mit hellem Sonnenschein, blauen Irisblüten und den rosarot blühenden Polstern einer kleinen weltverlorenen Steinbrechart.

Bald aber umfängt uns wieder die große Öde und die ganze unnahbare Hintergründigkeit rauher Berggefilde.

Die gestrigen Fährtenbilder haben uns nicht getäuscht, und bald schon stoßen wir auf ein großes Rudel Argalis, das uns den ganzen Tag im Banne hält.

Diese Könige der Wildschafe erreichen ein Gewicht von mehr als zweihundert Pfund; und ihre Häupter sind von vorweltlich anmutenden Riesenschnecken gekrönt. Mit Ausnahme des tibetischen Steppenwolfes kenne ich keine lebende Wildart, die ein solches Höchstmaß an scheuer Intelligenz und unübertrefflicher Sinnenschärfe besitzt wie dieses hochtibetische Ovis ammon hodgsoni.

Wie durch ein Mirakel kommen die Tiere immer wieder davon, und ich muß mein ganzes waidmännisches Können einsetzen, bis es mir im heftigen Hagelwetter endlich spät am Abend gelingt, die lebensnotwendige Ernte zu halten.

Berggötter zürnen, wilde Blitze zucken, und während Donnerrollen und Büchsenknall zu unheimlicher Symphonie verschmelzen, stirbt königliches Wild.

Dann sinke ich über der harterrungenen Beute hin und wuchte die schweren Häupter der Urwidder empor.

Noch einmal teilen sich die schwarzdunklen Wolkenmassen. Versöhnung liegt über der Wüste und Himmel und Erde fließen zusammen. Der große Zuckerhut zu meinen Häupten hat ein weißes Gewand über seine Schultern geworfen und seine funkelnde Spitze stößt als Eiskristall in tiefes Blau. Langsam, im Halblicht, verschwimmen die bizarren Formen. Düsterer, geisterhafter Glanz liegt über den namenlosen Gebirgen, die ebenso groß sind und ebenso bedeutungslos wie das eigene Leben. Eingetaucht zwischen zwei Welten, deren Vereinigung uns nie gelingt, wandere ich mit neuer Zuversicht zum Lager hinab.

Jetzt weiß ich wieder, daß ich siegen werde.

Und abermals eilen meine Gedanken zurück und voraus — zu Dolan, der das Ungeheuerliche unternahm als letzten Ausweg und Versuch, die „Ehre seiner Expedition" zu retten.

Tollkühnes Wagnis — Wahnsinnsplan — Berserkerstückchen.

Now what?

Ehrenrettung?

Während ich hier am Rande der Erfüllung stehe, ist er hohlgehungert fünfhundert Kilometer durch unbekannte Wildnisse gezogen, hat reißende Ströme gequert und froststarrende, von schweifenden Ngolokhorden umlauerte Sümpfe durchfurtet.

Armer Brooke.

Wie kann ich wissen, daß du dich längst mit deiner Frau, die aus den Staaten kam, vereinigt hast und in Schanghai sitzt und in Peiping in den dicken Hotels bei Scotch Salmon, Kaviar und Champagner!

An diesem Abend fällt Regen, der erste Regen, den ich seit nunmehr zehn vollen Monaten erlebe. Wolkenbruchartig prasselt er nieder, daß uns die morschen Leinwandfetzen wieder einmal naßkalt in die Gesichter schlagen — und wir selbst unter Verzicht auf ein eigenes trockenes Lager Mühe haben, die wertvolle Ausbeute vor der alles durchdringenden Nässe zu schützen.

Den nächsten Tag und die darauffolgende Nacht hält der Regensturm an. Schlammbeladen wälzt der Tschümar seine braunen Fluten hoch über Ufer und Schotterbänke dahin.

Erst am Morgen des dritten Tages können wir es wagen, dem Regenloch in Richtung auf unser letztes Ziel, die Jangtsequellen, zu entfliehen. Da an eine Überquerung des Tschümar vorerst nicht zu denken ist, folgen wir den ganzen Tag dem Lauf des Flusses, bis wir eine Stelle finden, wo er sich in viele Einzelarme aufteilt. Dort hoffen wir die Furtung am nächsten Morgen wagen zu können.

Über Nacht aber gießt es weiter, und am Morgen sind die Arme zu einem einzigen, die Talung füllenden, kaffeebraunen Strom zusammengeschmolzen. Aber es hilft nichts.

Kurz entschlossen stürzen wir uns ins nasse Abenteuer hinein. Die Mannschaften haben sich der Sicherheit halber enthost, und da es keine andere Wahl gibt, zeigen sie wahre Todesverachtung in den brausenden Fluten. Wie Klammeraffen hängen sie auf den prustenden Gäulen, von denen bald nur noch die Köpfe sichtbar sind. Ein Pferd allerdings kentert wie ein Boot. Für Sekunden begräbt es seinen Reiter im braunen Schwall, doch können beide mit vereinten Kräften gerettet werden.

Der Gaul hat freilich so viel Wasser gesoffen, daß er im flachen Wasser liegen bleibt und von zwei Männern gestützt werden muß, um nicht vollends zu ersaufen.

Schließlich wird das Tier wieder hochgebracht. Dann stehen wir alle frierend und lachend auf einer schottergefüllten Untiefe mitten im Fluß. Vorsichtig tasten wir uns weiter, aber unsere Chinesen, die nicht schwimmen können, trauen ihren Pferden nicht mehr. Zitternd besteigen sie im Adamskostüm die schweren schwarzen Jaks. Sie bieten einen Anblick, der zum Heulen komisch ist. Die Tibeter dagegen halten sich an den Schwänzen der Tiere fest, und wenn sich auch mancher unter den wegtauchenden Lasten die Füße blutig schlägt, so kommen wir doch gegen Mittag gesund, wenn auch naß wie die Katzen und von einem plötzlichen Hagelsturm umtost, auf dem nördlichen Tschümarufer an.

Wie durch ein Wunder sind weder Menschen- noch Tierverluste eingetreten. Nur zwei lebensnotwendige Tsambalasten sind völlig durchweicht und auch das übrige Gepäck, mit Ausnahme der durch besondere Gummiplanen geschützten Ausbeute, sowie der Waffen, Munition und Instrumente, befindet sich in einem mehr als beklagenswerten Zustand.

Da stehen wir nun, von erbsengroßen Hagelschlossen bombardiert, teils splitter- und teils halbnackt, triefend und zähneklappernd und gießen uns die gelbe Brühe aus den Stiefeln. Dann wringen wir die Kleider aus und schlüpfen, da es Ersatz nicht gibt, wieder in unsere nassen Lumpen hinein.

Nun aber dulde ich keinen Aufschub mehr. Wohl wäre es „menschlicher" gewesen, an Ort und Stelle zu kampieren — gesünder aber ist der Marsch, denn wenn man keine Kleider zum Wechseln hat und keine Möglichkeit, ein Feuer zu entzünden, bleibt die Bewegung die beste Medizin.

Andererseits muß alles darangesetzt werden, das Ziel so rasch als möglich zu erreichen. Glücklicherweise hat der Wettergott ein Einsehen, der Himmel teilt sich, die Kleider trocknen, warme Lichtfülle flutet um uns her, die Lebensgeister siegen, und als der Abend leise herniedersinkt, reiten wir unter unbeschreiblichem Jubel zu den Ufern des Jangtse hinab.

Trotz des ungenügenden Kartenmaterials hat uns der Ortssinn also nicht betrogen, und wenn es in den Quellebenen überhaupt Orongoantilopen geben sollte, dann werden wir in ganz wenigen Tagen auch das allerletzte Ziel erreicht haben.

Nach kalter Nacht im nassen Schlafsack offenbart sich im Frühdunst blauender Berge ein völlig neues, unheimlich faszinierendes Landschaftsbild. Vielfältig aufgeteilt rollt unser Schicksalsfluß seine tiefroten Fluten zwischen weißen Dünen in majestätischer Ruhe dahin. Durchsichtig und rein wie eine sandüberstreute Reliefkarte dehnt sich das weite Tal zu unseren Füßen. Im Norden aber, vage nur sichtbar, ragen blausilberne Schneekämme empor. Sie gehören zum System des Kwen-Lun, den die Chinesen schon in alter Zeit das „Himmelsgebirge" genannt haben.

Weiße, riesenhaft gebauschte Wolkenbäume stehen über der Landschaft, und hunderte von rotrückigen Kiangs lassen lange Fahnen schimmernden Staubes in ausgelassener Lebensfreude hinter sich zurück.

Wohlweislich halten wir uns von den Triebsandmassen des Talgrundes fern, und als sich am Abend der rote Fluß zum gleißenden Goldband verfärbt und seine Dünen, die im glosenden Mittagslicht so sterbenskahl dahinbrüteten, sich jäh zu Bergen von goldenem Sand verwandeln, sind wir dem eigentlichen Quellgebiet um weitere zwanzig Kilometer nähergerückt.

Tage noch folgen wir dem Fluß, bis die Welt dann wirklich und wahrhaftig verriegelt ist. Nach Westen wie nach Osten quillt eine riesige Sandwüste auf. Weit dahinter und den ganzen Horizont umspannend türmt sich die Himmelssäge des Kwen-Lun. Ihre Gletscherzungen fallen spiegelnd wie weißglühende Metallteile bis in die Ebene hinab. Scharfzackig schließt das Himmelsgebirge das Land der Götter nördlich ab. Der Anblick ist der Überwältigendste, den ich je geschaut. Goldbraun und in ein kapilares Netzwerk von unzähligen Kanälchen aufgeteilt, empfängt der Riesenstrom hier seine Taufe. Ganz droben aber, auf steilem Felsengrade, steht seit unvordenklichen Zeiten die große „Dre", die Wildjakkuh, Urmutter der Jangtang, um wasserspeiend dem „Dretschu", wie die Tibeter den Jangtse nennen, das Leben zu schenken.

Den Kwen-Lun zu überschreiten würde vielleicht den Tod aller, ganz sicher aber die totale Vernichtung der Karawane bedeuten. So sind mir zum ersten Male wirkliche Grenzen gesetzt. Aber innerhalb der abgesteckten Himmelspfähle bin ich fest entschlossen, den letzten Tribut zu fordern. Irgendwo auf der großen Ebene mit ihren goldgewellten Dünen aus Sand muß es die Orongoantilope geben. Das sagt mir mein biologischer Instinkt. Denn nichts paßt besser zu den rätselhaften Tieren, als dieses neue sonndurchglänzte Land.

Für eine kurze Weile wenigstens bin ich von neuer Siegeshoffnung erfüllt, und selbst meine Tibeter sind vom Geheimnis dieser Landschaft so ergriffen, daß unsere Karawane von nun an einem Zug gläubiger Wallfahrer gleicht, die die goldenen Zinnen ihres Heiligtums schon leuchten sehen.

Noch zwei weitere Tage ziehen wir dem gigantischen Gebirge entgegen, ohne ihm näherzurücken — und der Sand will kein Ende nehmen. Sollte ich doch das Opfer einer unfaßbaren Luftspiegelung geworden sein? Was dann?

Nach langer, banger, zweifelgequälter Nacht wird der Wunsch, nun endlich Gewißheit zu erhalten, übermächtig in mir. So rüste ich mit Wang zu einem Gewaltritt ohnegleichen. Die Karawane aber soll unter Gesongs Führung folgen, bis die Dämmerung kommt — oder die Tiere zusammenbrechen.

Im fahlen Frühdunst reiten wir in brennender Ungeduld los. Frisch weht der Wind, und die ersten, bis an den Talrand heranreichenden Triebsandmassen werden spielend überwunden. Dann aber steigt brennend die Sonne empor und die ganze Landschaft beginnt in wirrem Veitstanz zu kochen und zu flimmern. Dazu herrscht totenstille Mittagsglut, so daß uns die Worte auf den dürstenden Zungen verdorren. Vorwärts, immer nur vorwärts, und wie Schemen tanzen unsere kurzen Schatten über die windgebaute Landschaft dahin. Geblendet von Hitze, Helligkeit und Sand stehen wir plötzlich vor einem tiefen Abgrund, in dessen Boden einer der Quellflüsse seine trüben Fluten in fünf reißenden Armen über unergründliche Massen von Triebsand dahinwälzt.

Bei der Furtung mit über den Schultern zusammengebundenen Kleidern und Satteltaschen verlieren wir ums Haar unsere Pferde. In die Mähnen der dumpfröchelnden Tiere verkrampft, wird der Fluß überwunden, und dann befestige ich als warnendes Zeichen für die nachfolgende Karawane auf hohem Dünenkamm ein feuerrotes Taschentuch.

Während ich das Mahnzeichen noch anbinde, stehen auf naher Sandbank drei Hirsche. Sie haben nie im Leben einen Menschen gesehen — und meine Büchse bleibt kalt. Dann verschluckt sie die Einöde. Es folgen viele Stunden einsamen Marsches, und bei sinkender Sonne müssen wir abermals einsehen, daß wieder alles vergebens war, denn die eigentliche Quellebene liegt noch einen vollen Tagesmarsch weiter nach Norden.

Still und kalt, wie ein Totenbett, dehnt sich die Ursteppe in weinrotem Licht. Da erscheint ein großer Wolf über den Dünenkämmen. Auf dreihundertfünfzig Meter packt ihn meine Kugel, doch nimmt die Bestie ihren zerschossenen Vorderlauf ins Maul und flüchtet dreibeinig davon. Bei der Verfolgung gerate ich in Kiangs, die nach allen Seiten davonpreschen. Mein prustendes Pferdchen gibt sein Letztes her, und als der Wolf den ersten Flußarm schon durchquert hat, springe ich ab, werfe mich lang in den Sand, halte den Atem an, und im Schuß sinkt die steinalte Wölfin zusammen.

Inzwischen ist es bitterkalt geworden. Stunden geht es zurück, aber Gesong hat sein Wort gehalten. Obwohl ein weiterer Jak ertrank,

furtete er den Fluß und folgte meinen Spuren, bis die Tiere sich weigerten, auch nur noch einen Schritt weiterzugehen. Lasten und Menschen
aber durchweichten so sehr, daß keiner der schlotternden, zähneklappern-
den Männer auch nur noch einen trockenen Faden am Leibe hat.

Als ich mitten in der Nacht im klatschnassen Schlafsack erwache,
stöhnt und röchelt das ganze Lager. Mir selbst brennt der Schädel wie
Feuer und meine Mandeln schmerzen, daß ich kaum mehr schlucken
kann. Ich spüre, wie sich der Reif auf die Dünen legt. In einer Art von
Delirium vergeht die Ewigkeit der Nacht, und am Morgen haben wir
alle dickgeschwollene Hälse und können vor Heiserkeit kaum sprechen.

Unsere Stimmen klingen so leise, daß es schwerfällt, eine Verständigung herbeizuführen.

Auch das noch! Also teile ich Pülverchen aus, die der Verbandskasten
noch birgt, irgendwelche Pülverchen, die, wenn nicht der Krankheit, so
doch der Einbildung wohltun.

Schlapp, mürrisch und mit dickverbundenen Hälsen wird das kalte
Dünenlager abgebrochen, und dann gehts weiter durch die aufflammende
Wüste den weißen Bergen entgegen. Wang, der in treuer Pflichterfüllung
nicht von meiner Seite weicht, ist auch heute mein Begleiter.

Aber nach wenigen Stunden befällt mich wieder die alte, schleichende
Angst.

Wirklichkeit... oder Fata Morgana? Wer kann es wissen? Zum Teufel
auch mit diesen unfaßbaren Weiten.

Jetzt nur nicht aufgeben! Und so reiten wir und reiten und reiten.

Plötzlich ein Schwarm seltener Schneefinken! Es sind die gleichen
glückverheißenden Tiere, die uns nach Überquerung der toten Berge im
Tal des Tschümar begegneten.

Was mögen sie uns heute bringen? Ich sammele einige Exemplare, aber
einer der kleinen rothalsigen Vögel fliegt noch ein gut Stück weiter, um
matten Flügelschlages in einer tiefen Dünensenke zu verschwinden.

Neben dem toten Vogel, der dort mit ausgebreiteten Flügelchen liegt,
finden wir frisches Quellwasser. Erschöpft sinken wir nieder, uns voll-
zusaugen.

Doch, was ist das? Dicht neben dem Wasser steht ein neues, nie gesehenes Fährtenbild im weichen, aufgeschwemmten Sand. Es ist seltsam
schlank und schmal und kann weder von Wildschaf noch Gazelle stammen.

Ja, was ist das?

Wang bückt sich, dann strahlt er und sagt nur das eine gewichtige
Wort, das mir in diesem Augenblick ein Königreich bedeutet: „Tsö".

Alle Zweifel, alle Krankheitsdämonen und alle die vielen düsteren
Gedanken sind im gleichen Augenblick verflogen. Was dort im Sande

steht, festumrissen in allen seinen Einzelheiten,
ist die Fährte des Einhorns. Endlich weiß ich, daß
wir in wenigen Tagen alles erreicht haben werden.

Was bleibt, ist ein bißchen Technik und Routine.
Eigentlich könnte ich jetzt ruhig umkehren, denn
andere beherrschen diese Praktiken so gut wie ich.

Wie seltsam und schimärenhaft ist doch das
Leben: Eine kleine Trittspur im Sand — ein winziges Zeichen in endloser Wüste vermittelt mir das
höchste Glück!

Mit neuer Spannkraft geht es weiter, fiebernd,
hetzend, taumelnd, jagend — dann breitet sich,
vom Gletscherglanz umfunkelt, die vor Tagen
schon gesichtete und doch nur halb geglaubte
Ebene vor uns aus.

Halb spähend und lauschend und halb auch eingetaucht in alles, was mich umgibt, stehe ich nun
am Rande der Welt wie vor dem Absturz in die
große Leere, wie im Traum.

Und dann, wie eine Vision, unwirklich und
rätselhaft zugleich, tauchen fünf Paare langer,
seltsam gebogener Hörner auf. Geister der Steppe?!

Das sind die sagenhaften Orongos! Ihre Körper
sind von welligflimmernden Dünenkämmen gedeckt, nur ihre wüstengelben Köpfe und die langen schwarzen Hörner schweben langsam durch
die Unterstunde des glutheißen Tages. Die un-

heimliche Spannung zwischen Täuschung und atmosphärischer Wirklichkeit ruft selbst in mir den Wunderglauben wach. So magisch im wahrsten Sinne ist diese plötzliche Erscheinung.

Da, feingekräuselte Cirruswölkchen blenden die Sonne ab. Und schlagartig ist der Spuk zu Ende. Die Dünen bestehen wieder aus greifbarem welligen, feingerieselten Sand — und statt der körperlosen Häupter wachsen auf schätzbare Entfernung fünf elegante, langgestreckte, blutlebendige Tiergestalten aus dem Boden hervor.

Noch außer Schußweite, ziehen die Orongoböcke ganz ruhig dahin, bis sie in einer Senke von schütterem Seggengras zu äsen beginnen. Ihre wollpelzigen Decken schimmern in einem höchst seltsamen, fast dotterfarbenem Gelb, und ihr Gang ist schleichend, als wenn sie auf kamelartigen Fettpolstern dahinschlürften.

Unbekümmert treiben sie ihr Spiel, fallen mit den langen Waffen gegeneinander aus und fühlen sich ganz sicher, während ich zum Raubtier werde und unter Innehaltung aller nur erdenklichen Vorsichtsmaßnahmen, panthergleich und jede Bodenwelle nutzend, anzukriechen beginne. Die ersten hundert Meter geht es gut, dann aber jagen die scharfsinnigen Tiere plötzlich durcheinander.

Auf flimmernder, tellerflacher Ebene sind Entfernungen schwer zu schätzen; hinzu kommt das Fieber, regelrechtes Jagdfieber, das mich schüttelt, wie vor Jahren, da ich als Junge am dunklen Waldrand meinen ersten Hasen schoß. So kommt es, daß ich drei Kugeln glatt vorbeihaue, bis mich der Ehrgeiz packt und ich, aufspringend, rasch hintereinander zwei starke Böcke mit sauberen Zirkelschüssen auf die Decke lege.

Lange sitzen wir beim seltenen Wild, und als wir das Lager nach nächtlicher Irrfahrt doch noch erreichen, empfängt uns trotz später Stunde ein mit Worten gar nicht zu schildernder Jubel.

Über die folgenden Tage ist außer der Tatsache, daß wir „mitten hinein" geraten und meine Büchse unter der schnellfüßigsten Wildart, die ich je gejagt, reiche Ernte hält, nur wenig zu berichten. Einmal, zwischen glücklichen Schüssen und harter Präparationsarbeit gerate ich an ein großes Rudel von annähernd dreißig Orongoböcken, unter denen sich einer befindet, der nur ein einziges meterlanges Horn auf dem Haupt trägt. Das andere hatte er sich abgekämpft. So findet auch das letzte Rätsel um das sagenhafte „Einhorn" seine, wenn auch negative, Erklärung. Das ganze lockende Geheimnis der „Tsö" ist damit auf eine wohlpräparierte Sammlung von Decken und Schädeln zusammengeschrumpft, auf deren Etiketten die Daten genau verzeichnet stehen. Aus Leben ist damit Wissenschaft geworden.

Inzwischen ist all mein Sinnen und Trachten darauf gerichtet, wie wir

Jekundo auf schnellstem und gefahrlosestem Wege wieder erreichen
können. Als erstes fasse ich den Plan, die Quellflüsse zu furten, um
westlich des Jangtse durch das Gebiet der Jüschü-Nomaden gen Süden
zu ziehen. Doch geraten zwei meiner Tibeter, darunter der alte Halsabschneider Norge, schon bei der ersten Rekognoszierung so hoffnungslos in den heimtückischen Triebsand hinein, daß ihre Pferde in wenigen
Minuten jämmerlich ersaufen, während sie selbst von Gesong an ihren
Schöpfen gepackt und in halbtotem Zustand gerettet werden können.
Glücklicherweise sind die Wiederbelebungsversuche von durchschlagen-
dem Erfolg gekrönt. Anscheinend haben die beiden Unglücksraben noch
immer nicht genug Wasser gesoffen, denn, nachdem sie einige Stunden
geschlafen haben, verlangen sie schon wieder nach Tee.

Einzig beklagenswert ist der Verlust der beiden Pferde, die uns für
den Abtransport der Sammlung bitter fehlen. So müssen auch die letzten
irgendwie noch entbehrlichen Habseligkeiten geopfert werden, wenn es
uns nach den katastrophalen Tierverlusten überhaupt noch gelingen soll,
den Rücktransport ohne Verluste an Ausbeute durchzuführen.

Dann winken wir den weißen Bergen ein letztes Lebewohl zu und
ziehen, trotz Gesongs Warnung, der einen Überfall streunender Ngoloks
befürchtet, den gleichen Weg zurück. Kaum aber haben wir am Abend
des zweiten Tages das Lager aufgeschlagen, als auf dem westlichen Flußufer fünfzehn schwerbewaffnete Reiter erscheinen und unverzüglich
zum Angriff übergehen. Mit der Absicht, das Feuer zu eröffnen, sobald
die Angreifer die Flußmitte erreicht haben sollten, verschanzen wir uns
rasch hinter den Dünen. Dann beobachten wir seelenruhig, wie sich die
Ngoloks in Unkenntnis des Triebsandes und unseres taktischen Vorteiles
unter schauerlichem Kriegsgeheul in die aufspritzenden Fluten stürzen,
wie sich gleich ein paar Reiter überschlagen und ein Ngolokgaul vor
unseren Augen absäuft. Gellendes Hohngelächter dröhnt den „abgeschlagenen" Räubern entgegen und schließlich entwickelt sich noch ein
unvergeßliches Rededuell, das mit dem schmählichen Rückzug der
Ngoloks endet.

Da der freche Überfall jedoch darauf schließen läßt, daß sich die Angreifer durch eine noch größere, im Hinterhalt liegende Bande gedeckt
fühlten, warten wir in Ruhe die Dunkelheit ab und lassen sogar, als wenn
wir gar nichts zu befürchten hätten, unsere Tiere zur Weide gehen. Dann
aber entwickelt sich ein fieberhaftes Treiben, und gegen Mitternacht
brechen wir auf, um unerkannt in den die östlichen Flußufer begleiten-
den Wüstenbergen unterzutauchen. Erst als der graue Tag heraufdämmert und wir uns zwischen hohen Pässen sicher fühlen, wird die
erste Rast abgehalten.

Glücklicherweise geraten wir in ein Wildland ohnegleichen, so daß wir, ohne Hunger zu leiden, leidlich vorankommen. Natürlich gibt es in diesen menschenleeren Gefilden wieder Zusammenstöße mit Bären, die sich hier als wahre Könige fühlen. Einer faucht mir seinen Unwillen auf wenige Meter ins Gesicht. Da ich jedoch meine letzten Kugelpatronen sparen muß, empfange ich den Petz mit Flintenlaufgeschoß. Der angeschweißte Bär nimmt an, ich werfe mich flach auf den Felsen und strecke ihn mit einer rasch übers Rundkorn geworfenen Kugel aus meiner Sechzehnerflinte.

Paß folgt nun auf Paß, und oft genug müssen wir unsere zu Skeletten abgemagerten Tiere einzeln über die nadelscharfen Kämme und Scharten hinüberziehen. Die Ordnung der Karawane kann schon lange nicht mehr gehalten werden, da ständig Tiere zurückbleiben oder besonders pfleglich behandelt werden müssen, um ihren Ausfall mit allen Mitteln zu verhindern. Einige sind mittlerweile so apathisch geworden, daß sie sich nach den langen Märschen einfach auf den Boden legen oder mit hängenden Köpfen vor sich hindösen, anstatt sich ihre Pansen und Mägen zu füllen. Es müssen mehr Rasttage eingelegt werden, als mir lieb ist, und manchmal sitzen wir im kalten Nebelwind, ohne zu wissen, wie es noch weitergehen soll. Dann lastet die Öde dieser weltraumstarren archaischen Landschaft stärker denn je auf unseren armen Seelen, und wenn ich an die Zukunft denke, bekomme ich Angst. Angst vor den Menschen, nach denen ich mich bis zum Erreichen des großen Zieles doch so sehnte.

Wenn es aber gelingt, eine Tasse heißen, mit Kiangdung gewürzten Tees zu erreichen, Tee, der in den Flüssen dutzende von Malen geweicht wurde und von dem der Koch erst eine dicke Schimmelschicht entfernen mußte, ist wieder alles in Ordnung. Später sitzen wir dann gemeinsam im Kreis, um Schuhzeug zu flicken, denn das Reitverbot hatte zur Folge, daß bei manchem schon die nackten Fußsohlen herausschauen.

Nach ausgiebiger Rast zieht die vermummte Kavalkade dann wieder weiter durch im Nebeldunst lagernde Sümpfe und durch Labyrinthe schweigender Täler, bis der Sturmwind abermals der wärmenden Sonne weicht und wir unter lichtdurchschossenen Wolkenbändern ganze Völker blühender Bergblumen finden: Steinbreche, Enziane und Primeln. Das sind traumhafte Erlebnisse wie aus Tagen, da die Erde noch in Schöpfung war. Zaghaft, wie Vögel nach schwerem Gewitter, melden sich dann die Stimmen meiner Begleiter. Einer summt ein tibetisches Lied, ein zweiter fällt ein und dann jubelt die ganze Karawane in die dampfende Wildnis hinaus, bis der Abend abermals seine langen Schatten in die Täler wirft und uns zur verdienten Ruhe zwingt. Während die zerfetzten Zelte gesetzt werden, überprüfe ich gewohnheitsmäßig den Zustand unserer

Tiere, von denen wir abhängen und deren Leben mir oft wertvoller erscheinen als unsere eigenen. Auf sie allein wird es ankommen, ob die Expedition bestehen kann oder als Abenteuer verworfen wird. Das Ergebnis dieser Prüfungen ist niederschmetternd genug. Die Rücken der meisten Tiere sind durchgescheuert, Pestgeruch eiternder Wunden dringt mir in die Nase, und wieder sehe ich mich gezwungen, einige Rasttage einzulegen, Tage, die in den grünen Erinnerungsblättern meines Jägerlebens seither mit goldenen Lettern verzeichnet sind.

Nach hagelpeitschender Sturmnacht ein „verlorener" Tag. Mißmutig verkrieche ich mich hinter meinen Tagebüchern im nassen Zelt.

Aber dann halte ich es nicht mehr aus. Der Verwesungsgeruch treibt mich zur Raserei — und ich kann den armen Tieren doch nicht helfen.

Gesong bietet sich freiwillig als Begleiter an, und dann ziehen wir los, um in den höchsten Regionen auf Wildschafe zu pirschen. Unsere Fleischtöpfe bedürfen ohnehin der Auffüllung.

Leider ist mir das „Schießen" so zur Gewohnheit geworden, daß mein Jagdnerv kaum noch berührt wird. Aber die vegetationslosen Einöden über 5000 Meter packen mich wie immer. Und höher, immer höher steigen wir empor, den schimmernden Graten entgegen.

Irgend etwas Besonderes steht bevor. — Vorahnung? —

Jeder gute Jäger weiß, daß es sie gibt, aber der Kritik des Verstandes hat sie sich noch stets entzogen. So stürmen wir voran, erreichen den nächsten Kamm — und fahren zusammen.

Dort steht, wie der grimme Berggeist selbst, von totem Gestein rings umgeben, ein wilder Jak, ein Einzelgänger. Monumental hebt sich der schwarze Riese gegen die hellen Himmelsfahnen ab. Deckungslose Trümmerhalden blauen Schiefers trennen mich vom Wild. Es ist mir keine andere Wahl gegeben, als einen türmenden Gipfel zu ersteigen, um dann mein Glück in steiler Kammpirsch zu versuchen.

Während Gesong zurückbleibt, geht es kochenden Atems über Abgründe bis in den weichen, rutschigen Schnee, dann in Deckung eines quirlenden Wildbachs steil auf den Standort des Bullen hinab. Nur noch wenige hundert Meter können mich vom Wilde trennen.

Aber zum Teufel . . . rechts unten kommt Gesong ganz frei über die Halden.

Ist es Absicht? Hat er die Sinne verloren?

Ein paar Sprünge nach vorn: der Platz ist leer.

Die ganze mühselige Gipfelpirsch ist umsonst gewesen.

Ingrimmig rase ich zur nächsten Felszacke und sehe den Bullen als winzigen Punkt inmitten einer urwelthaften Landschaft nach unten stürmen. — Verdammt!

Die panische Flucht dieses Wildjaks ist mir immer ein Rätsel geblieben. War es Gesongs Unvorsichtigkeit — oder der sechste Sinn, der das Tier warnte? — Ich kann es nicht sagen.

Aber aufgeben? Nein!

Solange mich meine Beine tragen, will ich ihm folgen. Einstweilen aber bin ich noch zu verzweiflungsvoller Untätigkeit verbannt und muß warten, bis der flüchtige Jak hinter dem nächsten Kamm verschwindet.

Dann erst rase ich los, daß mir der Schweiß aus allen Poren rinnt, bis ich die von den gewaltigen Hufen zerrissene Grasnarbe schon von weitem sehe. Nun ist die Fährte gut zu halten. Jacke, Pullover, Hemd, alles reiße ich mir im Laufen vom Körper, nur mit der Waffe in der Hand stürme ich, immer Deckung haltend, über Steinhalden und Gräben Kilometer auf Kilometer dahin. Schließlich im tiefen Talgrund trennen mich nur noch vierhundert Meter vom Wild.

Sollte es dem Bullen gelingen, den Fluß zu durchqueren, so ist er für mich verloren.

Also werfe ich mich lang hin, suche feste Auflage und warte, bis der Bulle den ersten Flußarm erreicht hat.

Hochauf spritzt das Wasser. Da nehme ich Maß, halte hoch über den Widerrist ... und gebe Feuer.

Beim Jagen, wie im Leben, sind Ursache und Wirkung zumeist einander zugeordnet. Sie unterliegen unserer Voraussicht. Hier aber, wo Verzweiflung mir den schlechthin unberechenbaren Wageschuß befahl, bin ich zutiefst erschrocken vom Erfolg.

Denn wie vom Blitz erschlagen, sinkt das Riesentier dahin — taucht in einer aufgischtenden Wasserfontäne unter, ist einfach verschwunden.

Man stelle sich das Ungeheuerliche vor: Auf über vierhundert Meter Entfernung reißt ein winziges, elf Gramm schweres Stückchen Blei ein Urtier von Tonnengewicht in Strahl und Aufschlag zusammen!

Ich kann es nicht fassen, liege wie gebannt ... doch nach einigen Sekunden teilen sich die Wogen, der Bulle versucht wieder hochzukommen. Da packt ihn die zweite Kugel. Leblos klatscht das Riesentier zusammen.

Wenige Minuten darauf bin ich bei ihm, durchwate den Fluß und lasse mich, rings von Wasser umgeben, halbnackt auf meiner Beute wie auf einer gepolsterten Insel nieder.

Sturmwolken ziehen auf, ein Hagelwetter ohnegleichen prasselt auf mich nieder, und während die Welt um mich in eisigen Schauern versinkt, kralle ich mich im wustigen Pelz des Urrindes fest, bis Gesong mit den Kleidern kommt. Meiner Fährte treulich folgend, hatte er sie aufgelesen.

Dann verblenden wir den Bullen und treten halb erfroren den Rückmarsch an.

Aber der Jaktag ist noch nicht zu Ende. Diana schenkt ihn mir, und was ich tun kann, ist, das Gebotene zu empfangen. Wir geraten mitten in ein zwanzig Kopf starkes Wildjakrudel hinein, und mit der Erlegung einiger weiblicher Exemplare gelingt mir noch in tiefer Dämmerung die schönste Vervollkommnung der Sammlung.

Eigentlich fehlt nun nichts mehr —, abgesehen vielleicht von einigen wirklich kapitalen Argaliwiddern ist die Sammlung der Jangtang komplett.

Aber die Argalis sind ja so selten, daß ich diese Hoffnung längst begraben habe.

Werden wir sehen.

Nach kurzer Rast und körperlicher Auffrischung im Lager reiten wir noch im Mondschein zu unseren kostbaren Beutestücken zurück, zerknirscht und gerädert lasse ich den größten Teil der Mannschaften im grauen Frühlicht bei den erlegten Kühen zurück, um mit Wang die Trophäe des gewaltigen Bullen zu retten.

Ich bin so hundemüde, daß ich des Weges kaum achte, bis Wang einen heiseren Schrei ausstößt.

Die mir in den kühnsten Jägerträumen nie erschienen, dort rechts am Hang flüchten sie dahin: sieben kapitale Argaliwidder, einer stärker als der andere. Mit Riesenschnecken, die im Morgenlicht wie wahre Ammonshörner funkeln.

Müdigkeit? Vorbei! Ich fühle mich frischer denn je. Jetzt heißt es alle Kunst üben, denn der Erdkreis kennt kein königlicheres Wild denn dieses.

Während Wang allein zum Bullen weiterreitet, prüfe ich den Wind und folge den scharfeingemeißelten Trittsiegeln Stunden und Stunden, bis es mir unter Aufbringung aller Schliche gelingt, mich kriechend bis auf fünfzig Meter an das Rudel der überscheuen Tiere heranzuarbeiten.

Welch Anblick, welche unheimlichen, an vorweltliche Fabelwesen erinnernden Trophäen.

Plötzlich küselt der Wind. Im Nu stehen die Widder und bieten ein kinderleichtes Ziel. Aber wie so häufig bei einfachen Schüssen auf hohes Wild, versage ich vollkommen. Scham — oder Leichtsinn — ich vermag es nicht zu sagen. Jedenfalls geht der erste Schuß auf den dunkelsten, stärksten, kapitalsten Widder fehl. Dann aber, als die königlichen Tiere flüchtig werden, schieße ich besser denn je. Hier stürzt der erste, da rollt ein zweiter, dort zeichnet der dritte — und keiner kommt davon. Es ist unglaublich, furchtbar, köstlich und tiefbeschämend zugleich.

Den ganzen Tag über sitze ich bei meinen Widdern, bei meiner edelsten Beute, die ich je gejagt habe.

Was scherts mich, daß sich der „Weltrekord" unter den gewaltigen Häuptern befindet. — Mir genügt es, die Stunden bei dem Wilde zu verträumen.

Und so wird das erzwungene Notlager das bisher erfolgreichste der ganzen Expedition.

Es ist eine Nachlese von schwerer dankbarer Frucht, die mir die Götter der Jangtang beim Abschied in die Arme werfen.

Weiter ziehen wir durch den toten Raum nach Süden. Eines Tages steht ein kreisrunder, in allen Farben des Spektrums leuchtender Regenbogen hoch über uns am strahlend blauen Himmel. Da man in Tibet solchen Himmelszeichen magische Bedeutung zuerkennt, so deuten auch wir die Erscheinung als gutes Omen für unsere leiderfüllte Flucht aus der Wildnis.

Die Nächte sind nun schon bitterkalt geworden, und die Zelte gleichen morschen Laken, die alle Augenblicke unter explosionsartigem Knallen reißen. Auch die kleinen Nakaseen sind morgens schon wieder von hauchdünnen, spiegelblanken Eisdecken überzogen, und manchmal liegt Schnee, aus dem die goldgelben Köpfchen der Butterblumen und die tiefblauen des Alpenmohns wie neugierige Heinzelmännchen hervorschauen. Während der Winter schon anklopft, herrscht Muttersegen überall. Einmal beobachteten wir ein allerliebstes, soeben geborenes Kiangfohlen mit überlangen, schlenkernden Läufen, das seiner Mutter tapfer strampelnd über den steinigen Grund folgt, bis beide von der grauen Einsamkeit verschluckt werden.

Unsere eigenen Tiere — zwölf im ganzen sind geblieben von den vierundzwanzig, mit denen wir auszogen — sehen mittlerweile wie Gespenster aus. Ihre glanzlosen Augen liegen so tief, daß man sie für blind halten könnte. Faulige Sekrete klaffender Wunden haben alle Satteldecken durchtränkt, und ein Pesthauch von Eiter und Blut hüllt die Karawane ein. Aber selbst daran gewöhnt man sich.

Nach qualvoll schleppenden Märschen stoßen wir auf den Nomadenstamm der Njamdso, oder besser auf seine Reste.

Menschen, endlich wieder Menschen!

Und sie sind freundlich, trotz der Katastrophe, die sie heimsuchte. Vor Jahresfrist wurden sie von den Ngoloks überfallen, mehr als die Hälfte ihrer Männer wurden getötet und das Vieh in die Berge getrieben. Was blieb, reichte nicht aus, um dem nächsten Winter zu trotzen. So starb noch manches Kind und manche werdende Mutter, weil der Jakdung nicht reichte, die Zelte zu erwärmen.

230

Rätselhaft diese Menschen. Sie genügen sich selbst im zähen Ringen um ihre Freiheit — und von Jekundo haben sie kaum je gehört.

In ungezwungener Gastfreundschaft bieten sie uns Sauermilch, Trockenkäse und ranzige Butter. Aber wir können ihnen nichts dafür geben als ein paar leere Dosen, einige abgeschossene Patronenhülsen und ein wenig Medizin.

Nachdem wir von den Njamdsös Abschied genommen haben, nimmt uns bald eine freundlichere Landschaft auf. Lieblich breitet sich ein Wiesengrund zu beiden Ufern eines silbersprudelnden Flüßchens. Weiße Falken kreisen, und wie aus dunklen Wolken hervorgezaubert leuchten uns plötzlich Millionen silberner Edelweißsternchen und ein himmelblaues Blütenmeer von Vergißmeinnicht entgegen.

Unseren armen Tieren ist es ein Labsal, mir aber kommt es vor, als ob ich aus einer Polarwüste mitten ins Schlaraffenland geraten sei.

Schwertgegürtet kommen uns Jüschüs entgegen, die in Jekundo Tee, Salz und Stoffe eingehandelt haben. Obwohl schon ihre kleinen Bengels Schwerter unter den Gürteln tragen, gerade als ob sie mit ihnen zur Welt gekommen wären, sind sie ebenso friedlich und gastfrei, wie die Njamdsös es waren.

Und außerdem stecken sie voller Neuigkeiten: Von Szetschwang sind die Aufständischen tief in die tibetischen Grenzgebirge vorgedrungen — Tschiang Kai-schek ist von Nanking herbeigeeilt, um den Oberbefehl über die Regierungstruppen zu übernehmen — einige Missionare sind ermordet worden, und das ganze Grenzland befindet sich in wildem Aufruhr.

Mein Rückzug nach China sei abgeschnitten, sagen die Jüschüs, und da sich unsere wissenschaftlichen Sammlungen bei den Missionaren in Tatsien-lu befinden, seien auch sie in größter Gefahr.

So also empfängt mich die moderne Welt, meine eigene Welt — in der ich mich nach nichts sehnte als nach Ruhe und wissenschaftlicher Arbeit — mit Krieg.

Auch von Dolan wissen die Jüschüs zu berichten: Seine Mission beim großen Mapufang in Sining sei gescheitert. Dann habe er Richtung auf die Küste genommen. In Jekundo wisse man nicht, wo sich Dolan zur Zeit aufhalte.

Der andere Amerikaner sei tatsächlich noch einmal zurückgekehrt, er habe Jekundo jedoch auf die Kriegsgerüchte hin wieder fluchtartig verlassen.

Schöne Aussichten also — und wenn ich an den Berg von Schulden denke, weiß ich nimmer, wo mir der Kopf steht.

Zurück! Zurück! Es bleibt nichts, als zu handeln!

Von brennender Unruhe getrieben, überlasse ich Gesong die Karawane und setze, nur von Wang und dem Koch begleitet, zum Endspurt an. Nach meinen Berechnungen kann das Kloster der „Wilden Jakkuh" noch höchstens hundertdreißig Kilometer entfernt liegen. Zwei Tage also. Auf und los, Gewaltritt, Schneetreiben, Regengüsse, Übernachtung in völlig durchnäßten Kleidern, unter nassen Pferdedecken penetranter Verwesungsgeruch, Halbschlaf, fliehende Schatten — und wieder auf die Pferde. Dann der letzte Paß, Fußmarsch, Überquerung eines abgründigen Moores und schließlich das Yalungtal mit seinen tiefen, zackigen Schneebergen gegen azurblauen Himmel.

Plötzlich Reiter: Durchs Glas erkenne ich dunganische Soldaten in den blaugrauen Uniformen des großen Ma. Ohne uns Beachtung zu schenken, reiten sie in federndem Trab auf weite Entfernung vorüber.

Da ich Hilfe brauche, werfe ich mich kurz entschlossen auf den Boden: Wir fingieren einen Angriff.

Das hilft ... sogleich schwärmen die kampfesfreudigen Mohammedaner aus und halten mit schußbereiten Gewehren spornstreichs auf uns zu.

Ich gebe mich zu erkennen, und die Offiziere kommen heran. Es sind schneidige, durchtrainierte Gestalten mit langen, scharfgeschnittenen Gesichtern und feurigen Pferden, gegen die unsere Schindermären wie eine andere Spezies anmuten. Hoheitsvoll hebt sich der Major aus dem Sattel und fragt nach unserer Bestimmung. Sodann wirft er einen prüfenden Blick auf meinen abgedroschenen Gaul und macht ein artiges Kompliment über Stärke und Schönheit des Tieres. In jedem europäischen Lande wäre es eine grobe Beleidigung gewesen, hier aber gehört es zum guten Ton, den der gebildete Asiate auch dem zerlumpten Forscher gegenüber nicht vergißt.

Als die Dunganen ihre Tiere wenden, rufe ich Wang rasch zu, daß wir uns morgen in Dredju-Gompa treffen wollen, und dann peitsche ich meinen abgehärmten Zossen zur schnellsten Gangart an und zwinge ihn, dem Herdentrieb zu folgen. So, in der Gemeinschaft der wohlgenährten Siningpferde, komme ich noch am gleichen Abend im Kloster der „Wilden Jakkuh" an.

Meine Begleiter aber müssen noch einmal unter freiem Himmel nächtigen, nachdem ihre Tiere mit hängenden Köpfen einfach stehenbleiben. Erst am darauffolgenden Tage kommen sie nach Dredju-Gompa hereingehumpelt.

Natürlich ist unsere Sache in der Zeit meiner Abwesenheit in den allerübelsten Verruf geraten. Und was ich nun vom Rest unserer ehemaligen so stolzen Expedition vorfinde, löst sich auf in Lug und Trug und Verleumdung.

Von nun an beginnt ein ebenso demütigender wie nervenaufreibender Kampf um die Gunst der Menschen.

Als erstes gelingt es mir, vom wohlwollenden Abt des kleinen Steppenklosters einen, wenn auch nur kurzbefristeten Kredit zu erhalten, um wenigstens die nachfolgende Ausbeutekarawane nach Jekundo zu bringen. Dann stürmen wir auf frischen Tieren weiter gen Süden. Nach Überschreitung des großen Doppelpasses, der auf den Yalungsteppen zum Jangtse hinabführt, erleben wir noch ein Naturereignis von unaussprechlicher Wucht. Wie Flammenadern durchzucken Blitze das düstere Tal. Walnußgroße Hagelgeschosse prasseln auf uns nieder und, vor Schmerz gekrümmt, brennen unsere Tiere durch, um sich irgendwo in den Felsen einzustellen. Noch lange nach Abklingen des Unwetters stürzt die braune Sintflut zu Tal, meterbreite, mannstief eingefressene Erosionsrinnen haben sich gebildet, und aus dem Bächlein, das uns friedlich begleitete, ist ein tosender Wildfluß geworden. Aber die Luft ist rein. Lichtmassen fluten auf uns herab, und so versinkt der Tag in einer Feuersbrunst lodernder Farben. Bald nimmt uns flacheres Gelände auf, und in einem einzigen Galopp erreiche ich die Jangtsefähre. Mittlerweile ist es stockfinstere Nacht geworden und die Bootsleute weigern sich, uns zu solch unheilvoller Stunde überzusetzen. Wir aber lassen nicht locker. Wangs Redeschwall und meine Silbermünzen helfen — und dann liegt unheimlich, dunkelfarbig der gurgelnde Schrund unseres Schicksalstromes wieder zu unseren Füßen, ohne daß wir das gegenüberliegende Ufer auch nur ahnen können.

Aber wir haben keine Zeit zu verlieren. Schon stehen die angstschnaubenden Pferde im schwankenden Kahn, ein paar murmelnde Gebete noch, dann stoßen wir ab — um nach bangen Minuten drei, vielleicht auch vierhundert Meter unterhalb mit gewaltigem Krach gegen die Felsen des westlichen Jangtseufers zu schlagen.

Weiter, immer nur weiter, bis uns die Müdigkeit den Ortssinn nimmt und wir verzweifelt nach einem Obdach suchen. Aber die reichen Bauern des Jangtsetales sind anders als die gastfreien Nomaden der Steppe. Man blockiert uns die Tore, man hetzt uns bissige Hunde entgegen, man schreit und zetert, bis wir uns Eingang verschafft haben und die lieben Bewohner von unseren guten Absichten überzeugt haben.

Noch ehe die Nacht zum Tage wird, sind wir wieder auf dem Wege, zwischen Steilwänden und reifenden Gerstefeldern hindurch, immer am hochangeschwollenen Jangtse entlang. Beinahe verlieren wir noch ein Pferd, aber rasten gibt es nicht an diesem mörderischen Tage. Bei sinkender Sonne liegt Jekundo zu unseren Füßen.

Am nächsten Morgen sehe ich mein Gesicht zum ersten Male wieder in einem Spiegel. Schweigen wir darüber. Jedenfalls wundere ich mich über meine eigene Abscheulichkeit. Wasser — Seife — „Rollphänomen" am ganzen Körper: dann ist mein „persönliches" Gesicht wieder hergestellt. Nun geht es daran, dasjenige der Expedition zu retten.

Vor allem gilt es, General Ma zu überzeugen, daß ich schließlich kein hergelaufener Landstreicher, daß ich nicht durch eigene Schuld in diese Not geraten bin und daß die Schulden ganz bestimmt irgendwie, irgendwo und irgendwann auch getilgt werden können.

Aber der General läßt mich eine geschlagene Stunde warten. Außerdem wird dicht an meinem Ohr hinter einem Vorhang ein Schuß abgefeuert. Doch diese Späße ziehen nicht.

Endlich kommt der General: Ohne Umschweif lege ich los. Erkläre was zu erklären ist, mache keinen Hehl daraus, daß mir die Abwesenheit der Amerikaner selbst zu denken gäbe und bitte unumwunden um Geld. Ich bitte um Geld zur Deckung der lokalen Schulden — um mehr Geld zum Ankauf neuer Tiere — um noch mehr Geld für den Rückmarsch zur chinesischen Grenze.

Dafür biete ich dem General meinen Kopf, den er mir ja in Tatsien-lu abhauen lassen könne, wenn ich das Geld bei meiner Ankunft in der Grenzfeste nicht zurückzahlen könne — und als kleine Beigabe einen Feldstecher, zwei Flinten und dazugehörige Munition.

„Gut, ich werde Ihnen helfen", sagt Ma.

„Kaufmann Wong wird Euch das Geld leihen — ich selbst stelle Ihnen einen Ullabrief aus, der Sie berechtigen wird, in Regierungsnamen Pferde und Tragtiere zu requirieren."

Schon bin ich nahe daran, dem bärbeißigen alten Soldaten um den Hals zu fallen, als er mit Nachdruck hinzufügt: „Für Ihren persönlichen ‚Schutz' aber stelle ich Soldaten ab, die Sie nach Tatsien-lu begleiten werden."

Immerhin meint es der alte Haudegen mit der Rettung meines Gesichtes ehrlich. So erweist er mir vor der gesamten Bevölkerung Jekundos die ungewöhnliche Ehre seines persönlichen Gegenbesuches — wobei er mir einen wundervollen Hengst zum Geschenk macht. Der entscheidende Erfolg ist errungen.

Bleibt noch das Geld zu beschaffen und alle Vorkehrungen zu treffen, um nicht unversehens an der chinesischen Grenze einen Kopf kürzer gemacht zu werden.

Der ehrenwerte Kaufmann Wong Yuin Djin, Finanzberater seiner Exzellenz des Generals Ma si ling, ist eine mimosenhafte Seele. Durch seine zarten Finger gleitet ein Großteil des sino-tibetischen Teehandels. Kaufmann Wong ist alt und sehr reich, aber er bewohnt nicht wie die großen Handelsherren unserer Länder ein reichbestelltes Haus, sondern eine düstere, papierverklebte Höhle, die ihm zugleich als Speicherraum, Schlafgemach und Kanzlei dient.

Feiner Opiumdunst vermischt sich mit dem unverkennbaren Geruch nach Wanzen, als ich das Heiligtum des alten Konfuzianers betrete. Lächelnd erwidert das hagere Männlein mit den riesigen Ohrwatscheln und dem kahlgeschorenen Kopf meine tiefen Verbeugungen. Dann nimmt der große Kaufmann auf seiner Opiumpritsche Platz und gleicht dabei einer hageren Spinne. Diese Plattform ist wie ein Kommandoturm, von ihr aus kontrolliert Kaufmann Wong alle seine Fäden, und hier laufen sie konzentrisch zusammen.

Nachdem sich meine Augen an das Halbdunkel gewöhnt haben, erkenne ich inmitten des lehmgestampften Bodens eine große schillernde Pfütze, wie sie sich in Kaufmann Wong Yuin Djins Geschäftsräumen in jedem Jahre bildet, wenn die Regenzeit beginnt.

Nachdem das Empfangszeremoniell mit Anstand absolviert ist, präpariert Kaufmann Wong seine Opiumpfeife, zieht die Beine unter den Körper, führt einige umständliche Manipulationen durch, läßt sich zur Seite fallen und saugt zischend das Gift in die Lunge.

Ohne meiner auch nur im geringsten zu achten, ergibt sich Kaufmann Wong seinem Laster.

Erst nachdem das Lämpchen wieder ausgeblasen ist, fühlt sich Herr

Wong Yuin Djin bewogen, in medias res zu gehen und seine Fistelstimme zu erheben: „Nachdem der Herr aus dem Tugendlande in den hohen Eiswüsten viel Bitternis hat essen müssen, kann der niedrige Kaufmann Wong die hohe Ehre kaum annehmen, den Geldnöten des Herrn Sche zu steuern ... und den Schuldbrief anzunehmen. Möge Herr Sche die gefährliche Reise nach Tatsien-lu beruhigten Herzens antreten."

Tags darauf erhalten wir das Geld — soviel wir brauchen. Nun werden die Rückreisevorbereitungen mit Macht in Angriff genommen, Chelä entlassen und die Mannschaft von weiteren untauglichen Elementen befreit.

Gleichzeitig ziehe ich die notwendigen Erkundigungen ein. Alles lebt in Angst vor den Aufständischen. Die Lage in den Grenzbezirken rund um Tatsien-lu ist in der Tat so kritisch, daß ich schon den Plan in Erwägung ziehe, nach Oberbirma durchzustoßen, um auf Britisch-Indisches Gebiet überzutreten.

Doch die Sorge um die Ausbeute läßt mich den Gedanken rasch wieder verwerfen, zumal ich im Innern doch noch mit der Rückkehr wenigstens eines der beiden Amerikaner rechne. Daher entschließe ich mich auch, einen Teil der Jangtangausbeute einstweilen in Jekundo zu belassen, um erst einmal das Gelände in Richtung auf die chinesische Grenze abzutasten.

Gleichzeitig gehen mit Spezialreitern Briefe ab an Dolan, an Duncan, an die deutsche Landesvertretung, an die IG-Farben, an das amerikanische Generalkonsulat, an die Standard Oil und an viele gute Freunde in Schanghai. Ich hoffe, daß diese Briefe über Yünnan, wo das Verkehrsnetz noch intakt sein soll, die Küste auf schnellstem Wege erreichen. Irgend jemand muß mich ja einlösen in Tatsien-lu, denn die „Schutztruppe" meines Retters Ma wird ihre Instruktionen haben. Schließlich habe ich meinen Kopf verpfändet.

Jekundo brodelt, und die fremdenfeindliche Stimmung wird von den Lamas noch geschürt. Die Nahrungszufuhr ist schlecht, die Teetransporte sind beschlagnahmt, und tagtäglich sickern neue Gerüchte über unmenschliche Grausamkeiten aus den Kampfgebieten herein. Unschuldig vergossenes Blut schreit zum Himmel. Schon wurden zwei französische Missionare nackt angepflockt und auf allergnädigste Weise mit dem Handschwert enthauptet, chinesischen Kaufleuten stach man die Augen aus, riß ihnen Fleischstücke aus dem Leibe und ließ sie zu Tode bluten. Mr. Edgar, der greise Veteran der Inlandmissionare aber soll noch auf seinem Posten geblieben sein. Höchste Zeit Fersengeld zu geben, ehe General Ma seine Meinung ändert!

Inzwischen hat der Jangtse seinen Höchststand erreicht. Ohne die tatkräftige Hilfe der örtlichen Bevölkerung ist seine Überquerung unmöglich geworden. Nothalber bediene ich mich daher des ungeschriebenen Gesetzes der dunganischen Machthaber. Ein Kurier wird zur Fährstelle vorausgesandt, um den umwohnenden Bergbauern ein paar Kugelpatronen unter die Nase zu halten. Dieser schöne Brauch bedeutet im Machtbereich der Mas nicht mehr und nicht weniger, als daß jeder, der sich weigert, sein Leben verspielt hat. Die freundliche Geste zeitigt denn auch das erwartete Ergebnis: Zwanzig Tibeter halten sich bereit, uns ihre Dienste zu erweisen.

Schon auf Kilometerentfernung brüllt uns der Jangtse sein furchtbares Lied in die Ohren. Die Seitentäler sind hochaufgestaut und das Wasser des Jekundoflusses scheint „bergwärts" zu fließen. Mit ungeheurer Gewalt wälzt der kochende Bergstrom seine lehmfarbenen Fluten zwischen den Felsdomen hindurch. Einzeln müssen die Tiere zum Fährplatz gelotst werden.

Vor zwei Tagen erst verschlang der Fluß ein Boot mit Mann und Maus. Unsere Chancen stehen „fifty-fifty".

Morgen in aller Herrgottsfrühe soll es gewagt werden.

Graue Nebel geistern, inbrünstige Gebete lallen, silbernes Mondlicht flutet, zauberhaft heben sich die zackigen Felsgrate gegen den nächtlichen Himmel ab. Lange lausche ich noch dem stumpfen Wiederkäuen der Jaks, in Zweierreihen angepflockt gehen sie ihrem Schicksalstag entgegen.

Vom Fluß her klingt das Lied des Todes.

Schweigend, als wenn ein gewöhnlicher Marschtag bevorstünde, werden im Morgengrauen die letzten Vorbereitungen getroffen. — Und als die jagenden Wolkengespenster zerreißen, gibt es kein Ausweichen mehr. Also Herz gefaßt ... Wang und ich machen den Anfang. Mit Waffen und mit Instrumenten. Wir besteigen zwei aneinandergekoppelte Fellboote, die beiden halbnackten Ruderer verklemmen ihre Füße im zweigverflochtenen Boden — ein Stoß, und in rasendem Tempo geht es mitten in die Stromschnellen hinein.

Die weit über Bord lehnenden Bootsleute sind im Nu in Gischt gehüllt. Welle auf Welle schlägt uns in die Gesichter, die Kisten poltern und klemmen, Wang wirft sich flach auf den Boden und vergräbt sein Gesicht. Die nächsten Minuten sind furchtbar: Wasser und Himmel — Himmel und Wasser, aber kein Ufer ist zu sehen. Steil geht es hinauf und wieder hinab. Jetzt muß das hintere Boot auf das vordere schlagen — Sturzwelle auf Sturzwelle — aber wir kentern nicht — wir kommen durch. Die Gegenströmung erfaßt uns, und ruhig treiben die Nußschalen dem östlichen Ufer entgegen. Wang und ich sind gerettet.

Nun folgen die Jaks. Alle Mann sind nötig, um die zu Tode geängstigten Tiere unter Hageln von Steinen und Stockhieben ins Wasser zu treiben. Aber sie kehren um. Erschöpft stehen sie in den Felsen. Freiwillig geht selbst ein tibetischer Jak nicht in den Tod. Nochmals Versuche, diesmal unter infernalischem Gebrüll — wieder vergeblich. Nun werden die armen Tiere stromauf getrieben, wo sie sich der weniger reißenden Uferströmung wegen täuschen lassen und geschlossen hinausschwimmen. Bis in die Mitte des Flusses geht alles gut. Dann aber werden sie von den Schnellen erfaßt, nach unten gezogen und machtlos auseinandergewirbelt. Auf fünfhundert Meter verteilt erreichen nur vierzehn Tiere das rettende Ufer. Alle anderen ertrinken.

Am tragischsten ist der Tod zweier bärenstarker Ochsen, deren Hörner und Nüstern noch eine gute Viertelstunde aus einem tiefen Strudel herausschauen, bis ihr Widerstand erlahmt und auch diese Tragödie ihr Ende findet.

Nach den furchtbaren Verlusten werden alle Pferde an den Fellbooten vertaut und auf diese Weise über den Fluß gerudert. Dabei saufen die Tiere natürlich viel Wasser, und auch die Mannschaften schweben in äußerster Gefahr, da die Boote bei jedem Gang im brausenden Gischt verschwinden — doch tauchen sie alle wieder auf und erreichen das rettende Ufer. Während ich auf sicherem Felsen stehe und mit dem Glas alle Einzelheiten verfolge, folgt Boot auf Boot. Es ist eine Nervenzerreißprobe ohnegleichen. Aber am Abend ist auch das geschafft.

Doch nicht genug der Aufregungen an diesem unheilvollen Tag, der die bisher größten Opfer der gesamten Expedition forderte. Gerade hilft mir der Offizier meiner „Schutztruppe" über den Verlust der ertrunkenen Jaks zu verhandeln, da erfahren wir, daß eine dreißigköpfige Bande erst am gestrigen Tage ein wenig talauf mit einigen Kaufleuten kurzen Prozeß gemacht habe und mit dem Raubgut in den Bergen verschwunden sei.

Da wir nicht wissen können, ob die harmlos dreinschauenden Tibeter, die sich in unserem Unglückslager breitgemacht haben, nicht selbst zu den Räubern gehören, sage ich den verdächtigen Gestalten, daß wir wegen der katastrophalen Verluste erst am kommenden Tage weiterzureisen gedenken. Doch sobald die Luft rein ist, gebe ich Befehl zum sofortigen Aufbruch, und eine halbe Stunde darauf rumpeln wir los.

Die ganze Nacht wird marschiert. Hoch über uns kreisen die Sterne, Reif fällt, die Täler bleiben zurück, und als die Morgensonne soeben den neuen Tag verkündet, haben wir den Sommer übersprungen und abermals breitet sich die freie, unbegrenzte Hochlandsteppe vor uns aus. Jetzt erst schlagen wir Lager.

Es folgen drei Tage friedlichen Marsches, und Seschu-Gompa, das große Steppenkloster, liegt im nächtlichen Zauberglanze vor uns. Der Schmutz des Tages hat sich aufgelöst, Kalk wird zu Marmor, Silberlicht flutet über eine verwunschene Welt, und über dumpfen Trommeltönen klingt aus dem Innersten der Tempel feierlich der Gesang der Mönche.

Noch einen Tag — bis Dju-Gompa, der Steppenfestung — wo mir der Postreiter aus Tatsien-lu zwei Briefe überreicht.

Also bin ich doch nicht verlassen! — Absender: Brooke Dolan! Brooky lebt also!

Aber dann schwankt mir der Boden unter den Füßen. Dolan kommt nicht zurück — und Duncan auch nicht.

Ich muß die Briefe noch einmal lesen.

Ja, so ist es. Droben in der Jangtang, da war ich frei, und nun, da die vermaledeite Zivilisation wieder herannaht und ich mich wieder den Menschen nähere, bin ich ein Sklave.

Aber, was hilft es, ich muß noch einmal zurück.

Besser in den Strudeln des Jangtse als im Strudel der Masse untergehen.

Dolan schreibt weiter, daß die Frau eines unserer chinesischen Diener auf die Kunde, daß wir alle umgekommen seien, Selbstmord verübt habe. Als gute Chinesin glaubte sie, nicht mehr weiterleben zu dürfen. Sie schluckte Gift. Als ich dem Mann die Nachricht übermittle, wälzt er sich in Schreikrämpfen — doch als er von der hohen Entschädigungssumme hört, ist auch dieser „Fall" in wenigen Minuten ausgestanden.

Es paßt das alles so herrlich schön zusammen!

Da keinerlei Hoffnung besteht, in Jekundo mehr Geld zu erhalten, schenke ich dem chinesischen Gouverneur von Dju-Gompa meine Pistole, worauf ich sofort erstklassige Pferde erhalte und dazu tausend Rupien, die ich ebenfalls erst in Tatsien-lu zurückzuzahlen brauche. Dann lasse ich meine „Schutztruppe" zur Bewachung der Tiere und Ausbeute in Dju-Gompa zurück, und festen Willens, die mindestens hundertfünfzig Kilometer lange Strecke in eineinhalb Tagen hinter mich zu bringen, reite ich abermals dem Jangtse entgegen.

Je rascher, desto besser!

Regen, Regen, Regen, und keine Möglichkeit, ein Feuer zu entzünden. So reiten wir frierend dahin, nächtigen nach der Paßüberschreitung in einem kleinen Kloster, erreichen den Fluß, requirieren Korakels, stoßen hinein und landen fünfhundert Meter unterhalb. Ohne Pause geht es nach Jekundo.

Dort reißt man die Mäuler auf, aber am darauffolgenden Tage stehe ich schon wieder mit dem Rest der Ausbeute am Jangtseufer. Diesmal

koppeln wir gleich drei Korakels aneinander und verlieren kein einziges
Tier. Es folgt ein weiterer Nachtritt im Schneetreiben, dann tiefer Schlaf
unter Pferdedecken, kaltes Erwachen und wieder auf die Gäule. Schweigende Frostnächte machen die sommerfetten Tiere doppelt leistungs-
fähig, und als wir am frühen Morgen des dritten Tages in Dju-Gompa
einreiten, bin ich stolz, den schmählichsten Ritt meines Lebens in
Rekordzeit bewältigt zu haben.

Von Dju-Gompa geht es weiter in ungestümen Märschen der chinesischen Grenze entgegen. Die Kriegsereignisse, so furchtbar sie sind,
haben Mr. Edgar, den Australier, tatsächlich nicht davon abbringen
können, seine Missionsstation zu verlassen.

Der greise, heldenhafte Missionar erwartet mich in Tatsien-lu. Uns
beiden steht das Wasser in den Augen. Er hatte dem britischen Kanonen-
bootkommandanten auf den telegrafisch übermittelten Befehl, sich sogleich an Bord — in Tschungking — einzufinden, geantwortet, daß er
seinen Posten nicht verlassen könne, solange sich Schäfer noch in der
Wildnis befinde.

Von Dolan, der sich noch in der großen Küstenmetropole befindet,
laufen Telegramme ein — und Geld von allen Seiten.

Ich kann mich freikaufen, und dann geht es auf Schleichwegen dem
alten China entgegen, wo ich Dolan, der hinaufgeflogen kommt, die auf
mehrere Gewichtstonnen angewachsene wissenschaftliche Sammlung
schließlich übergebe.

Die zweite Dolan-Expedition ist beendet.

Weihnachten sind wir in Schanghai an der Mündung des großen
Flusses, der achtzehn volle Monate mein Schicksal bestimmte.